I0485773

هندسة النُفاية وإدارتها

أ. د. م. م. عصام محمد عبد الماجد

د. محمد عصام محمد عبد الماجد

ISBN-13: **978-1517179045**
ISBN-10: **1517179041**

Printed by: **CreateSpace**

الطبعة الأولى، دار أكاديمية السودان للنشر والتوزيع، الخرطوم بحري، 2006، رقم الإيداع مع المجلس الاتحادي للمصنفات الأدبية والفنية 7 /2006، ردمك ISBN 99942-801-0-7

شكر وتقدير الطبعة الثانية

أشار نفاد الطبعة الأولى من الكتاب لوجوب اعادة النظر في اعادة طبعه وتنقيح محتواه واحكام جوانبه لتعم الفائدة ويستفيد طالب العلم في هذا المجال. ثم كان لكثرة ورش العمل وتتالي حلقات الدرس وتعدد النقاش وافراد الأيام العالمية للبيئة والمياه والصحة لمفردات النفاية وقضاياها وادارتها دوره المؤثر وفعله الكبير مما أملــــى اكمال هذا الكتاب وتوسيع معالمه ليضم مزيد من التطبيقـــات العمليـــة والحلـــول الواقعية والمشاكل المجتمعية لقضايا معاشة بين بوادي الريف المتحضر ومــروج الحضر الجاذب لثقافات متباينة. ومن ثم المبادرة للاستفادة مــن النفليـة واعــادة استخدامها والعمل الدؤوب نحو منع انتاجها أساسا وتوعية المجتمعات الصــناعية والزراعية والتجارية لتفاديها للحفاظ على الصحة العمومية والمجتمعية والبيئيـة بأفضل جودة ومستوى خدمي.

ما كان لهذا العمل رؤية نور ميلاده لولا مشاركة مؤثرة من عـدة جهـات علميـة وأكاديمية ومجتمعية وتطوعية فلهم من الشكر أجزله ومن الثناء أفضله. والشـــكر مفرد بصورة خاصة للزوجة الوفية المفتقدة المهندسة الكيميائية/ ليلى صالح محمود صالح رحمها الله تعالى والابن الدكتور المهندس هشام عصام محمد عبد الماجـد لطباعتهما الرائعة على الحاسوب للاصدارة الأولى من هذا الكتاب وإخراجها بثوبها القشيب ومراجعتها بدقة ساعدت في نجاحها وتقبل المجتمع الأكاديمي والعلمي لها. ونسأل الله تبارك وتعالى أن يجزيهما خير الجزاء ويحسن إليهما. والشكر ممتد لكل من ساهم وساعد في اكمال محاسن هذه الاصدارة الثانية للكتاب.

المؤلفان

الخبر – خصب، 1436 هـ – 2015م

شكر وتقدير الطبعة الأولى

نحمده سبحانه وتعالى ونثني عليه ونصلي ونسلم على سيدنا محمد وعلى آله وصحبه وسلم. ونشكر الله سبحانه وتعالى أن يسر لنا هذا الأمر وأعاننا على إنجاز ما تيسر لنا، وإعداد إطاره العام، وإدراج حواشيه لا سيما وتفتقر المكتبة العربية عامة (والمكتبة السودانية للتعليم العالي خاصة) إلى مثل هذا المرجع العلمي المهم في تخصصه، والمفيد في محتواه، والميسر في طرحه وعرضه، والمواكب لعلومه.

وقد رُوعي في إخراج هذا الكتاب البساطة في الطرح، وسلاسة التسلسل في إبراز الفنيات المتعلقة به. ومن ثم تطرق الكتاب إلى قضية من قضايا العصر، ومعضلة من المعضلات الهندسية التي إن وجدت الحل المناسب لهندستها وإدارتها وإكمالها بصورة مُثلى تُرضي الذوق العام، وتناسب صلاح البيئة، وتصلح الشأن الفني والمهني، فإنها تُسعِد المهندس، ويفخر بها مسئول البلدية، ويُوعد بها السياسي، ويهفو إليها الدبلوماسي، ويفرح بها العامل، ويستفيد منها المجتمع نفسياً واجتماعياً وسياحياً وثقافياً ومالياً. ومن ثم فقد عني هذا السفر بوضع الأسس الهندسية، والرؤى التصميمية، والمخططات الفنية، والمهارات المهنية، والخبرات العملية، والإدارة المتكاملة المستدامة في محاولة لهندسة القمامة، وتصنيع النُفاية، والاتجار في الكُناسة توطئة لتحسين البيئة، ونهضة الأمة، وازدهار الصناعة، ورواج التجارة، والسمو بالسياحة.

ومن ثم تطرق الكتاب في أبوابه الخمسة، ومحاوره المتعددة إلى تعريف القلمة والنُفاية والكُناسة، وتحديد مواصفاتها، وأنواعها، وخصائصها، ومكوناتها، ومناطق إنتاجها، ومصادر إخراجها بغية جمعها بصورة مستمرة واقتصادية وعملية،ثم معالجتها، والاستفادة منها، وإعادة دورانها واستخدامها، والتخلص النهائي منها.

إذن يفيد هذا المرجع العلمي كلاً من المهنــدس، والمخطــط، ومسـئول البلديــة، ومتخصص صحة البيئة، والصحة العامة، والصحة المهنية، والطبيب، والإداري، والاقتصادي، ورجل الأعمال، وسيدة الأعمال، ومرتاد الدراسات الجامعية، ومريد الدراسات العليا للتمرين المتفهم، والتصميم المرن، والتخطيط المهنــي، والفنيــات العملية، والتكنولوجيا الهندسية الملائمة. وقد رُوعي في الكتاب إدراج أمثلة عملية، وتمارين حقلية، وأسئلة نظرية، وجداول بيانية، وأشــكال توضــيحية، ومعــادلات رياضية لتعم الفائدة ويتكامل الفهم.

ويقدم المؤلف من الشكر أجزله لكل من ساهم وساعد بماله، وجهده، ووقته، وذهنه، وعمله لإكمال هذا الجهد، وإخراجه للفائدة العامة. ونسأله سبحانه وتعالى أن يجعل هذا العمل في ميزان الحسنات يوم الدين. آمين.

المؤلف

أحلام حبوبة، يناير 2006

المحتويات

الباب الأول

مصادر النُفاية والقمامة والكُناسة وأنواعها

Sources of solid waste, garbage & sweeping

1 - 1 مقدمة

النُفاية لغةً: نفى: نَفاهُ يَنْفِيه نَفْياً ويَنْفُوهُ، نَحَّاهُ وطَرَدَهُ وأَبْعَدَهُ. ونَفَتِ الرِّيحُ التّراب نَفْياً ونَفَياناً بفتحهما، أَطارَتْه. ويقال: نَفَيْتُ الشيءَ أَنْفِيه نُفاية ونَفْياً إذا رَدَدْتَه، وكل ما رَدَدْتَه فقد نَفَيْتَه. يُقال هو من نُفاية القوم ونُفَاتِهم: أي رذالهم.

وقَمَ البيتَ يَقُمُّه قَمًّا، كَنَسَهُ، ومنه حديث عمر: "قُمُّوا فِناءَكُم". القَمُّ ما يُقَمُّ من قُمامَاتِ القُماشِ ويُكْنَسُ. والقُمامَةُ، بالضم،: الكُنَاسةُ، ج قُمامُ. قُمامَةُ البيتِ ما كُسِح منه فأُلقِي بعضُه على بعضٍ {1}. نَفَى يَنْفِي نَفْياً عنه: تنحَّى، ونَفَاه عنه: نَحَّاهُ ودفعهُ وأَزالهُ. ونَفَتِ الرِّيحُ التَّراب: أَطارَتْه. ونَفَاتُه ونِفْيَتُهُ ونُفَايَتُهُ ونَفَايَتُهُ: ما نفيتَه منهُ لرداءَتِهِ {2}.

واصطلاحاً تُعرف النُفاية الصلبة والقمامة والكُناسة على أنها كتلة غير متجانسة من مخلفات يتخلص منها المجتمع المدني بالإضافة إلى التراكمات المتجانسة من الزراعة والصناعة والمخلفات المعدنية. وتقديراً يتراوح معدل القيمة المنتجة من الفرد يومياً بين 0.3 كيلوجرام إلى 2 كيلوجرام اعتماداً على درجة التصنيع والتحضر والمقدرة الشرائية والثقافة المجتمعية وغيرها من المؤثرات والعوامل ذات الصلة. كما تُعرف النُفاية على أنها مواد لا تمثل نواتج رئيسة للسوق، ولا تفيد المنتج لها في أي غرض إنتاجي أو استهلاكي أو تحويلي مما يبرر التخلص منها {3}.

تمثل النُفاية والقمامة refuse تلك الأشياء غير المرغوبة وغير المفيدة والتي لا يُحتاج إليها من قِبل أحدهم. وبالنسبة للحكومة تشكل النُفاية والقمامة مسئولية كبيرة إذ أنها إن لم تقم

بالإدارة الجيدة لها والتخلص الأمثل منها تعرض نفسها لمشاكل سياسية واجتماعية سيما وتتكدس القمامة في الطرق والشوارع والحواري والمنتزهات منتجة الروائح النتنة، ومسببة إزعاج كبير للقاطنين حول موضعها وبالقرب منه، وتؤذي النظر، وتضر المرتادين، وتمرض الأطفال والحيوانات، وتطرد السواح وتحد من دخولهم المنطقة، وتعطل حركة المرور، وتلوث المجاري المائية، وغيرها من المشاكل الظاهرة والمستترة.

في كل يوم يمر يلقي الفرد منا ببعض الأشياء ويتخلص منها ابتداءً من أنبوب معجون الأسنان الفارغ أو صندوق الكبريت الفارغ إلى الحاسوب القديم، وغلاف صندوق البسكويت إلى الصحف وأوراق الامتحانات القديمة. ويستمر التخلص من كثير من المواد في المدرسة، والمنزل، والشارع، والمتجر، والمطعم، ومكان العمل، والمسرح، وكل مكان يطرقه الفرد ويصل إليه في يومه بما لا يقل في مجمله بأي حالٍ من الأحوال عن 0.3 إلى 0.7 كيلوجرام في اليوم بمتوسط 0.5 كيلوجرام من النُفاية والقمامة يومياً للفرد الواحد { 4}. وبإيجاد هذه الكمية في العام، ثم إضافة ناتج كل فردٍ في مدينة الخرطوم بتقدير 5 مليون نسمة نجد أن الكمية المُتخلص منها والملقاة بعيداً حوالي 0.5 كيلوجرام × 365 يوماً × 5,000,000 نسمة لتصل حوالي 0.9 مليون طناً من النفاية كل عام، بما يكفي لردم شارع مدينة بطبقة عمقها حوالي مترين من الرصيف للرصيف لمسافة لا تقل عن 250 من الكيلومترات الطولية. وإن دُمكت هذه النُفاية وضُغطت يمكن أن تدفن مزرعة مساحتها 25 هكتاراً لعمق 10 أمتار من النُفاية كل عام. وبأخذ الزيادة المتوقعة في حجم النُفاية والقمامة نتيجة للزيادة السكانية وتحسين أُطر جمع القملمة، فإن كمية القمامة المطلوب التخلص منها قد تصل إلى معدل 150 طن قمامة في الساعة هذا دون إضافة النُفاية الصناعية ونُفاية الإنتاج والعتاد الالكتروني المتزايدة والمتتابعة بمعدلات تفوق التكهنات الإحصائية.

بدأت مشاكل النُفاية والقمامة تتضح منذ أن تفكر الإنسان في التعايش السلمي الجماعي في القبائل والأرياف والقرى والدساكر والمدن لزيادة كميات النُفاية وتنوعها. وقادت ممارسة إلقاء النُفاية والقمامة وبقايا الطعام في شوارع المدن القديمة وساحاتها الفارغة إلى أن

تصبح مناطق توالد للفئران والبراغيث والذباب التي تنقل الأمــراض المعديــة، وتفشــي أمراض مثل الطاعون. ونسبة لغياب الإدارة المُثلى والمتكاملة للتخلص من النُفاية والقمامة فقد أدى مرض الموت الأسود (الطاعون) إلى إبادة نصف الأوربيين في القرن الرابع عشر الميلادي، وقاد إلى سلسلة من الأمراض المستوطنة والوبائية مما رفع من معدلات الموت والدمار، وهلاك الحرث والنسل. ثم مع بواكر القرن التاسع عشر بدأ أخـــذ الاحتياطــات الصحية، والتفكر في قضايا الصحة العمومية مما دعا إلى النظر بصورة أكثر جدية إلـــى مشاكل النُفاية والقمامة، ومحاولة ابتكار حلول للتخلص الأمثل منها للحدمــن الأمــراض والتحكم في نواقلها.

تضم الجهات التي تتعامل مع النُفاية والقمامة والجهات ذات الصلة بها التالي:

- المواطنين على أساس يومي.
- موفري خدمات جمع النُفاية.
- الوسطاء المتجولون المستثمرين للمواد الثانوية لإعادة الدوران.
- الزبالين وممن يقوم مقامهم.
- الذين يعملون على إعادة الاستخدام.
- الفئات العدلية (من القضاة والمحامين والمستشارين للقانونيين ممـــن يقومـــون بترجمة استراتيجيات البيئة والصحة العمومية إلى قانون وتشريع ولوائح).
- القطاع الحكومي الاستشاري ممن يترجم القوانين واللوائح إلى موجهــات فنيــة وتكنولوجية.
- المهندسين والمصممين لوحدات الجمع وقضايا التخلص النهائي ومعالجة النُفاية والقمامة والكُناسة.
- المقاولين ممن يقوم ببناء وحدات معالجة النُفاية وتشييدها والتخلص النهائي منها.
- جهاز ضبط الجودة وضمانها والاعتماد والرقابة الصناعية.
- المؤسسات التربوية والتعليمية والبحثية والإرشادية.

إن الإدارة غير الجيدة للنُفاية تقود إلى تردي الصحة العمومية للمجتمع بالإضافة إلى آثارها البيئية وتلويثها للماء والهواء والتربة. ومن ثم فإن السبب الأساس والرئيس للتحكم في جمع النُفاية والتخلص منها هو الحفاظ على الصحة العمومية وضمان القبول والاستساغة من قِبل الجمهور المستفيد. ويمكن أن تتعدد الأسباب المهمة للتخلص من النُفاية لتضم التالي:

1. تفادي الروائح الكريهة وغير المرغوبة الناتجة من التحلل البكتيري للمواد العضوية من مكونات النُفاية.
2. تلافي المشاكل الصحية والاستساغية بسبب الأمراض الناتجة من حاملات المرض ونواقله مثل الفئران والهوام والذباب وغيرها من نواقل الأمراض (انظر جدول 1-1). يصعب تحديد صلة الأمراض بالنُفاية والقمامة، غير أن حوالي 50 بالمائة من الأمراض المختلفة تُنقل بوساطة الذباب والبعوض والقوارض المتولدة في النُفاية، ومن ثم ينبغي أخذ الحيطة والحذر وعمل التالي: {5}
   - استخدام آنية محكمة الغلق للنُفاية العضوية.
   - دمك النُفاية لتصل كثافتها حوالي 600 كجم/م ^{3} لتقليل مناطق توالد الحشرات ودخول القوارض.
   - معالجة النُفاية خلال يومين (نسبة لأن يرقات الذباب تطير في بضع أيام).
   - تفتيت النُفاية لمساعدة عمليات التفتت والتحلل الهوائي الذي يُنتج حرارة مما يجعل النُفاية غير جاذبة للحشرات والديدان.
3. صد التلوث البيئي الناتج من النُفاية المنزلية ومن نظافة الطرقات والمكبات.... الخ.
4. تلافي التلوث الحيوي والميكروبيولوجي والكيميائي للمياه الجوفية والسطحية بسبب التخلص غير المقنن من النُفاية.
5. تحاشي تلوث الهواء ووجود مواد عضوية وغير عضوية سامة، خاصة في النُفاية الصناعية.

جدول 1-1 بعض التأثيرات الصحية والبيئية الناتجة من التعامل غير الآمن مع النُفاية

نوع النُفاية (القمامة والكُناسة)	التأثيرات الصحية والبيئية المتوقعة
كيماويات	حرائق، انفجارات، هرش وأكلان جلدي، أخطار على قرنية العين، إجهاض، مشاكل الفشل الكلوي
المبيدات وأوعيتها الفارغة	تسمم حاد أو تسمم ممرض
النُفاية المختلطة	أمراض الجهاز التنفسي، أمراض العيون (خاصة الرمد، والظَفَرة Pteygium، وتلاشي الرؤية)، ، وأمراض الجلد، والطفيلي والخمجي (الصفر المعوي Ascaris ، وداء المَلْقَوَّة *Ancylostoma* *trichuris*، والمنشقة الدموية (*Schistosoma haematubium* والحوادث والجروح، وأمراض الظهر، احتمال العض من الكلاب والحيوانات الضالة {6}.
نُفاية المشافي والوحدات الصحية	التهاب الكبد المعدي، نقص المناعة HIV، جروح، أمراض جلدية، تسمم، حساسية، أمراض متنوعة.
نُفاية الصناعات التكنولوجية، والنُفايات الالكترونية	الحوادث، الانفجارات، الغازات السامة، الاسبستوس، السرطان

ومن ثم فإن التحكم الجيد في جمع النُفاية وحفظها والتخلص منها ضرورة لمكافحة التلوث الهوائي والمائي ولتحسين صحة الفرد ومن ثم صحة المجتمع وأيضاً لتأمين المناحي

الاستساغية. وينبغي أن يراعي هذا التحكم النظر إلى أفضل سبل الصحة العمومية وتوخي المناحي الاقتصادية والهندسية والبيئية المناسبة.

تقدير المخاطر البيئية وإدارتها بسبب النُفاية والقمامة من المباحث المهمة والمستمرة التعقيد في الحياة العملية ونواتجها لصحة الإنسان بسبب التعرض لمخاطر صحية من المركبات الكيميائية والعناصر المتعلقة بالنُفاية والقمامة. وللتقدير الجيد لآثار المخاطر البيئية والصحية على الإنسان يحتاج الأمر إلى معرفة البيانات والمعلومات المتعلقة بالبيئة المحيطة والمواد الكيميائية وحركتها داخل المسارات المتداخلة للملوثات,

السبب الرئيس لحدوث المخاطر والأمراض المذكورة أعلاه يتعلق بغياب معايير الحملية الشخصية للعاملين في النُفاية، وعدم وجود الماء الآمن النظيف للنظافة الشخصية والتنظيف، وغياب الإصحاح الجيد في مناطق العمل والمكبات ومقالب النُفلية، وبعض الخلل الحسي بين العمال. وللتخلص من هذه المشاكل، ومكافحة الأمراض الناتجة ينبغي اتخاذ احتياطات من ضمنها: {6}

1) تحقيق الإصحاح لإدارة النُفاية بدءً من مصدر الإنتاج وانتهاءً بالمكب والمقلب حيث مكان التخلص النهائي منها.
2) تكثيف حملات التثقيف الصحي ورفع الوعي الصحي للعاملين في مجال النُفلية والقمامة وتبصيرهم بالمخاطر الصحية التي يواجهونها، وربما يتعرضون لها إن لم يأخذوا بأسباب الحذر والحيطة في حساباتهم وتقديراتهم.
3) إجراء الفحص الطبي للعاملين قبل تعيينهم وإبعاد أصحاب الخلل الحسي.
4) إمداد العمال بالاحتياطات الوقائية، ومعدات الحماية من ملابس وقفازات وأحذية طويلة العنق وأغطية رأس وغيرها.
5) استخدام النظم الميكانيكية لرفع الأحمال ما أمكن لمنع حدوث مشاكل آلام الظهر السفلي low backache، والفتق hernia.
6) توفير خدمات مياه الشرب والنظافة والإصحاح في الموقع.

7) توفير الإسعافات الأولية في الشاحنات ومناطق التخلص النهائي وتدريب العاملين عليها.

8) منح رواتب مجزية ومكافآت تعويضية عند حدوث إصابات العمل أو التأمين الصحي للعاملين.

1 - 2 مصادر النُفاية والقُمامة والكُناسة (انظر جدول 1 - 2)

تتعدد مصادر النُفاية والقمامة والكُناسة لتضم هذه المصادر: الزراعة، والتعدين، والبناء والتشييد، والصناعة، والمساكن والمنازل، والمكاتب، والأسواق المفتوحة، والمطاعم، والمشافي، والمتاجر، والمؤسسات التعليمية ... الخ.

1. مخلفات منزلية وبقايا الطعام Garbage and food waste: تُمثل كافة أنواع المخلفات التي تنتج من الأسر والمجمعات السكنية وتشكل بقايا الأكل من المنازل، والشقق، والمطاعم وبقايا الطعام والفواكه الصادرة من التعامل مع الغذاء وتحضيره وطهيه وأكله، وأماكن بيع المأكولات، والمشافي والمصحات والسجون وغيرها. ومن أهم خواص هذا النوع من النُفاية قابليته للتحلل والتعفن العضوي خلال أشهر الصيف تحديداً خاصة مخلفات الفاكهة مما ينتج عنه روائح كريهة، وتساعد على توالد الذباب والحشرات، ويمكن الاستفادة منها بتحويلها إلى سماد عضوي أو إطعامها لبعض الحيوانات والطيور. {7}

2. مخلفات تجارية: من المستودعات، والمخازن، والمتاجر، والمطاعم، والأسواق والمكاتب، والفنادق، والاستراحات، والمنشآت الصحية، ومؤسسات الطباعة، وورش الصيانة والتصميم.

3. النُفاية البلدية Municipal solid waste: للنُفاية والزبالة rubbish القابلة للحرق (مثل الورق، والبلاستيك، والمنسوجات، والمطاط، وتشذيبات الحدائق، والجلود، والأخشاب)، وغير القابلة للحرق (مثل الزجاج، والخزفيات، وعلب القصدير والألمونيوم، والحديد، والمعادن غير الحديدية، والأوساخ) الصادرة من المؤسسات والمتاجر باستثناء بقايا الطعام الأخرى القابلة للتعفن.

4. النُفاية الصناعية Industrial refuse: من أماكن الإنشاء والتصنيع والتعدين والمصافي والمنشآت الكيمائية ومحطات الطلقة. يصعب تحديد نوعيتها ومكوناتها غير أنها تضم الغبار والحجارة، والخرسانة، والطوب، والمونة، ونواتج التبريد والتكييف والسباكة والكهرباء وشبكات المياه والهاتف ...الخ.
5. نُفاية المناطق المكشوفة: الشوارع والساحات والمنتزهات والملاعب ومناطق الترفيه.
6. مخلفات محطات المعالجة والتنقية: الجوامد والنُفاية من محطات تنقية المياه ومحطات معالجة الأوساخ والمياه العادمة وعمليات المعالجة الصناعية، ومحطات مكافحة تلوث الهواء، تتنوع خواص هذه النُفاية اعتماداً على طبيعة المعالجة ونوعيتها.
7. المخلفات الزراعة: المحاصيل الحقلية والمزارع بأنواعها من الزراعة والحصاد من الحقول والمزارع ومزارع الإنتاج الحيواني، وإنتاج الألبان، واللحوم، والمسالخ ... الخ.
8. النُفاية عظيمة الحجم Bulky refuse: مثل الدراجات، والأثاثات، والسيارات المستهلكة والقديمة، والثلاجات والمواقد الغازية والكهربية ...الخ
9. النُفاية الخاصة والكُناسة Street refuse and litter: من نظافة الشوارع وما يُلقى على قارعة الطريق من السابلة (الكُناسة)، ومن حاويات البلدية، والحطام والأنقاض، وجيف الحيوانات الميتة (جيف حيوانات صغيرة كالقطط والكلاب، وكبيرة كالخيل والأغنام والحمير والأبقار)، والسيارات التالفة الملقاة على جانبي الطريق. ويُصعب تقدير هذه الكميات لصعوبة معرفة تواجدها ومكانها وإنتاجها ومصادرها المنتشرة في مواقع كثيرة ومتكررة.
10. النُفاية الخطرة hazardous waste: تلك النُفاية التي تحتوي على عناصر أو مركبات تؤثر تأثيراً مزمناً خطيراً على صحة الإنسان والبيئة ولها مقدرة على البقاء لدرجة كبيرة {8}. تُمثل النُفاية والقمامة الخطرة مخاطر لصحة الإنسان، والأحياء المجهرية وغيرها من الكائنات بسبب طبيعتها غير القابلة للتفتت والتحلل، أو مقاومتها للتحلل الطبيعي، أو لسُميتها، أو لمشاكلها المميتة التراكمية

مما يستوجب إدارتها بطرق معينة، واستخدام تكنولوجيا ملائمة للتحكم فيها والسيطرة على مخاطرها بتحويلها إلى مركبات مفيدة أو خاملة أو حفظها الآمن، أو تغير تراكيبها باستخدام التكنولوجيا والمعارف العالمية، وتطبيق القوانين واللوائح البيئية الضابطة، وتفعيل المراقبة الدورية لها. وتُحدد خطورة المادة عبر منظومة من الشروط والتقويم بمقاييس ومعايير محددة، مثل درجة السُمية والسُمية النباتية phytotoxcity، والنشاط الجيني، والتركيز الحيوي وغيرها من المقاييس لمعرفة أثرها على البيئة، والإنسان، وممتلكاته والصحة العمومية. ونسبة لضخامة المُركبات التي قد تدل المقاييس على خطورتها فيمكن تبويب النُفاية والقمامة الخطرة إلى: الكيماويات، والنُفاية الحيوية، والنُفلية القابلة للاشتعال وتلك سريعة الالتهاب ، والمتفجرات، والنُفاية الخطرة الناتجة من العمليات الكيميائية والبيولوجية (الحيوية)، والمواد المشعة والتي تشكل مخاطر واضحة في وقتها أو عبر الزمن للإنسان والحيوان والنبات. وعادة تكون هذه المواد والأشياء في صورة سائلة، غير أنها قد تتواجد في صورة صلبة وجولمد أو حمأة. وفي كل الأحوال لا بد من العناية بها والتعامل معها بمنتهى الحيطة والحذر لخطورتها الفتاكة. فيما يلي بيان بأنواع النُفاية الخطرة:

(ا) المواد المشعة radioactive waste: تضم كل المواد التي تنفث إشعاعات متأينة. وتقود مثل هذه المواد إلى دمار الكائنات الحية عبر حقبة طويلة من الزمن حسب عمر النصف للمادة المشعة[1]. ويتم التخلص من هذه المواد لتُحفظ في مواقع لا تُستخدم لأي أغراض حفظ أو تخلص أخرى.

(ب) الكيماويات chemical waste: تضم هذه النُفاية المواد العضوية المصنعة، والمواد غير العضوية (المعادن، والأملاح، والأحماض المعدنية، والقواعد)، والمواد القابلة للاشتعال، والمواد المتفجرة. والتي تمثل مشاكل كبيرة جداً أثناء حفظها أو جمعها والتخلص منها، لا سيما ولها سُمية عالية تدمر الأحياء.

[1] عمر النصف للمادة المشعة هو الزمن المطلوب للمادة المشعة لتفقد نصف كميتها الابتدائية.

(ج) المواد الحيوية biological waste الناتجة من المشافي، ومراكز البحوث، ومؤسسات البحث العلمي الحيوي، والمصانع. ولها قابلية إمراض الكائنات الحية، ومقدرة لإنتاج مواد سامة، وتضم أيضاً النُفاية للتي تسبب الأورام الخبيثة، والسرطانات في الخلايا.

(د) النُفاية الحيوطبية biomedical waste من المشافي، والمؤسسات الطبية، والعيادات، والمعامل الطبية، ومراكز البحوث، وشركات صناعة الأدوية، وتضم التالي من النُفاية:

- نُفاية الأمراض المُعدية والجراحية Pathological and infectious.
- جيف حيوانات التجارب.
- الجثث (من الواجب والضروري الإسراع في دفنها).
- بقايا الأدوية والسموم والكيمائيات وحاوياتها.
- البياضات (أغطية السراير)، والملابس، والضمادات المُتخلص منها.
- الحقن والإبر والمعدات الجراحية والطبية والأجهزة المُتخلص منها.
- الطعام والنُفاية الملوثة: من المتبع أن تقوم المشافي بحرق هذه النُفاية في الموقع للجوامد القابلة للاحتراق في محرقة مصممة خصيصاً لها تعمل على درجات حرارة عالية مع محارق إضافية لتسخين الغازات المتبقية من غرف الاحتراق على درجات حرارة 700 درجة مئوية لمكافحة الروائح، فيما يُؤخذ الرماد إلى مدفن صحي. والنُفاية من المشافي للتي لا يوجد بها محرقة أو أجهزة تعقيم، تُعزل وتُغلق في حاويات خاصة مصنفة بألوان معلومة لنقلها ومعالجتها في مواقع أخرى قبل دفنها والتخلص النهائي منها. يتراوح إنتاج النُفاية الحيوطبية بين 0.5 إلى خمسة كيلوجرامات في اليوم للسرير.

(ه) المواد القابلة للاشتعال Flammable materials: تُعتبر أيضاً مواد كيميائية خطرة، وتشكل مخاطر عند حفظها وجمعها والتخلص منها. رغم أن غالبية هذه المواد سائلة غير أن بعضاً منها يُوجد في صورة غازية أو صلبة.

(و) العلب المعدنية والصناديق الكرتونية والزكائب والبراميل Metallic cans, cardboard boxes & drums التي تحوي المبيدات الزراعية، والحشرية، والعشبية، والطحلبية، والحشائشية، والآفات وغيرها من المبيدات المستخدمة أو المنتهية الصلاحية. وعند دفن هذه النُفاية ينبغي وضع أعلاها داخل حفرة في بعد لا يقل عن 50 سم أدنى سطح الأرض.

(ز) الأنقاض ومخلفات المباني construction and demolition waste: من البناء وإعادة البناء، والصيانة وللترميم للمنشآت السكنية والتجارية والصناعية. وتضم هذه النُفلية الأوساخ، والحجارة،uct والخرسانة، والحصى، والطوب، والمونة، والألواح الخشبية التي تُكسى بها السقوف shingles، وألواح الخشب lumber، وأجزاء السباكة والكهرباء والتسخين والتكييف والتبريد.

(ح) مخلفات محطات المعالجة والتنقية wastewater treatment & purification plants & units: الجوامد والنُفاية من محطات معالجة المياه العادمة، ومحطات تنقية المياه.

يصعب تحديد كميات النُفاية الخطرة ونوعياتها بسبب عدم وجود الإحصاءات الواقعية، وربما التستر عليها من الجهات المنتجة لها مما يستدعي معه الزيارات الفجائية، والمراقبة الدورية، والمراقبة الدائمة للمناطق المشتبه في إنتاجها لها. وتجمع النُفاية والقمامة الخطرة لمناطق التخلص النهائي، أو لمعالجتها أو غيره بوساطة جرارات خاصة، حيث تُرحل الحاويات من دون فتحها إلى مواقع التخلص النهائي. وينبغي الحرص على عدم ملامستها أو مباشرتها من قِبل جامع النُفاية. ويجب عدم دمكها في سيارة النُفاية بغرض تقليل الحجم أو غيره إلى حين ردمها أو دفنها في أعماق التربة بعد إجراء العمليات الأساسية المساعدة على حفظها أو تحللها أو تبديدها عبر خطة تخطيطية وعملية يسهل تنفيذها ومأمونة العواقب وصالحة للبيئة.

يقود هذا التنوع في مصادر النُفاية والقُمامة إلى تحديات تواجه المهندس المسئول عن كثير من المؤسسات ذات الصلة للتفكر في قضايا التخلص من النُفاية المنتجة في الوحدة لا سيما وفي معظم الأحيان يسعى التصميم الهندسي للمنشأة لتحقيق عمر تصميمي لا يقل عن 25 عاماً وهذه مدة طويلة نسبياً في غياب تخطيط واضح لإدارة النُفاية والقمامة وغياب معرفة أنواعها وأساليب إنتاجها مستقبلاً في الدول النامية.

من أهم العوامل التي تؤثر على نوعية النُفاية المنتجة وكميتها التالي:

1. المقاييس والمعايير.
2. النظم المعيشية.
3. الدرجة الصناعية ومستوى التقدم الصناعي ومقدار التحضر في الإقليم.
4. الموقع الجغرافي.
5. العوامل المناخية والطقس.
6. حجم الإقليم أو المجتمع.
7. الفصل من السنة والتغيرات الزمنية.
8. الفترات بين الجمع وتواتره.
9. العوامل الاجتماعية والاقتصادية.
10. درجة إعادة الدوران والاستخدام وعملياته في موقع التخلص.
11. القوانين والتشريعات السارية المفعول.
12. القبول الجماهيري.
13. تعريفة الجمع.
14. وجود الطاقة والغاز والتكلفة المتعلقة بها.

من الملاحظ أن الكميات الكبيرة من النُفاية والقمامة تأتي من الزراعة والصناعة ومصادر إنتاج المعادن وتصنيعها بالإضافة إلى إنتاج البلدية من بقايا الطعام والقمامة والمركبات التالفة، وأنقاض المباني، ونظافة الشوارع والحدائق والملاعب، ومخلفات الحيوانات، وغيرها من مفرزات ثورة المعلومات من الحواسيب التالفة وملحقاتها وأسطوانات البرمجيات والأقراص اللدنة...الخ.

1 - 3 مكونات النُفاية والقمامة

النُفاية المجمعة من المناطق السكنية العادية غالباً تتكون بالوزن في المتوسط من التالي:

- 35 إلى 40 بالمائة مواد دقيقة (غالباً غبار ورماد وخبث أفران وجمار مطفأة).
- 25 إلى 30 بالمائة أوراق وكرتون
- 10 إلى 15 بالمائة فواكه نُفاية متحللة
- 5 إلى 8 بالمائة معادن
- 5 إلى 8 بالمائة زجاج
- نسبة ضئيلة من الخرق والمواد غير المصنفة

وتحديد هذه النسب بصورة أكثر دقة لا يُجدي بل قد يُضلل بسبب:

- الطبيعة المختلطة للمواد
- صعوبة الحصول على عينة تمثل المجموعة بصورة جيدة
- التغيرات المحلية والفصلية لمكونات النُفاية

من أكثر المحاولات لتحديد مكونات النُفاية تؤشر لوصف:

- العيوب الصحية والاستساغية من الحفظ الطويل للنُفاية
- تحديد النُفاية حسب طرق المعالجة والتخلص النهائي مثل التسميد والترميد ...الخ

جدول 1 – 2 مصادر إنتاج النُفاية والقُمامة

مصدر النُفاية	وحدات الإنتاج	نوع النُفاية والقُمامة
منزلية / بلدية	المنازل، الشقق ، الفيلا، المساكن	بقايا الطعام، ونُفاية وقمامة، رماد، ونُفاية خاصة
تجارية	المخازن، المتاجر، المطاعم، الأسواق، المكاتب، المباني، الفنادق، المطابع، المشافي، المؤسسات...	بقايا الطعام، قمامة، رماد، أنقاض مباني، ونُفاية خاصة، ونُفاية خطرة

صناعية	مباني، إنتاج، تصنيع، مصافي نفطية، محطات كيمائية، التعدين، قطع الأخشاب، محطات حرارية، الهدم، إعادة البناء ...	بقايا الطعام، قمامة، رماد، أنقاض، ونُفاية خاصة، ونُفاية خطرة
الساحة والمناطق المفتوحة	الطرق، الشوارع، الأزقة، الملاعب، البلاج، مناطق الاستحمام والترفيه، والساحات، والمنتزهات، والحدائق	نُفاية خاصة، ونُفاية
زراعية	محاصيل حقلية، بساتين الفاكهة، ساحات الكروم، معامل الزبد والجبن، والحقول التجريبية، المزارع...	بقايا طعام فاسد، ونُفاية زراعية، قمامة، مواد خطرة

ومن أهم التقسيمات حسب مكونات النُفاية التالي:

1. وصف النُفاية حسب نوعية المواد أو مصدر النُفاية
2. التوصيف حسب تحليل الأصناف وإمكانية المعالجة مثل:

- المواد القابلة للحرق أو التسميد
  - المخلفات العضوية من المطبخ، ونُفاية الفواكه بكافة أشكالها، والورق، والكرتون الخفيف، والقش.
  - العظام والأنسجة بعد التحلل.
- المواد التي يمكن حرقها: الأخشاب، والكرتون المقوى، والجلد، والمطاط، والبلاستيك.
- المواد التي لا يمكن تسميدها أو حرقها
  - الزجاج، والخزف، والبورسلين، والحجارة، والطوب،
  - الحديد وغيره من المعادن
- المواد ذات الحبيبات الصغيرة والتي يمكن حرقها أو تسميدها.

يمكن تقسيم النُفاية حسب حجم الحبيبات وحالتها من خلال الغربلة والتصفية على النحـــو المبين في الجدول 1-3.

جدول 1-3 تقسيم النُفاية حسب حجم الحبيبات

المجموعة	التصنيف	الحجم (ملم)
الأولى	نُفاية صغيرة الحجم	أقل من 8
الثانية	نُفاية متوسطة الحجم	8 إلى 40
الثالثة	نُفاية خشنة	40 إلى 120
الرابعة	متبقي المصفاة	أكبر من 120

من المتوقع زيادة القمامة المنزلية بسبب:

- الزيادة في مواد التعبئة والسلع التي يمكن التخلص منها مثل محـــارم للـــورق، والأواني الورقية، وأكياس التعبئة.
- الزيادة في المساحات التي يمنع فيها الحرق.
- زيادة كفاءة أجهزة حرق وقود التسخين في المناطق الباردة.
- ارتفاع استخدام المحروقات غير الصلبة للتسخين أو الطهي.
- زيادة الدخل الشخصي.
- زيادة إقبال المستهلكين على السلع.
- التركيز على الغذاء الصحي.

ومن ثم من المتوقع أن ينتج الفرد كميات أكبر من النُفاية المنزلية مما يستدعي معه زيـــادة خدمات جمعها لمواكبة النواتج المتزايدة.

1 - 4 النُفاية البلدية والقمامة المنزلية والكُناسة العامة

تضم النُفاية البلدية المنزلية التالي:

- خليط ونُفاية المنزل: التي تُجمع بسيارات مصممة خصيصاً لهذا الغرض.
- المواد التي يمكن تدويرها وإعادة استخدامها مثل الصحف، وأواني الألمونيـــوم، والكراتين، والزجاجات البلاستيكية للمياه الغازية، والعلب الحديدية، وغيرهامـــن

الأشياء المحدثة بواسطة الجمهور، وعادة تُجمع مع نُفاية المنزل في آنية منفصلة أو بواسطة سيارات خاصة لها.

- النُفاية التجارية Commercial wastes:

عادة تجمع النُفاية التجارية بوساطة قلابة dumpers والتي تمثل حاويات كبيرة من الحديد الصلب عادة ترفع للأعلى بوساطة سيارة الجمع. ونسبة لأن سائق السيارة لا يرى ما بداخل الحاويات فقد تُشكل مخاطر إن كانت تحوي مواد خطرة أو مؤثرة على أسلوب المعالجة المنتقى والمتبع في مناطق التخلص النهائي.

- النُفاية الخضراء: (ونُفاية الساحات)
- النُفاية من مكبات الجمهور
- المواد الضخمة والكبيرة Bulky refuse: مثل الثلاجات والسجاجيد والمفارش الأرضية وغيرها وتجمع عند الاحتياج لها.
- نُفاية مواد البناء والأنقاض: والتي تجمع في حاويات ثابتة بالموقع وتـدفن فـي مواقع معينة بمناطق الدفن لا سيما ولا تجمع يومياً من مواقع إنتاجها.
- النُفاية المنزلية الخطرة: عادة تجمع على فترات منتظمة من قبل الجمهور أو تنقل إلي مراكز تجميع خاصة بها من قبل مالكي المنازل.

النفاية البلدية Municipal solid waste = القمامة refuse + الأنقاض construction & demolition waste + النفاية الخضراء green waste + الأشياء الكبيرة bulky items

جدول 1 – 4 مثال لمكونات النُفاية من شمال أفريقيا {9}

المكون	الوزن (%)
الخضروات والفواكه	44
البلاستيك	1
النسيج والمنسوجات	0.5
الورق والكرتون	2.6
الزجاجات والقوارير	1

المعادن	0.6
المطاط	0.3
متعددة (بقايا طعام، مواد خاصة، رماد...)	50
المجموع	100

أيضاً يمكن تعريف النُفاية البلدية حسب إنتاجها أو تجميعها. إذ تضم النُفاية المنتجة كافة الأوساخ المنتجة من قبل المنزل من غير المرغوب فيه ولا يُحتاج إليه بالمنزل وينبغي التخلص منه وغالباً يُعمل على تسميد جزءاً من النُفاية بالموقع (مثل المواد العضوية ونُفاية الساحة) ويطلق على هذا الجزء من النُفاية المنتجة وغير المجمعة القمامة الموجهة diverted refuse وجزء من مواد القمامة الموجهة (مثل علب الألمونيوم والصحف) يمكن بيعه والاستفادة منه وبالتالي تقليل الكمية التي ينبغي دفنها.

الجدول 1-5 تقدير النُفاية المنتجة في السودان

مصدر النُفاية والقمامة	النسبة المئوية
الزراعة	35
الصناعة	10
التعدين	25
المنزلية	15
مواد البناء والأنقاض	5
الحيوانات	10
المجموع	100

من الملاحظ أن الولايات المتحدة الأمريكية تعد أكبر بلد استهلاكي وبالتالي أكبر بلد منتج للنُفاية بما يقارب 50 بالمائة من النُفاية المنتجة عالمياً رغم أن عدد السكان بها لا يتجاوز 6 بالمائة من تعداد سكان العالم {9}. ويُلقي الأمريكيون في كل ثلاثة أشهر من علب الألمونيوم ما يكفي لبناء أسطول الطيران المدني خاصتهم مرة أخرى. وينتج للفرد

الأمريكي في المتوسط ما يزيد عن 2 كيلوجرام من النُفاية المنزلية يومياً. بينما يُقدر إنتاج الفرد الأوربي في المتوسط بحوالي 1.5 كيلوجرام من القمامة يومياً {9}.

رغم ضآلة الإحصاءات وغياب المسح للنُفاية والقمامة من قبل المهندسين والمخططين والمصممين ومسئولي البلدية وغيرهم من الجهات ذات الاختصاص والصلة، غير أن الإحصاءات المتحصل عليها تشير إلي تغيرات جوهرية في إنتاج النُفاية عبر السنوات بالسودان ويوضح الشكل (1−1) التغير في إنتاج النُفاية خلال عدة أعوام.

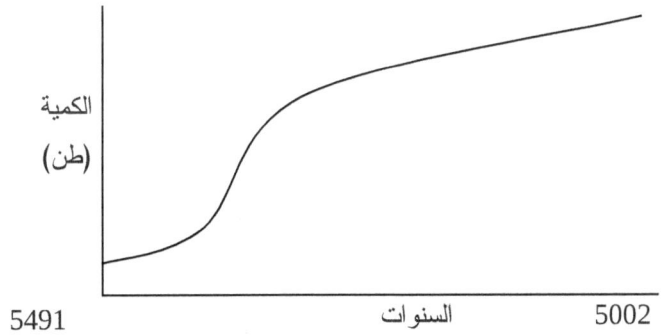

الشكل (1 − 1) التغير في إنتاج النُفاية عبر السنوات

كما يوضح شكل (1−2) التغيرات الشهرية في إنتاج النُفاية مما يشير إلي زيادة إنتاج النُفاية أثناء أشهر الصيف مقارنة بأشهر الشتاء.

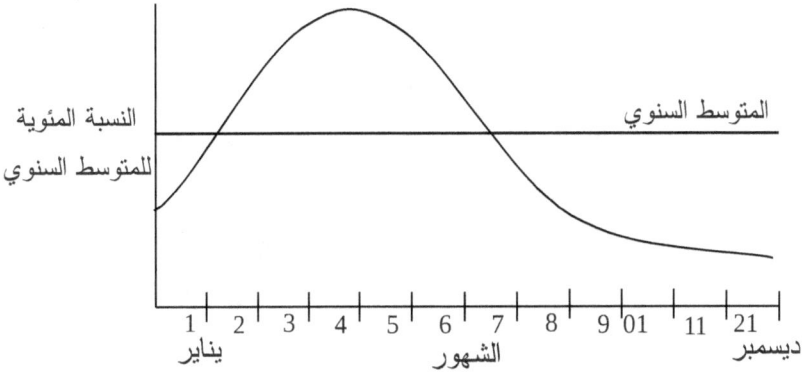

الشكل (1 − 2) التغيرات الشهرية في إنتاج النُفاية

ومن الملاحظ تغيرات كمية النُفاية خلال أيام الأسبوع إذ تزداد بصورة كبيرة في أيام السبت والأحد وتقل في أيام الخميس والجمعة ربما يسبب نظم الجمع وبرامجها والعوامل المؤثرة فيها. كما وتؤثر اطر جمع النُفاية وبرامجها في كمياتها (إذ كلما زادت معدلات الجمع وترددها كلما زادت كمية النُفاية المجمعة وكلما قل معدل الجمع وميقاته، أي كلما لجأ الجمهور لسبل أخرى غير سوية للتخلص من النُفاية).

من أهم العوامل المؤثرة في إنتاج النُفاية التالي:

- الأوضاع الاجتماعية والاقتصادية للمجموعة السكانية.
- معدل استهلاك المواد المصنعة وتفضيلات الناس.
- فترات جمع النُفاية.
- نظم جمع النُفاية وبرامجها وترددها: الزيادة في معدلات الجمع تزيد الكميات للتي تُجمع سنوياً، وبما أن كمية المواد العضوية ثابتة تقريباً، فربما عُزيت الزيادة للتخلص من نُفاية أكثر من قِبل الجمهور للأوراق والفُضالات.
- تعريفة جمع النُفاية.
- العوامل المناخية.
- وجود أجهزة سحق منزلية للقمامة إذ تقوم بتخفيف بقايا الطعام.
- العادات والتقاليد والأعراف المجتمعية (المجتمع القارئ ينتج صحف ونُفلية ورقية أكثر، والمجتمع العامل تزداد عنده النُفاية في المطاعم والأسواق إذ تقل عادات أكله بالمنزل ، والمجتمع الزراعي يستخدم المواد العضوية أسمدة، بالإضافة إلى العادات الممارسة، فهناك بعض المجموعات تقوم بحرق الأوراق والصحف وأوراق الأشجار في المنطقة الخلفية للمنزل، أو تستخدمها وقود للطبخ والتسخين ... الخ).
- دخل الفرد ودرجة الثراء المجتمعي، إذ تنتج المناطق ذات الدخل المنخفض نُفاية أقل غير أن نسبة الطعام فيها أعلى.
- درجة تعليم الفرد.
- التعداد السكاني، بالمنطقة (الكثافة السكانية).
- درجة التصنيع والإنتاج الصناعي.

- التنمية والعمران.
- الخواص الجغرافية والهيدرولوجية للمنطقة والمؤثرات المناخية.

تضم قائمة المتعاملين مع النُفاية والقمامة والمتأثرين بها دورياً عدة جهات منها: {9}

- المواطنون.
- مقدمو خدمة جمع النُفاية والقمامة.
- المشترون للمواد الثانوية لإعادة الدوران.
- مقاولو إعادة الدوران.
- المحامون ممن يقومون بترجمة الخطط البيئية وخطط الصحة العمومية إلـــى قوانين ولوائح وتشريعات.
- الجهات الاستشارية الحكومية ممن يترجمون القوانين واللوائح إلـــى موجهات عامة فنية وتكنولوجية.
- المهندسون والمصممون لمنشآت التخلص النهائي من النُفاية: المدافن الصحية، ومحطات التسميد، والمحطات التحويلية، ومحطات الحرق والترميد.
- المقاولون الذين يقومون بتشييد المنشآت وبنائها.
- أصحاب ضبط الجودة والنوعية ومستشارو ضمان الجودة.
- مؤسسات التعليم والبحث العلمي والإرشاد الصـــناعي والزراعــي والصــحي والتقاني والعقائدي.

1 – 5 تمارين عامة

1. ما معنى النُفاية والقمامة والكُناسة لُغةً واصطلاحاً؟
2. ما مخاطر سوء إدارة النُفاية؟
3. عدد أنواع النُفاية الصادرة من أي فرد.
4. هل تختلف النُفاية باختلاف الجنس؟ علل إجابتك.
5. قدر كمية النُفاية المنتجة في قريتك أو مدينتك.

6. ما معايير الحماية الشخصية للـواجب اتخاذهـا لتلافـي المشــاكل الصــحية والاجتماعية بسبب التعامل مع النُفاية؟

7. ما الفرق بين النُفاية المنزلية، والبلدية، والزبالة والفُضالة؟

8. عدد أنواع النُفاية الخطرة، وبيّن أوجه خطورتها.

9. ما النسب المئوية لكل نوع من أنواع النُفاية في منطقتك؟

10. ما أهم العوامل المؤثرة على إنتاج النُفاية؟

11. مم تتكون النُفاية البلدية؟

12. لماذا يتغير إنتاج النُفاية مع الزمن؟

13. عدد الجهات المتعاملة مع النُفاية في منطقتك.

14. كيف تؤثر العادات والتقاليد على إنتاج النُفاية كماً وكيفاً؟ ما أكثر العادات تـأثيراً والسائدة بمنطقتك؟

الباب الثاني

خواص النُفاية Properties of solid waste

2 – 1 مقدمة

يحتاج إلي معرفة خواص النُفاية وخصائصها للتالي:

1. معرفة المواد الخطرة والمؤذية التي قد تتواجد بالنُفاية بغية فرزها والتخلص منها.
2. تقدير المواد العضوية المفيدة لإنتاج الغاز.
3. معرفة المواد النافعة للترميد والحصول على الطاقة.

أما في حالة التخلص من النُفاية بالردم الصحي فقلما يحتاج إلي معرفة خواص النُفاية إنما يُكتفى بمعرفة كمية النُفاية المنتجة وأوزانها وربما تقدير المواد الخطرة بها.

عند أخذ العينات لإجراء الاختبارات والتجارب عليها ينبغي توخي أخذ عينة تمثل النُفلية ولمدى واسع من المصفوفة المطلوبة ما أمكن، وأن تكون متجانسة، وإن لم تكن متجانسة يجب أن تكون سهلة الغربلة أو الطحن والسحق لتصبح متجانسة.

من أهم الخواص المتعلقة بالنُفاية: خواص المادة (حجم الحُبيبات، ومكونات المادة، واستخدام المادة، ودرجة نقائها). والخواص الطبيعية (محتويات النُفاية، والمحتوي الرطوبي بها، وحجم الحُبيبات، والمحتويات الكيميائية، والقيمة الحرارية، والكثلفة، والخواص الميكانيكية، ودرجة التحلل) والخواص الكيميائية، والخواص الحيوية. وتؤثر هذه الخواص في تصميم نظم جمع النُفاية ومعالجتها والتخلص منها، وأطر تشغيل وحدات إدارة النُفاية وأدائها.

2 – 2 تقدير مكونات النُفاية والقمامة

أ) تقدير الكمية بتحديد العناصر

يمكن تقدير كمية النُفاية والقمامة من إحصاءات الإنتاج الصناعي والتجاري عبر طريقة الداخل input method بمعرفة الإنتاج الكلي وافتراض أن كل الناتج لا بد من التخلص

منه أو إعادة استخدامه ودورانه. وتصلح هذه الطريقة لتقدير كمية العناصر في النُفلية والقمامة وتحديدها عندما يسهل الحصول على البيانات والإحصاءات من منظمات وهيئات لها المقدرة المالية والإدارية والتقنية للقيام بمهمة الجمع الروتيني للبيانات.

ب) طريقة تحليل الناتج (المُخرج)

أما بالنسبة للمستوى المحلي فالطريقة الأنسب لتقدير الكميات وتحديد العناصر هي طريقة تحليل المخرج output method والقيام بدراسات حللة لعينات بالطرق اليدوية والتصويرية (عبر تصوير جزء من النُفاية وتحليل الصور الملتقطة).

2 – 3 الخواص الطبيعية (الفيزيائية) للنُفاية والقمامة

تؤثر الخواص الفيزيائية للنُفاية والقمامة في تصميم أجهزة حفظ النُفاية والقمامة ونقلها وترحيلها ومعالجتها وتنقيتها. ومن أهمها الوزن، والقيمة الحرارية، وزاوية الاستقرار، والمحتوى الرطوبي، وتركيز المعادن، وتوزيع حجم الحُبيبات، والكثافة.

(أ) المكونات الفردية: يمثل جدول 2-1 المكونات المثالية التي يمكن أن تتواجد في النُفاية والقمامة. ويمكن اختيار أي عدد من المكونات غير أن تلك المختارة في جدول 2-1 يسهل تحديدها، وتماثل المتوارث في الدراسات الموثقة والمدونة، وكتب النُفاية والقمامة والكُناسة، كما وأنها تفي بتحديد خواص النُفاية والقمامة لأهم الأعمال المتعلقة بها.

(ب) المواد الصلبة المتطايرة Volatile solids

توجد بالفقدان عند الاشتعال وذلك بسحق المادة الجافة، ثم توهج العينة لدرجة حرارة 550 درجة مئوية لمدة 4 ساعات. يُمثل الفاقد في الوزن تلك المواد العضوية المتطايرة والتي تضم المواد العضوية المتفتتة والمواد غير القابلة للتفتت.

(ج) زاوية الاستقرار Angle of repose (rest)

تعرف زاوية الاستقرار على أنها تلك الزاوية مع الأفقي للتي تجعل المواد مكومة ومرصوصة دون أن تنزلق. للرمل زاوية استقرار 35 درجة اعتماداً على المحتوى

الرطوبي. وتتراوح هذه الزاوية بين 45 درجة إلى أعلى من 90 درجة للقمامة اعتماداً على تغيرات الكثافة الظاهرية، وحجم الحُبيبات، والمحتوى الرطوبي {11}.

جدول 2-1 خواص النُفاية والقمامة {10}

المكون	النسبة المئوية بالكتلة	
	المدى	المثالي
بقايا الطعام	26 – 6	14
الورق	45 – 15	34
الكرتون	15 – 3	7
البلاستيك	8 – 2	5
المنسوجات	4 – 0	2
المطاط	2 – 0	0.5
الجلود	2 – 0	0.5
تشذيبات الحديقة	20 – 0	12
الأخشاب	4 – 1	2
المواد العضوية المختلطة	5 – 0	2
الزجاج	16 – 4	8
علب القصدير	8 – 2	6
المعادن غير الحديدية	1 – 0	1
المعادن الحديدية	4 – 1	2
الأوساخ والرماد والطوب ... الخ	10 –0	4

(د) المحتوي الرطوبي Moisture content

يُحتاج لمعرفة المحتوى الرطوبي للنُفاية لتحليل إنتاج سائل المدفن، وتصميم مواد نظم الترحيل للمدفن. يتغير المحتوى الرطوبي للقمامة من السلة إلى السيارة عبر الزمن. وتحتوى الصحف والمطبوعات حوالي 7 بالمائة محتوى رطوبي بالوزن عند وضعها في جهاز استقبال النفاية، غير أن المحتوى الرطوبي لها يفوق 20 % عند خروجها من سيارة

النُفاية. ويعول على المحتوى الرطوبي لأهميته عند التفكر في حرق النفليــة والحصــول على محروقات غازية، أو عند ترميدها مباشرة. ويمكن إيجاد المحتوى الرطــوبي لعينــة على النحو التالي:

1- توزن العينة كما أُخذت (الوزن الرطب)[2].

2- تجفف العينة في الفرن لدرجة حرارة 77 درجة مئوية[3] لمدة 24 ساعة للتأكــد مــن الجفاف التام دون المخاطرة بفقدان مواد طيارة.

3- يوجد المحتوى الرطوبي باستخدام المعادلة 2 – 1:

$$M = \frac{W_w - W_d}{W_w} \times 100 \qquad\qquad 2 - 1$$

حيث:

M = المحتوى الرطوبي، بالمائة (على أساس رطب)

W_w = الوزن الأولي (الرطب) للعينة

W_d = الوزن النهائي (الجاف) للعينة

بعض المهندسين يفضلون المحتوى الرطوبي على أساس الوزن الجاف حسب المعادلة 2 – 2:

$$M = \frac{W_w - W_d}{W_d} \times 100 \qquad\qquad 2 - 2$$

حيث:

M = المحتوى الرطوبي، بالمائة (على أساس جاف)

ويتغير المحتوى الرطوبي لمكونات النُفاية والقمامة بصورة كبرى كما موضح في الجدول 2 – 2.

---

[2] وزن العينة لإيجاد المحتوى الرطوبي ينبغي أن يكون كبيراً بالقدر اللازم للتأكد من أن درجة تركيز المحتوى الرطوبي يمثل عينة سكانية sample population.

[3] الحرارة التي تعلو عن 77 درجة مئوية تقود إلى إذابة بعض المواد البلاستيكية وتسبب فوضى فظيعــة ومروعة

جدول 2 – 2 المحتوى الرطوبي لمكونات نُفاية غير مضغوطة لنُفاية بلدية {10، 11}

المكون	المحتوى الرطوبي	
	المدى	النموذجي
أ) قمامة منزلية		
* علب القصدير	2 – 4	3
* الكرتون	4 – 8	5
* دقائق (تراب وغيره)	6 – 12	8
* قمامة الطعام	50 – 80	70
* الزجاج	1 – 4	2
* الحشائش	40 – 80	60
* الجلود	8 – 12	10
* معادن غير حديدية	2 – 4	2
* أوراق الأشجار	20 – 40	30
* الورق	4 – 10	6
* البلاستيك	1 – 4	2
معادن حديدية	2 – 6	3
* المطاط	1 – 4	2
* علب الحديد الصلب	2 – 4	3
* المنسوجات	6 – 15	10
* الأخشاب	15 – 40	20
* كُناسة الساحة	30 – 80	60
* تشذيبات الحديقة	30 – 80	60
ب) نُفاية تجارية		
* بقايا طعام	50 – 80	70

* عضوية مختلطة	60 – 10	25
* مختلطة	25 – 10	15
* أقفاص شحن خشبية وحراشف النباتات	30 – 10	30
ج) أنقاض الإنشاء والتشييد (خليط)	15 - 2	8
د) أوساخ، رماد، طوب ... الخ	12 - 6	8
هـ) نُفاية بلدية	40 - 15	

مثال 2 - 1

تحوي قمامة منزلية المكونات التالية:

علب ألمونيوم	10%
ورق	40%
زجاج	20%
طعام	20%
بلاستيك	10%

ما تقدير المحتوى الرطوبي باستخدام القيم النموذجية في جدول 2 -2

الحل

1. افترض وزن العينة 100 وحدة وزنية
2. أجرِ الحساب حسب الجدول التالي باستخدام الجدول لمكونات القمامة المنزلية

المكون	النسبة	الرطوبة من جدول 2 - 1	الوزن الجاف (بافتراض 100 وحدة وزنية)
علب ألمونيوم	10	3	$\frac{3}{100}=\frac{10-W_d}{10}, W_d=9.7$
ورق	40	6	$\frac{6}{100}=\frac{40-W_d}{40}, W_d=37.6$
زجاج	20	2	$\frac{2}{100}=\frac{20-W_d}{20}, W_d=19.6$

طعام	20	70	$\frac{70}{100}=\frac{20-W_d}{20}, W_d=6$
بلاستيك	10	2	$\frac{2}{100}=\frac{10-W_d}{10}, W_d=9.8$
المجموع			82.7

3. أحسب المحتوى الرطوبي على أساس رطب من المعادلة 2 − 1

$$M=\frac{W_w-W_d}{W_d}\times 100=\frac{100-82.7}{100}=17.3$$

برنامج 2-1:

```
Public Class Form1

    Private Function get_moist(ByVal index As Integer)
                                  As Integer
        Dim moist(23) As Integer
        moist(0) = 3
        moist(1) = 5
        moist(2) = 8
        moist(3) = 70
        moist(4) = 2
        moist(5) = 60
        moist(6) = 10
        moist(7) = 2
        moist(8) = 30
        moist(9) = 6
        moist(10) = 2
        moist(11) = 3
        moist(12) = 2
        moist(13) = 3
        moist(14) = 10
        moist(15) = 20
        moist(16) = 60
        moist(17) = 60
        moist(18) = 70
        moist(19) = 25
        moist(20) = 15
        moist(21) = 30
        moist(22) = 8
        moist(23) = 8

        Return moist(index)
```

```
End Function

Private Sub Form1_Load(ByVal sender As System.Object,
   ByVal e As System.EventArgs) Handles MyBase.Load
    Label1.Text = "المكون"
    Label2.Text = "النسبة المئوية"
    Label3.Text = "المحتوى الرطوبي"
    Me.Text = "مثال 1-2"
    Button1.Text = "احسب المحتوى"
    Me.FormBorderStyle =
        Windows.Forms.FormBorderStyle.FixedSingle

    Dim comp(23) As String
    comp(0) = "علب القصدير"
    comp(1) = "الكرتون"
    comp(2) = "دقائق - تراب وغيره"
    comp(3) = "قمامة الطعام"
    comp(4) = "الزجاج"
    comp(5) = "الحشائش"
    comp(6) = "الجلود"
    comp(7) = "معادن غير حديدية"
    comp(8) = "أوراق الأشجار"
    comp(9) = "الورق"
    comp(10) = "البلاستيك"
    comp(11) = "معادن حديدية"
    comp(12) = "المطاط"
    comp(13) = "علب الحديد الصلب"
    comp(14) = "المنسوجات"
    comp(15) = "الأخشاب"
    comp(16) = "كناسة الساحة"
    comp(17) = "تشذيبات الحديقة"
    comp(18) = "بقايا طعام"
    comp(19) = "عضوية مختلطة"
    comp(20) = "مختلطة"
    comp(21) = "أقفاص شحن خشبية وحراشف نباتات"
    comp(22) = "أنقاض الإنشاء والتشييد"
    comp(23) = "أوساخ، رماد، طوب"

    Dim i As Integer
    ComboBox1.RightToLeft =
        Windows.Forms.RightToLeft.Yes
    ComboBox2.RightToLeft =
        Windows.Forms.RightToLeft.Yes
    ComboBox3.RightToLeft =
        Windows.Forms.RightToLeft.Yes
    ComboBox4.RightToLeft =
        Windows.Forms.RightToLeft.Yes
    ComboBox5.RightToLeft =
```

```
            Windows.Forms.RightToLeft.Yes
        ComboBox6.RightToLeft =
            Windows.Forms.RightToLeft.Yes
        ComboBox7.RightToLeft =
            Windows.Forms.RightToLeft.Yes
        ComboBox8.RightToLeft =
            Windows.Forms.RightToLeft.Yes
        ComboBox9.RightToLeft =
            Windows.Forms.RightToLeft.Yes
        ComboBox10.RightToLeft =
            Windows.Forms.RightToLeft.Yes

        ComboBox1.Items.Clear()
        ComboBox2.Items.Clear()
        ComboBox3.Items.Clear()
        ComboBox4.Items.Clear()
        ComboBox5.Items.Clear()
        ComboBox6.Items.Clear()
        ComboBox7.Items.Clear()
        ComboBox8.Items.Clear()
        ComboBox9.Items.Clear()
        ComboBox10.Items.Clear()

        For i = 0 To 23
            ComboBox1.Items.Add(comp(i))
            ComboBox2.Items.Add(comp(i))
            ComboBox3.Items.Add(comp(i))
            ComboBox4.Items.Add(comp(i))
            ComboBox5.Items.Add(comp(i))
            ComboBox6.Items.Add(comp(i))
            ComboBox7.Items.Add(comp(i))
            ComboBox8.Items.Add(comp(i))
            ComboBox9.Items.Add(comp(i))
            ComboBox10.Items.Add(comp(i))
        Next
    End Sub

    Private Sub Button1_Click(ByVal sender As
            System.Object, ByVal e As System.EventArgs)
            Handles Button1.Click
        Dim percent(10) As Double
        Dim i As Integer
        Dim total As Double

        percent(0) = Val(TextBox1.Text)
        percent(1) = Val(TextBox2.Text)
        percent(2) = Val(TextBox3.Text)
        percent(3) = Val(TextBox4.Text)
```

```
percent(4) = Val(TextBox5.Text)
percent(5) = Val(TextBox6.Text)
percent(6) = Val(TextBox7.Text)
percent(7) = Val(TextBox8.Text)
percent(8) = Val(TextBox9.Text)
percent(9) = Val(TextBox10.Text)

total = 0
For i = 0 To 9
    total += percent(i)
Next
If total <> 100.0 Then
    MsgBox("100 مجموع النسب لا يساوي",
           MsgBoxStyle.Critical Or
           MsgBoxStyle.OkOnly)
    Exit Sub
End If

Dim Wd, Wd_total As Double
Dim index As Integer
Wd_total = 0
For i = 0 To 9
    If percent(i) = 0 Then Continue For

    If i = 0 Then index = ComboBox1.SelectedIndex
    If i = 1 Then index = ComboBox2.SelectedIndex
    If i = 2 Then index = ComboBox3.SelectedIndex
    If i = 3 Then index = ComboBox4.SelectedIndex
    If i = 4 Then index = ComboBox5.SelectedIndex
    If i = 5 Then index = ComboBox6.SelectedIndex
    If i = 6 Then index = ComboBox7.SelectedIndex
    If i = 7 Then index = ComboBox8.SelectedIndex
    If i = 8 Then index = ComboBox9.SelectedIndex
    If i = 9 Then index =
           ComboBox10.SelectedIndex
    If index = -1 Then
        MsgBox("الرجاء اختيار مكون من القائمة",
            MsgBoxStyle.Critical Or
            MsgBoxStyle.OkOnly)
        Exit Sub
    End If

    Wd = percent(i) - ((get_moist(index)
                 * percent(i)) / 100)
    Wd_total += Wd
Next

Dim M, Ww As Double
```

```
        Ww = 100
        M = ((Ww - Wd_total) / Ww) * 100
        TextBox11.Text = FormatNumber(M, 2)
    End Sub
End Class
```

مثالياً يكون المحتوى الرطوبي للقمامة حوالي 20 بالمائة إن لم يكن هنالك أمطار قبيل الجمع. ويرتفع المحتوى الرطوبي للقمامة ليصل لحوالي 40 بالمائة في فترة الخريف وهطول الأمطار {11}.

يتغير المحتوى الرطوبي لمكونات القمامة داخل سيارة القمامة بسبب عمليات انتقال الرطوبة بين المكونات، ومن الملاحظ أن الورق يمتص معظم سوائل الأوساخ مما يرفع محتواه الرطوبي كثيراً. وهذا الواقع يغير كثيراً من المحتوى الرطوبي لمكونات القمامة مقارنة بقيمها قبل أن تجمع وتضغط في سيارة النُفاية.

(هـ) حجم الحُبيبات Particle size

يفيد معرفة حجم حُبيبات النُفاية في استعادة المواد، خاصة عند استخدام طرق ميكانيكية للاستعادة مثل الغربال والمغناطيس. ويؤثر حجم حُبيبات النُفاية الداخلة للمدفن الصحي على التعامل معها وترحيلها ومعالجتها. يصعب تحديد حجم الحُبيبات وتصنيفها للقملمة والنُفلية بسبب الشكل غير المنتظم للحُبيبات، ولوجود أنواع وأحجام مختلفة منها في الخليط. ولدواعي الإدارة الجيدة للنُفاية فمن المهم معرفة تغير نسبة الحُبيبات بالعدد أو الوزن مع حجمها كما مبين في شكل 2 ــ 1. ويّعتمد في حجم الحُبيبات على حجم الحُبيبات المتوسط للخليط average particle size والذي يعرف على أنه ذلك القطر عندما تكون 50 بالمائة من الحُبيبات[4] (بالوزن) أقل من هذا القطر.

[4] وبالتالي 50 بالمائة من الحُبيبات أكبر من

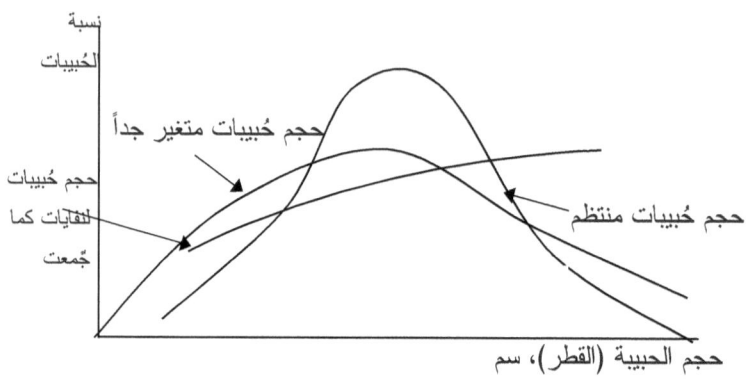

شكل 2- 1 منحنى توزيع حجم الحُبيبات

يحسب مهندسو المياه حجم الحبيبات للمرشح الرملي على سبيل المثال بمعامــل التماثــل uniformity coefficient كما مبين في المعادلة 2-3.

$$UC = \frac{D_{60}}{D_{10}}$$

2-3

حيث:

UC = معامل التماثل

D_{60}= حجم حبيبة المنخل (الغربال) بحيث أن 60 بالمائة من الحبيبات ذات حجم (مقاس) أقل من ذلك الحجم

D_{10}= حجم حبيبة المنخل بحيث أن 10 بالمائة من الحبيبات ذات حجم (مقاس) أقل مــن ذلك الحجم

(و) الموصلية (النفاذية) الهيدروليكية hydraulic conductivity تتحكم الموصلية الهيدروليكية للنفاية المدمكة في حركة السوائل والغازات خلال المردم أو المكب الصحي. ويمكن تعريف الموصلية الهيدروليكية على النحو المبين في المعادلة 2-4.

$$k = Cd^2 \frac{\gamma}{\mu} \qquad 2\text{-}4$$

حيث:

k = الموصلية الهيدروليكية (النفاذية الجوهرية intrinsic permeability التي تعتمد على خواص النفاية من مسامية وتوزيع المسامات والسطح النوعي والانتشار خلال الوسط المسامي .. الخ)

C = معامل الشكل ، معامل لابعدي

d = حجم الحبيبة

γ = الوزن النوعي للمياه

μ = لزوجة المياه

القيم النموذجية للنفاذية الجوهرية للنفايات الصلبة المضغوطة في موقع طمر النفلية (المردم) حوالي 11^{-10} و 12^{-10} متر مربع في الاتجاه الرأسي، وحوالي 10^{-10} متر مربع في الاتجاه الأفقي (11، 44، 45).

(ز) كثافة المواد والكثافة الظاهرية Bulk and material density

تفيد الكثافة الظاهرية لتقدير كمية النُفاية في بعض الحالات ولتقدير متطلبات مواد تغطية المدفن الصحي. للنُفاية والقمامة كثافة متغيرة جداً اعتماداً على الضغط المبذول، فمثلاً للنُفاية المفككة كما تخلص منها المالك فإن الكثافة الظاهرية تكون في حدود 90 إلى 150 كيلوجرام للمتر المكعب، وعند دفعها في سلة المهملات قد تصل إلى 180 كجم/م^3، وفي داخل سيارة النُفاية حيث تُضغط القمامة تصل الكثافة إلى 350 كجم/م^3 و 420 كجم/م^3، وعند وضعها في المكب ودمكها بالآليات ترتفع الكثافة إلى 700 كجم/م^3، و 1000 كجم/م^3 لمنطقة الردم الصحي جيدة الدمك والضغط. تقل الكثافة الظاهرية للنُفاية بزيادة مستوى التنمية الاقتصادية من 400 إلى حوالي 200 كجم/ م 3 بسبب للتركيز القليل للأوراق والمنتجات الورقية وزيادة تركيز بقايا الطعام والرماد.

ويوضح الجدول 2 – 5 الكثافة الظاهرية للنُفاية والقمامة ونسبة للتغير البين لكثافة النُفاية مع الموقع الجغرافي، وفصل السنة، وطول مدة الحفظ، فينبغي أخذ الحيطة والحذر عند اختيار القيم المُثلى للكثافة.

بافتراض حاوية تحوي مزيج من المواد يمكن تقدير الكثافة الظاهرية الكلية ρ_c,W بمعرفة الكثافة الظاهرية لكل مادة على حدة. فمثلاً لخليط مادتين A و B يمكن تقدير الكثافة الظاهرية للخليط من المعادلة 2 -5 {11}:

$$\rho_C=\rho_{A+B}=\frac{\rho_A.\rho_B.V_B}{V_A+V_B} \qquad 2\text{-}5$$

حيث:

ρ_{A+B} = ρ_c = الكثافة الظاهرية لخليط A و B

ρ_A = الكثافة الظاهرية للمادة A

ρ_B = الكثافة الظاهرية للمادة B

V_A = حجم المادة A

V_B = حجم المادة B

جدول 2 – 3 الكثافة الظاهرية للنفاية {5، 10، 11، 12}

	الكثافة	(كجم/م^3)
الحالة	المدى	المُثلى
نفايات مفككة (لم تتعرض لضغط أو غيره)	90 – 180	130
داخل سيارة ضغط النُفاية	350 – 600	300
نفاية محزومة bale refuse	700 – 900	800
نفاية في مكب صحي (بدون غطاء)	450 – 750	480
بقايا الطعام	120 – 480	290
الورق	30 – 130	85
الكرتون	30 – 80	50

البلاستيك	130 – 30	65
المنسوجات	100 – 30	65
المطاط	200 – 90	130
الجلود	260 – 90	160
تشذيبات الحديقة	225 – 60	105
الأخشاب	320 – 120	240
المواد العضوية المختلطة	360 – 90	240
الزجاج	480 – 160	195
علب القصدير	160 – 45	90
المعادن غير الحديدية	240 – 60	160
المواد الحديدية	1200 – 120	320
الأوساخ والرماد والطوب	960 – 320	480

أو بمعرفة كتلة المادتين يمكن تقدير الكثافة الظاهرية للخيط ρ_c من المعادلة 2 – 6 {11}:

$$\rho_{A+B}=\frac{M_A+M_B}{\frac{M_A}{\rho_A}+\frac{M_B}{\rho_B}} \qquad 2-6$$

حيث:

M = كتلة المادة.

يحتاج في التصميم والتشغيل لمعرفة حجم التخفيض في الحجم F عند حزم النُفاية أو دمكها في المدفن من المعادلة 2 – 7:

$$F=\frac{V_C}{V_o} \qquad 2-7$$

حيث:

F = حجم التخفيض (النسب المتبقية من الحجم الأصلي نتيجة للدمك).

V_o = الحجم الأصلي (الأولي).

V_c = الحجم بعد الدمك.

كما يمكن أيضاً إيجاد حجم التخفيض من الكثافة الظاهرية حسب المعادلة 2 – 8:

$$F=\frac{\rho_o}{\rho_C} \qquad 2-8$$

حيث:

ρ_o = الكثافة الظاهرية الأصلية.

ρ_c = الكثافة الظاهرية بعد الدمك.

مثال 2 –2

بافتراض أن لنُفايات معينة المكونات والكثافة الظاهرية المبينة في الجدول التالي:

المكون	النسب المئوية (بالوزن)	الكثافة الظاهرية قبل الدمك، (جم/سم ^{3})
ألمونيوم	10	0.038
زجاج	20	0.295
أوراق متنوعة	40	0.061
بقايا طعام	30	0.368

1. بافتراض أن دمك المدفن الصحي 700 كجم/م 3، جد حجم التخفيض المئوي المتحصل عليه عند دمك النُفاية.
2. جد الكثافة الظاهرية الكلية قبل الدمك بإزالة الأوراق المتنوعة.

الحل

1. جد الكثافة الظاهرية الكلية قبل الدمك من المعادلة 2 – 6

$$\rho_{(A+B+C+D)}=\frac{M_A+M_B+M_C+M_D}{\frac{M_A}{\rho_A}+\frac{M_B}{\rho_B}+\frac{M_C}{\rho_C}+\frac{M_D}{\rho_D}}$$

$$=\frac{10+20+40+30}{\frac{10}{0.038}+\frac{20}{0.295}+\frac{40}{0.061}+\frac{30}{0.368}}=0.094\, g/cm^3$$

2. جد حجم التخفيض المتحصل عليه بفضل الدمك من المعادلة 2 – 8

$$F = \frac{\rho_o}{\rho_C} = \frac{0.094\,g/cm^3}{0.7\,g/cm^3} = 0.134$$

أي أن حجم المدفن المطلوب يساوي 13% من الحجم المطلوب من غير دمك.

3. بإزالة الأوراق المتنوعة تصبح الكثافة الظاهرية قبل الدمك:

$$\rho_{(A+B+D)} = \frac{M_A + M_B + M_D}{\dfrac{M_A}{\rho_A} + \dfrac{M_B}{\rho_B} + \dfrac{M_D}{\rho_D}}$$

$$= \frac{10 + 20 + 30}{\dfrac{10}{0.038} + \dfrac{20}{0.295} + \dfrac{30}{0.368}} = 0.174\,g/cm^3$$

برنامج 2-2:

```
Public Class Form1

    Private Sub Form1_Load(ByVal sender As System.Object,
    ByVal e As System.EventArgs) Handles MyBase.Load
        Label1.Text = "النسب المئوية"
        Label2.Text = "الكثافة الظاهرية-جم/سم3"
        Label3.Text = "مكون 1"
        Label4.Text = "مكون 2"
        Label5.Text = "مكون 3"
        Label6.Text = "مكون 4"
        Label7.Text = "مكون 5"
        Label8.Text = "دمك المدفن-كجم/م3"
        Label9.Text = "حجم التخفيض المئوي"
        Button1.Text = "احسب التخفيض"
        Me.Text = "مثال 2-2"
        Me.FormBorderStyle =
            Windows.Forms.FormBorderStyle.FixedSingle
    End Sub

    Private Sub Button1_Click(ByVal sender As
    System.Object, ByVal e As System.EventArgs)
    Handles Button1.Click
        Dim M(5) As Double
        Dim Rho(5) As Double
        Dim MRho(5) As Double
        Dim rho_o, rho_c, F, Mtotal As Double
        Dim i As Integer
```

```
M(0) = Val(TextBox1.Text)
M(1) = Val(TextBox2.Text)
M(2) = Val(TextBox3.Text)
M(3) = Val(TextBox4.Text)
M(4) = Val(TextBox5.Text)
Mtotal = M(0) + M(1) + M(2) + M(3) + M(4)
If Mtotal <> 100 Then
    MsgBox("النسب المئوية لا تساوي 100",
        MsgBoxStyle.Critical Or
        MsgBoxStyle.OkOnly)
    Exit Sub
End If

Rho(0) = Val(TextBox6.Text)
Rho(1) = Val(TextBox7.Text)
Rho(2) = Val(TextBox8.Text)
Rho(3) = Val(TextBox9.Text)
Rho(4) = Val(TextBox10.Text)

'check validity of inputs
For i = 0 To 4
    If (Rho(i) <> 0 And M(i) = 0) Or
        (Rho(i) = 0 And M(i) <> 0) Then
        MsgBox("الرجاء اكمال البيانات أو حذفها.",
            MsgBoxStyle.Critical Or
            MsgBoxStyle.OkOnly)
        Exit Sub
    End If
Next

rho_c = Val(TextBox11.Text)
'convert from kg/m3 to g/c3
rho_c /= 1000

For i = 0 To 4
    'beware of division by zero error!
    If Rho(i) = 0 Then Continue For
    MRho(i) = M(i) / Rho(i)
Next

rho_o = MRho(0) + MRho(1) + MRho(2)
        + MRho(3) + MRho(4)
rho_o = (Mtotal) / rho_o

'beware of division by zero error!
If rho_c = 0 Then
    MsgBox("الرجاء ادخال قيمة الدمك.",
        MsgBoxStyle.Critical Or
```

47

```
                MsgBoxStyle.OkOnly)
            Exit Sub
        End If
        F = rho_o / rho_c
        TextBox12.Text = FormatNumber(F, 2)
    End Sub
End Class
```

(ز) الخواص الميكانيكية Mechanical properties

من المفيد معرفة الخواص الميكانيكية للنفاية والقمامة لتقويم العمليات البديلة وخيارات استعادة الطاقة بالتركيز على إجهاد الضغط، ومنحنى الإجهاد والانفعال لبعض المواد، ومعامل المرونة.

2 – 4 الخواص الكيميائية للنُفاية

من أهم الخواص الكيميائية الواجب معرفتها للنُفاية: الجولمد المتطايرة وفقدها عند الاشتعال، والرقم الهيدروجيني، والعناصر السامة، والمواد الغذائية (الكربون، والنتروجين، والفسفور).

أ) المكونات الكيميائية Chemical composition

تفيد معرفة المكونات الكيمائية للنُفاية والقمامة في اقتصاديات استعادة المواد أو الطاقة. ومن الطرق المستخدمة لتعريف المكونات الكيمائية للنُفاية والقمامة:

1. التحليل النسبي Proximate analysis

لتحديد نسبة المواد العضوية الطيارة والكربون الثابت في النُفاية والقمامة.

2. التحليل النهائي Ultimate analysis

يعتمد على المكونات للعناصر

ومن الملاحظ التباين والتغير الواسع في المكونات الكيمائية للنُفاية بسبب طبيعتها غير المتجانسة والتغيرات الجغرافية والزمنية.

يمكن تقدير الجوامد المتطايرة عند الاشتعال لدرجة حرارة 550 °م لمدة 4 ساعات ثم التبريد في المجفف، ويمثل الفاقد في الوزن المواد العضوية المتطايرة بما فيها المواد العضوية القابلة للتفتت وتلك غير القابلة للتفتت.

يمكن تقدير قيم الطاقة للنُفاية والقمامة باستخدام معادلة دولونج {10} Dulong كما موضحة في المعادلة 2-9:

$$\frac{KJ}{kg} = 337C + 1428\left[H - \frac{O}{8}\right] + 9S \qquad 2\text{-}9$$

حيث:

C = الكربون، (%).

H = الهيدروجين، (%).

O = الأكسجين، (%).

S = الكبريت، (%).

يمثل جدول 2-4 بيانات مثالية للتحليل النهائي لمكونات نُفاية مثالية من نفاية بلدية لمكونات قابلة للاحتراق

جدول 2-4 بيانات مثالية للتحليل النهائي من نُفاية بلدية لمكونات قابلة للاحتراق {10}

المكون	النسب المئوية بالكتلة (على أساس الجفاف)					
	الكربون	الهيدروجين	الأكسجين	النتروجين	الكبريت	الرماد
بقايا الطعام	48	6.4	37.6	2.6	0.4	5
الورق	43.5	6	44	0.3	0.2	6
الكرتون	44	5.9	44.6	0.3	0.2	5
البلاستيك	60	7.2	22.8	–	–	10
المنسوجات	55	6.6	31.2	4.6	0.15	2.5
المطاط	78	10	–	2	–	10
الجلود	60	8	11.6	10	0.4	10

4.5	0.3	3.4	38	6	47.8	تشذيبات الحديقة
1.5	0.1	0.2	42.7	6	49.5	الأخشاب
5	0.3	2.2	37.5	6.5	48.5	خليط المواد العضوية
68	0.2	0.5	2	3	26.3	الأوساخ والرماد والطوب ...الخ

مثال 2-3

جد الصيغة الكيميائية التقريبية للمكون العضوي لعينة النُفاية حسب تكوينها المـــبين فـــي الجدول التالي. استخدم التكوين الكيميائي المتحصل عليه لتقدر محتوى الطاقة لهذه النُفاية.

النسبة بالكتلة	المكون
12	تشذيبات الحديقة
20	بقايا الطعام
6	الأخشاب
40	الورق
10	الكرتون
8	المطاط
4	علب القصدير
100	المجموع الكلي

جدول (ب)

المكون	الكتلة الرطبة kg	الكتلة الجافة kg W_d	التكوين، كجم باستخدام جدول 2- 4					
			C	H	O	N	S	رماد
تشذيبات الحديقة	12	4.8	×0.478 4.8 2.29 =	×0.06 4.8 0.29 =	×0.38 4.8 1.82 =	×0.034 4.8 0.163 =	×0.003 4.8 0.01 =	0.045 4.8× 0.22 =
بقايا الطعام	20	5	5×0.48 2.4 =	×0.064 5 0.32 =	5×0.376 1.88 =	5×0.026 0.13 =	×0.004 5 0.02 =	×0.05 5 0.25 =
الأخشاب	6	4.8	×0.495 4.8 2.38 =	×0.06 4.8 0.29 =	×0.427 4.8 2.05 =	×0.002 4.8 0.01 =	×0.001 4.8 = 0.005	0.015 4.8× 0.07 =
الورق	40	37. 6	×0.435 37.6 = 16.36	×0.06 37.6 2.26 =	×0.44 37.6 16.54 =	×0.003 37.6 0.113 =	×0.002 37.6 = 0.075	×0.06 37.6 2.26=
الكرتون	10	9.5	×0.44 9.5 4.18 =	×0.059 9.5 0.56 =	×0.446 9.5 4.24 =	×0.003 9.5 0.03 =	×0.002 9.5 0.02 =	×0.05 9.5 0.48 =
المطاط	8	7.8 4	×0.78 7.84 6.12 =	×0.1 7.84 0.8 =	-	×0.02 7.84 0.16 =	-	×0.1 7.84 0.8 =
المجموع	96	69. 54	33.73	4.52	26.53	0.61	0.13	4.08

الحل

أ) جد المحتوى الرطوبي للمكونات المذكورة من الجدول 2-2 على حسب المبين في الجدول (أ) في العمود الثالث منه.

ب) جد الكتلة الجافة لعينة النُفاية بافتراض كتلة 100 كجم من النُفاية حسب المبين في الجدول (أ):

الجدول (أ)

المكون	النسبة بالكتلة	المحتوى الرطوبي (%) من جدول 2-2	الكتلة الجافة (كجم)
تشذيبات الحديقة	12	60	$\frac{12-W_d}{12}=\frac{60}{100}$, $W_d = 4.8$
بقايا الطعام	20	75	$\frac{20-W_d}{20}=\frac{75}{100}$, $W_d = 5$
الأخشاب	6	20	$\frac{6-W_d}{6}=\frac{20}{100}$, $W_d = 4.8$
الورق	40	6	$\frac{40-W_d}{40}=\frac{6}{100}$, $W_d = 37.6$
الكرتون	10	5	$\frac{10-W_d}{10}=\frac{5}{100}$, $W_d = 9.5$
المطاط	8	2	$\frac{8-W_d}{8}=\frac{2}{100}$, $W_d = 7.84$
علب القصدير	4	3	$\frac{4-W_d}{4}=\frac{3}{100}$, $W_d = 3.88$

ج) جد التكوين العضوي الكلي للنُفاية بافتراض كتلة 100 كجم للعينة حسب المبين في الجدول (ب):

د) يمثل الجدول (ج) أدناه ملخص للبيانات المدرجة في الجدول (ب):

جدول (ج)

المكونة	الكتلة، كجم
المحتوى الرطوبي	26.46 = 69.54 − 96
الكربون	33.73
الهيدروجين	4.52
الأكسجين	26.53
النتروجين	0.61
الكبريت	0.13
الرماد	4.08

هــ) حول المحتوى الرطوبي (H_2O) في الخطوة (د) أعلاه إلى هيدروجين وأكسجين:

الهيدروجين = $\frac{2}{18} \times 26.46 = 2.94$ كجم.

الأكسجين = $\frac{16}{18} \times 26.46 = 23.52$ كجم.

و) أعد ملخص المعدل في الجدول (ج) باستخدام إضافات الهيدروجين والأكسجين كما موضح في الجدول (د)

الجدول (د)

المكون	الكتلة، كجم	النسبة المئوية (بالكتلة)
الكربون	33.73	35.1
الهيدروجين	7.46	7.8
الأكسجين	50.05	52.1

النتروجين	0.61	0.7
الكبريت	0.13	0.1
الرماد	4.08	4.2
المجموع	96.06	100

ز) جد التكوين المولاري للعناصر على النحو الموضح في الجدول (هـ):

الجدول (هـ)

العنصر	الكتلة، كجم	كجم/ مول	عدد المولات
الكربون	33.73	12	2.81
الهيدروجين	7.46	1	7.46
الأكسجين	50.05	16	3.13
النتروجين	0.61	14	0.044
الكبريت	0.13	32	0.004

ح) جد الصيغة الكيميائية التقريبية مع الكبريت وبدون الكبريت، جد نسب المول العيارية حسب المبين في الجدول (و):

الجدول (و)

	نسب المول	
العنصر	الكبريت = 1	النتروجين = 1
الكربون	702.5	63.9
الهيدروجين	1865	169.5
الأكسجين	782.5	71.1
النتروجين	11	1
الكبريت	1	0

- ومن ثم تصبح الصيغة الكيميائية مع الكبريت كالتالي: $C_{702.5}H_{1865}O_{782.5}N_{11}S$
- والصيغة الكيميائية بدون الكبريت كالتالي: $C_{63.9}H_{169.5}O_{71.1}N$

ط) جد محتوى الطاقة للنُفاية من معادلة دولونج ومن الخطوة (ح):

$$\frac{KJ}{kg} = 337\,C + 1428\left[H - \frac{O}{8}\right] + 9\,S$$

$$\frac{KJ}{kg} = 337 \times 35.1 + \left[7.8 - \frac{52.1}{8}\right] + 9 \times 0.1 = 13,868.$$

برنامج 2-3:

```
Public Class Form1

    Private Function get_moist(ByVal index As Integer)
                  As Integer
        Dim moist(23) As Integer
        moist(0) = 3
        moist(1) = 5
        moist(2) = 8
        moist(3) = 70
        moist(4) = 2
        moist(5) = 60
        moist(6) = 10
        moist(7) = 2
        moist(8) = 30
        moist(9) = 6
        moist(10) = 2
        moist(11) = 3
        moist(12) = 2
        moist(13) = 3
        moist(14) = 10
        moist(15) = 20
        moist(16) = 60
        moist(17) = 60
        moist(18) = 70
        moist(19) = 25
        moist(20) = 15
        moist(21) = 30
        moist(22) = 8
        moist(23) = 8

        Return moist(index)
    End Function

    '*******************************
    'Values of Cabron from Table 2-4
    '*******************************
    Private Function get_C(ByVal index As Integer)
```

```
        As Double
    '*** food remainings ***'
    If index = 3 Or index = 18 Then Return 48 / 100
    '*** paper          ***'
    If index = 9 Then Return 43.5 / 100
    '*** carton         ***'
    If index = 1 Then Return 44 / 100
    '*** plastic        ***'
    If index = 10 Then Return 60 / 100
    '*** textiles       ***'
    If index = 14 Then Return 55 / 100
    '*** rubber         ***'
    If index = 12 Then Return 78 / 100
    '*** leather        ***'
    If index = 6 Then Return 60 / 100
    '*** garden trimmings***'
    If index = 17 Then Return 47.8 / 100
    '*** wood           ***'
    If index = 15 Then Return 49.5 / 100
    '*** mix organics   ***'
    If index = 19 Then Return 48.5 / 100
    '*** dust, ash, ... ***'
    If index = 23 Then Return 26.3 / 100
    'for everything else return 0
    Return 0
End Function


'**********************************
'Values of Hydrogen from Table 2-4
'**********************************
Private Function get_H(ByVal index As Integer)
        As Double
    '*** food remainings ***'
    If index = 3 Or index = 18 Then Return 6.4 / 100
    '*** paper          ***'
    If index = 9 Then Return 6 / 100
    '*** carton         ***'
    If index = 1 Then Return 5.9 / 100
    '*** plastic        ***'
    If index = 10 Then Return 7.2 / 100
    '*** textiles       ***'
    If index = 14 Then Return 6.6 / 100
    '*** rubber         ***'
    If index = 12 Then Return 10 / 100
    '*** leather        ***'
    If index = 6 Then Return 8 / 100
    '*** garden trimmings***'
    If index = 17 Then Return 6 / 100
```

```
        '*** wood            ***'
        If index = 15 Then Return 6 / 100
        '*** mix organics    ***'
        If index = 19 Then Return 6.5 / 100
        '*** dust, ash, ...  ***'
        If index = 23 Then Return 3 / 100
        'for everything else return 0
        Return 0
    End Function

    '******************************
    'Values of Oxygen from Table 2-4
    '******************************
    Private Function get_O(ByVal index As Integer)
            As Double
        '*** food remainings ***'
        If index = 3 Or index = 18 Then Return 37.6 / 100
        '*** paper            ***'
        If index = 9 Then Return 44 / 100
        '*** carton           ***'
        If index = 1 Then Return 44.6 / 100
        '*** plastic          ***'
        If index = 10 Then Return 22.8 / 100
        '*** textiles         ***'
        If index = 14 Then Return 31.2 / 100
        '*** rubber           ***'
        If index = 12 Then Return 0
        '*** leather          ***'
        If index = 6 Then Return 11.6 / 100
        '*** garden trimmings***'
        If index = 17 Then Return 38 / 100
        '*** wood             ***'
        If index = 15 Then Return 42.7 / 100
        '*** mix organics     ***'
        If index = 19 Then Return 37.5 / 100
        '*** dust, ash, ...   ***'
        If index = 23 Then Return 2 / 100
        'for everything else return 0
        Return 0
    End Function

    '********************************
    'Values of Nitrogen from Table 2-4
    '********************************
    Private Function get_N(ByVal index As Integer)
            As Double
        '*** food remainings ***'
        If index = 3 Or index = 18 Then Return 2.6 / 100
```

```
'*** paper           ***'
If index = 9 Then Return 0.3 / 100
'*** carton          ***'
If index = 1 Then Return 0.3 / 100
'*** plastic         ***'
If index = 10 Then Return 0
'*** textiles        ***'
If index = 14 Then Return 4.6 / 100
'*** rubber          ***'
If index = 12 Then Return 2 / 100
'*** leather         ***'
If index = 6 Then Return 10 / 100
'*** garden trimmings***'
If index = 17 Then Return 3.4 / 100
'*** wood            ***'
If index = 15 Then Return 0.2 / 100
'*** mix organics    ***'
If index = 19 Then Return 2.2 / 100
'*** dust, ash, ...  ***'
If index = 23 Then Return 0.5 / 100
'for everything else return 0
Return 0
End Function

'*******************************
'Values of Sulfur from Table 2-4
'*******************************
Private Function get_S(ByVal index As Integer)
        As Double
'*** food remainings ***'
If index = 3 Or index = 18 Then Return 0.4 / 100
'*** paper           ***'
If index = 9 Then Return 0.2 / 100
'*** carton          ***'
If index = 1 Then Return 0.2 / 100
'*** plastic         ***'
If index = 10 Then Return 0
'*** textiles        ***'
If index = 14 Then Return 0.15 / 100
'*** rubber          ***'
If index = 12 Then Return 0
'*** leather         ***'
If index = 6 Then Return 0.4 / 100
'*** garden trimmings***'
If index = 17 Then Return 0.3 / 100
'*** wood            ***'
If index = 15 Then Return 0.1 / 100
'*** mix organics    ***'
```

58

```
    If index = 19 Then Return 0.3 / 100
    '*** dust, ash, ...  ***'
    If index = 23 Then Return 0.2 / 100
    'for everything else return 0
    Return 0
End Function

'*******************************
'Values of Ash from Table 2-4
'*******************************
Private Function get_A(ByVal index As Integer)
        As Double
    '*** food remainings ***'
    If index = 3 Or index = 18 Then Return 5 / 100
    '*** paper          ***'
    If index = 9 Then Return 6 / 100
    '*** carton         ***'
    If index = 1 Then Return 5 / 100
    '*** plastic        ***'
    If index = 10 Then Return 10 / 100
    '*** textiles       ***'
    If index = 14 Then Return 2.5 / 100
    '*** rubber         ***'
    If index = 12 Then Return 10 / 100
    '*** leather        ***'
    If index = 6 Then Return 10 / 100
    '*** garden trimmings***'
    If index = 17 Then Return 4.5 / 100
    '*** wood           ***'
    If index = 15 Then Return 1.5 / 100
    '*** mix organics   ***'
    If index = 19 Then Return 5 / 100
    '*** dust, ash, ...  ***'
    If index = 23 Then Return 68 / 100
    'for everything else return 0
    Return 0
End Function

Private Sub Form1_Load(ByVal sender As System.Object,
  ByVal e As System.EventArgs) Handles MyBase.Load
    Label1.Text = "المكون"
    Label2.Text = "النسبة المئوية"
    Label3.Text = "الصيغة بالكبريت"
    Label4.Text = "الصيغة بدون الكبريت"
    Me.Text = "مثال 2-1"
    Button1.Text = "جد الصيغة"
    Me.FormBorderStyle =
        Windows.Forms.FormBorderStyle.FixedSingle
```

```
Dim comp(23) As String
comp(0) = "علب القصدير"
comp(1) = "الكرتون"
comp(2) = "دقائق - تراب وغيره"
comp(3) = "قمامة الطعام"
comp(4) = "الزجاج"
comp(5) = "الحشائش"
comp(6) = "الجلود"
comp(7) = "معادن غير حديدية"
comp(8) = "أوراق الأشجار"
comp(9) = "الورق"
comp(10) = "البلاستيك"
comp(11) = "معادن حديدية"
comp(12) = "المطاط"
comp(13) = "علب الحديد الصلب"
comp(14) = "المنسوجات"
comp(15) = "الأخشاب"
comp(16) = "كناسة الساحة"
comp(17) = "تشذيبات الحديقة"
comp(18) = "بقايا طعام"
comp(19) = "عضوية مختلطة"
comp(20) = "مختلطة"
comp(21) = "أقفاص شحن خشبية وحراشف نباتات"
comp(22) = "أنقاض الإنشاء والتشييد"
comp(23) = "أوساخ، رماد، طوب"

Dim i As Integer
ComboBox1.RightToLeft =
    Windows.Forms.RightToLeft.Yes
ComboBox2.RightToLeft =
    Windows.Forms.RightToLeft.Yes
ComboBox3.RightToLeft =
    Windows.Forms.RightToLeft.Yes
ComboBox4.RightToLeft =
    Windows.Forms.RightToLeft.Yes
ComboBox5.RightToLeft =
    Windows.Forms.RightToLeft.Yes
ComboBox6.RightToLeft =
    Windows.Forms.RightToLeft.Yes
ComboBox7.RightToLeft =
    Windows.Forms.RightToLeft.Yes
ComboBox8.RightToLeft =
    Windows.Forms.RightToLeft.Yes
ComboBox9.RightToLeft =
    Windows.Forms.RightToLeft.Yes
ComboBox10.RightToLeft =
    Windows.Forms.RightToLeft.Yes
```

```
    ComboBox1.Items.Clear()
    ComboBox2.Items.Clear()
    ComboBox3.Items.Clear()
    ComboBox4.Items.Clear()
    ComboBox5.Items.Clear()
    ComboBox6.Items.Clear()
    ComboBox7.Items.Clear()
    ComboBox8.Items.Clear()
    ComboBox9.Items.Clear()
    ComboBox10.Items.Clear()

    For i = 0 To 23
        ComboBox1.Items.Add(comp(i))
        ComboBox2.Items.Add(comp(i))
        ComboBox3.Items.Add(comp(i))
        ComboBox4.Items.Add(comp(i))
        ComboBox5.Items.Add(comp(i))
        ComboBox6.Items.Add(comp(i))
        ComboBox7.Items.Add(comp(i))
        ComboBox8.Items.Add(comp(i))
        ComboBox9.Items.Add(comp(i))
        ComboBox10.Items.Add(comp(i))
    Next
End Sub

Private Sub Button1_Click(ByVal sender As
        System.Object, ByVal e As System.EventArgs)
        Handles Button1.Click
    Dim percent(10) As Double
    Dim i As Integer
    Dim total As Double

    percent(0) = Val(TextBox1.Text)
    percent(1) = Val(TextBox2.Text)
    percent(2) = Val(TextBox3.Text)
    percent(3) = Val(TextBox4.Text)
    percent(4) = Val(TextBox5.Text)
    percent(5) = Val(TextBox6.Text)
    percent(6) = Val(TextBox7.Text)
    percent(7) = Val(TextBox8.Text)
    percent(8) = Val(TextBox9.Text)
    percent(9) = Val(TextBox10.Text)

    total = 0
    For i = 0 To 9
        total += percent(i)
    Next
```

61

```vb
    If total <> 100.0 Then
        MsgBox("مجموع النسب لا يساوي 100",
                MsgBoxStyle.Critical Or
                MsgBoxStyle.OkOnly)
        Exit Sub
    End If

    Dim Wd(10), Wd_total, Ww_total As Double
    Dim C, H, O, N, S, Ash, tmp As Double
    Dim index As Integer
    Wd_total = 0
    Ww_total = 0
    C = 0 : H = 0 : O = 0 : N = 0
    S = 0 : Ash = 0

    For i = 0 To 9
        If percent(i) = 0 Then Continue For

        If i = 0 Then index = ComboBox1.SelectedIndex
        If i = 1 Then index = ComboBox2.SelectedIndex
        If i = 2 Then index = ComboBox3.SelectedIndex
        If i = 3 Then index = ComboBox4.SelectedIndex
        If i = 4 Then index = ComboBox5.SelectedIndex
        If i = 5 Then index = ComboBox6.SelectedIndex
        If i = 6 Then index = ComboBox7.SelectedIndex
        If i = 7 Then index = ComboBox8.SelectedIndex
        If i = 8 Then index = ComboBox9.SelectedIndex
        If i = 9 Then index = ComboBox10.SelectedIndex

        If index = -1 Then
            MsgBox("الرجاء اختيار مكون من القائمة",
                    MsgBoxStyle.Critical Or
                    MsgBoxStyle.OkOnly)
            Exit Sub
        End If

        tmp = get_C(index)
        If tmp = 0 Then Continue For

        Wd(i) = percent(i) - ((get_moist(index)
                * percent(i)) / 100)
        Wd_total += Wd(i)
        Ww_total += percent(i)

        'Calculate elements
        C += (tmp * Wd(i))
        tmp = get_H(index)
        H += (tmp * Wd(i))
```

```
    tmp = get_O(index)
    O += (tmp * Wd(i))
    tmp = get_N(index)
    N += (tmp * Wd(i))
    tmp = get_S(index)
    S += (tmp * Wd(i))
    tmp = get_A(index)
    Ash += (tmp * Wd(i))
Next

'find moisture content
Dim moist_content As Double
moist_content = Ww_total - Wd_total
'add moisture content as H2O
H += (2 / 18) * moist_content
O += (16 / 18) * moist_content

'find the moles - Table (H)
Dim molC, molH, molO, molN, molS As Double
molC = C / 12
molH = H / 1
molO = O / 15
molN = N / 14
molS = S / 32

'find the chemical formula
'(1) with sulfur
'(2) without sulfur

Dim f1, f2 As String
f1 = "C"
f1 += FormatNumber(molC / molS, 1).ToString
f1 += "H"
f1 += FormatNumber(molH / molS, 1).ToString
f1 += "O"
f1 += FormatNumber(molO / molS, 1).ToString
f1 += "N"
f1 += FormatNumber(molN / molS, 1).ToString
f1 += "S"

f2 = "C"
f2 += FormatNumber(molC / molN, 1).ToString
f2 += "H"
f2 += FormatNumber(molH / molN, 1).ToString
f2 += "O"
f2 += FormatNumber(molO / molN, 1).ToString
f2 += "N"
```

```
        TextBox11.Text = f1
        TextBox12.Text = f2
    End Sub
End Class
```

ب) القيمة الحرارية Heat value

تفيد معرفة القيمة الحرارية للنُفاية والقمامة في استعادة الموارد. وتبين بالكيلو جول على الكيلوجرام kJ/kg وتقدر بالمسعر الحراري calorimeter حيث تحرق العينة وتسجل الزيادة في درجة الحرارة وبمعرفة كتلة العينة والحرارة المنتجة من الاحتراق تحسب القيمة الحرارية[5].

2 – 5 الخواص الحيوية والتحلل الحيوي للنُفاية Biodegradability

من أهم الخواص الحيوية النشاط التنفسي، ومقدرة إنتاج الغاز. عموماً فقط حوالي 45 بالمائة من القمامة سهلة التحلل الحيوي مما يستوجب معه التفكر في أطر المعالجة للمواد غير قابلة للتحلل الحيوي للتخلص منها بطريقة مناسبة أو استخدامها الأمثل لزيادة الفائدة منها.

لتحديد خواص النُفاية والقمامة ينبغي إتباع الطرق المبينة في المواصفات القياسية بما فيها طريقة أخذ العينة وتحضيرها، وطريقة إجراء التجربة لمعرفة الخاصية قيد البحث، سيما في الحياة العملية قد لا توافق العينة المأخوذة أُطر القياس بحكم طبيعة العينة وواقعها الحقلي. ويبين الجدول 2 – 5 أمثلة لبعض المطلوبات.

يبين شكل 2–2 بعض العمليات التي تخضع لها العينة للحصول على نتائج تمثل المجموعة ويسهل تكرار التجربة لها.

---

[5] علماً بأن الجول هو مقدار الحرارة الضرورية لرفع درجة حرارة جرام واحد من الماء درجة مئوية واحدة.

جدول 2-5 أمثلة لمطلوبات أجزاء اختبار العينة {3}

نوع الاختبار	كمية العينة المطلوبة	مطلوبات تجهيز العينة وتحضيرها
تقدير المتبقي الجاف، وإيجاد المحتوى الرطوبي	لا توجد قيمة ثابتة غير أنه من الأنسب أخذ مقدار أكبر من 0.5 جرام من المادة المتبقية الجافة، ولأسباب عملية يُفضل أخذ 25 جرام أو أكثر إلى 500 جرام لتكرار التجربة عدة مرات.	• لا تحتاج إلى تجفيف أولي. • يجب عدم فقد الماء أثناء تحضير العينة للاختبار
إيجاد العناصر عن طريق الهضم بالأحماض	أقل من 0.5 جرام ولأسباب عملية تؤخذ 400 إلى 500 جرام من المادة الجافة	• أقل حجم ممكن للحُبيبات خاصة عينات المواد المقاومة للصهر • يُسمح بالتجفيف عند الضرورة لدرجة حرارة 40 °م كحد أقصى • ينبغي تفادي فقدان العناصر المتطايرة
اختبار استجابة غسل التربة	حوالي 100 جرام من المادة الجافة	• يجب عدم التجفيف • ينبغي عدم فقدان العناصر المتطايرة عند ضرورة التجفيف • يُسمح بالكسر والسحق فقط للحصول على الحجم المطلوب للحُبيبات

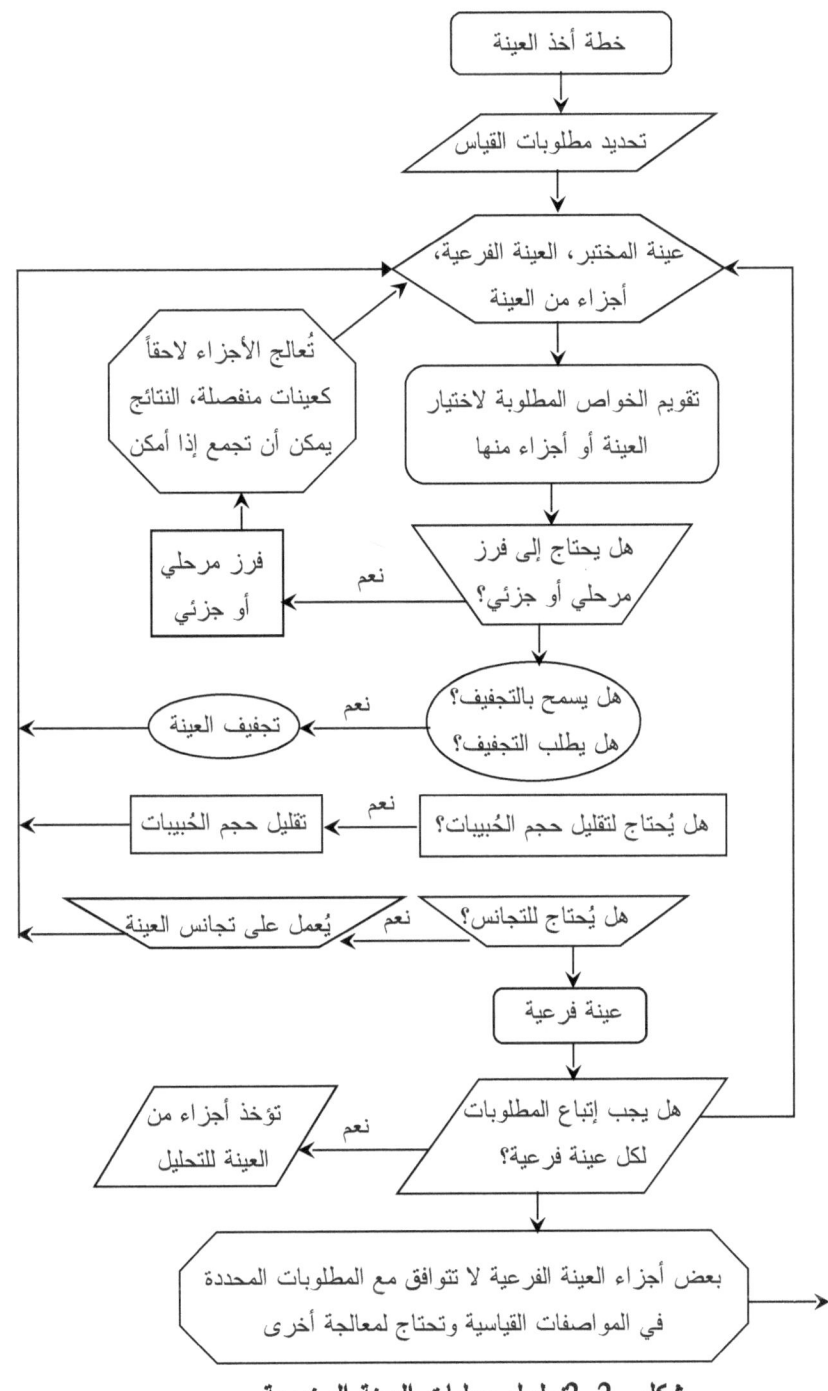

خطة أخذ العينة

تحديد مطلوبات القياس

عينة المختبر، العينة الفرعية، أجزاء من العينة

تُعالج الأجزاء لاحقاً كعينات منفصلة، النتائج يمكن أن تجمع إذا أمكن

تقويم الخواص المطلوبة لاختيار العينة أو أجزاء منها

فرز مرحلي أو جزئي

هل يحتاج إلى فرز مرحلي أو جزئي؟ نعم

تجفيف العينة نعم

هل يسمح بالتجفيف؟ هل يطلب التجفيف؟

تقليل حجم الحُبيبات نعم هل يُحتاج لتقليل حجم الحُبيبات؟

يُعمل على تجانس العينة نعم هل يُحتاج للتجانس؟

عينة فرعية

تؤخذ أجزاء من العينة للتحليل نعم هل يجب إتباع المطلوبات لكل عينة فرعية؟

بعض أجزاء العينة الفرعية لا تتوافق مع المطلوبات المحددة في المواصفات القياسية وتحتاج لمعالجة أخرى

شكل 2 2 تسلسل عمليات العينة المخبرية

66

2 – 6 تمارين عامة

2 – 6 – 1 تمارين نظرية

1. ما فائدة خواص النُفاية في نُظم الإدارة والمحاور الهندسية المتعلقة بها؟

2. ما أهم الخواص الطبيعية للنُفاية والقمامة؟

3. كيف يمكن تقدير كمية النُفاية في منطقة ما؟

4. ما الآثار المتعلقة بالخواص الطبيعية للنُفاية والقمامة؟

5. ما فائدة معرفة زاوية الاستقرار في المدفن الصحي؟

6. لِمَ يُحتاج لمعرفة المحتوى الرطوبي للنُفاية؟

7. أسرد طريقة إجراء تجربة لتقدير محتوى الرطوبة لنُفاية منزلية.

8. لِمَ تحتوي الصحف على محتوى رطوبي أعلى من المواد البلاستيكية في سلة المهملات المنزلية؟

9. ما فائدة معرفة حجم حُبيبات النُفاية؟

10. كيف توجد الكثافة الظاهرية للنُفاية التجارية؟

11. كيف يمكن تقدير المكونات الكيميائية للقمامة؟

12. ما فائدة تقدير القيمة الحرارية للنُفاية؟

2 – 6 – 2 تمارين عملية

13. يبين الجدول التالي المكونات والكثافة الظاهرية لنفايات وقمامة معينة

المكون	النسب المئوية (بالوزن)	الكثافة الظاهرية قبل الدمك، (جم/سم^3)
قمامة الساحة	20	0.071
بلاستيك	10	0.037
أوراق صحف	20	0.099
زجاج	10	0.295

بقايا طعام	30	0.368
كرتون مموج	10	0.03

- بافتراض دمك في المدفن الصحي لإنتاج كثافة ظاهرية في الميدان تبلغ 700 كجم/م 3، جد حجم التخفيض الناتج بسبب دمك النُفاية.
- جد الكثافة الظاهرية الكلية قبل الدمك بافتراض فصل الزجاج وأوراق الصحف.

14. تحوي قمامة منزلية المكونات التالية:

علب القصدير	10%
الورق	30%
الجلود	10%
قمامة الطعام	30%
الكرتون	20%

ما تقدير المحتوى الرطوبي باستخدام القيم النموذجية في جدول 2 -2.

15. جد الصيغة الكيميائية التقريبية للمكون العضوي لعينة النُفاية حسب تكوينها المبين في الجدول التالي. استخدم التكوين الكيميائي الناتج لتقدر محتوى الطاقة لهذه النُفاية.

المكون	النسبة بالكتلة
تشذيبات الحديقة	10
بقايا الطعام	25
الأخشاب	5
الورق	35
الكرتون	10
البلاستيك	10
الزجاج	5
المجموع الكلي	100

الباب الثالث

جمع النُفاية والقمامة وفرزها وترحيلها Solid waste & garbage: collection, sorting & transfer

3 – 1 مقدمة

الجمع لغةً: الجَمْعُ: ضم الشيء بتقريب بعضه من بعض. يُقال جمعته فاجتمع {1}.

يتطلب جمع القمامة والنُفاية جمعها من مناطق انتشارها وتشتتها وتبعثرها من كافة مناطق إنتاجها ومصادرها في حاوية معينة بوساطة أشخاص (من الجنسين) ووضعها في سيارات النُفاية لترحيلها إلى مناطق وسيطة لحين نقلها بوساطة سيارات أو شاحنات أكبر أو بالسكة الحديد لمناطق الردم الصحي أو التخلص النهائي (انظر جدول 3 – 1). وربما تمارس في هذه الحلقة عزل بعض النُفاية المفيدة لإعادة استخدامها أو دورانها أو تحويلها إلى نواتـــج أخرى مفيدة. ويعتبر جمع النُفاية أهم نشاط في إدارة النُفاية إذ أن الفشل فيه يقود إلى آثـار سيئة على الصحة العمومية. وإدارة النُفاية لها النصيب الأكبر من صرف موازنات البلدية في كثير من المناطق. ويمثل جمع النُفاية العنصر ذي التكلفة الأكبر في إدارة النُفاية البلدية إذ يتراوح بين 30 إلى 90 بالمائة من التكلفة الكلية. {3، 9، 12}

3 – 2 أهداف جمع النُفاية والقمامة

من أهم أهداف جمع النُفاية والقمامة:

1. فرز المواد العضوية والبلاستيكية والزجاج، والمعادن، والمنسوجات...الخ.
2. تقليل كمية النُفاية التي ينبغي ردمها ودفنها.
3. إدخال مفاهيم التسميد وإعادة الاستخدام وإعادة الدوران.
4. زيادة مستوى الحماية البيئية.

5. تقليل التكلفة لمستويات يمكن أن يدفعها المستفيد.

6. تقليل مشاكل الروائح الكريهة الناتجة من تحلل القمامة refuse بسبب مكوناتها العضوية لنُفاية الفُضالة والزبالة garbage.

7. تفادي انتشار الأوبئة والأمراض من ناقلات المرض التي تعيش على القملمة (مثل الفئران والقوارض والذباب ... الخ).

8. تفادي احتمال تلوث المياه الجوفية والسطحية من مكونات المياه الملوثة بالنُفاية {13}.

جدول 3-1: المفاضلة بين طرق نقل النُفاية {9}

الطريقة	المحاسن	المساوئ
النقل البري (جرار، شاحنة، شاحنة مقطورة)	– مرنة. – لا تنقل كميات كبيرة. – ترحيل النُفاية ونقلها حسب الطلب. – يمكن نقل النُفاية بأنواع مختلفة من الحاويات.	– زمن الانتظار في نقطة النهاية (المحطة التحويلية، محطة الحرق والردم الصحي). – تأخير بسبب زحمة المرور. وحركته – غير مناسبة لنقل كميات كبيرة. – التلوث البيئي أعلى نسبياً.
السكة الحديدية والنقل النهري (القطار، السفن، والمواخر)	– يمكن ترحيل كميات كبيرة. – لا توجد عوائق مرورية. – لا يوجد تأخير وانتظار. – يقل التلوث البيئي.	– غير مرنة. – تحتاج إلى التخطيط المتقدم للنقل. – لا بد من التأكد من كفاءة التكلفة لنقل كميات كبيرة.

جمع النُفاية والقمامة والخدمات الحضرية (إزالة النُفاية في الحضر)

1. الجمع الأولي Preliminary collection: عملية لخدمة المنازل أو الأفراد بالمرور: من منزل لآخر أو من صاحب عمل لآخر أو من منشأة لأخرى لجمع النُفاية والقمامة. يمكن أن تُحفظ النُفاية داخل المنشأة لتُجمع من قِبل عمال النظافة والجمع. وفي هذا المنحى تحدث الخدمات التالية:
   - الحركة في مسارات تجمع وتربط كافة نقاط جمع النُفاية.
   - جمع النُفاية من كل نقطة جمع ووضعها في حاوية أو سيارة نُفاية.
   - نقل النُفاية لنقطة التخلص النهائي أو لمحطة تحويلية لجمع النُفاية.
2. الجمع الثانوي Secondary collection: لخدمة المجموعة أو الجمهور أو لمجموعة من صغار جامعي النُفاية. وتُشكل الحاوية أو الموقع "نقطة جمع ثانوية" حيث يمكن لجامع نُفاية صغير من توصيل حمولة عربته المجرورة الصغيرة دون أن يصل إلى منطقة التخلص النهائي. وتعمل هذه النقاط "كمحطات تحويلية مجتمعية community transfer stations". وقد تساعد في جمع النُفاية من المناطق التي لا تصل إليها سيارة نقل النُفلية أو يصعب ولوجها من قِبل عمال جمع النُفاية.
3. نظافة الشوارع والتحكم في النُفاية: هي خدمة للمجتمع أو كافة قطاعات المدينة. وتُنظف الشوارع إما يدوياً بوساطة عمال نظافة الشوارع أو آلياً باستخدام الآليات المختلفة. وتُدفع أجرة العامل يومياً حسب مكافآت الأجور المصدقة أو حسب المساحة التي قام بتنظيفها.
4. النظافة الصناعية والتجارية: هي خدمة للصناعات والمحال التجارية أو للأفراد، ويُستخدم نظام القيمة الثابتة والمحددة flat rate للرسوم المجمعة حسب عدد الساعات المقدرة لإنجاز المهمة.

ومن العوامل المؤثرة في تكلفة جمع النُفاية:

- الزمن للعاملين على خدمة نقطة الجمع والزمن المتصل به للمسار والنقل.

- عدد نقاط الجمع سيما وكل نقطة تتطلب زمن لوقوف سيارة النُفاية وإتمام عملية الجمع.
- المسافة لإتمام المسار والوصول لنقطة التخلص النهائي، إذ يمثل هذا الأمر جزءاً من تقدير كمية الطاقة المستخدمة في الحركة والنقل.
- حجم النُفاية الموضوعة في كل نقطة جمع وعلاقتها بجمع سيارة النُفلية إذ ربما تكون عامل حد في كيفية خدمة منتجي النُفاية قبل النقل.
- وزن النُفاية إذ تؤثر على كمية الطاقة المستهلكة لوحدة المسافة المطروقة.

5. نظام الجمع الهوائي: (انظر شكل 3-2أ ، ب، ج) هو تطور لجمع النُفلية بصورة تتفادى مشاكل الجمع التقليدي من ضوضاء وروائح ومشاكل للمجتمع في منظومة صحية وسلمية عبر تحريك النُفاية داخل أنابيب أرضية إلى مناطق التخلص النهائي دون الحوجة لاستخدام آليات ومركبات وشاحنات تعيقها حركة المرور أحياناً وتحد من حركتها الأزقة والحواري في المدن التاريخية والتراثية القديمة حيث الشوارع الضيقة والأزقة المتعرجة والساحات الصغيرة. وتتفادى هذه الطريقة مخاطر تبعثر النُفاية في الشوارع ومناطق الجمع والخزن وتغير الجمع في ساعات غير ساعات الذروة أو في الليل كما يتبع في النظم التقليدية. وتُجمع النُفاية آلياً في مركز (نظام ثابت) أو نقاط شفط (نظام متحرك) يسهل ولوجه بسيارات نقل النُفاية التي تحركها إلى المكب والمقلب للتخلص النهائي. ويرتبط مركز الجمع بعدة نقاط جمع عبر شبكة من الأنابيب تخدم كلفة المدينة ومنطقة البلدية. تتكون نقاط الجمع من صناديق معدة بفتحات أرضية لاستقبال النُفاية داخلها. ولكل صندوق حوض تحت الأرض لحفظ النُفاية قبل تشغيل دورة الجمع. وهذا النظام مناسب أيضاً للمطارات والمباني المعقدة والتجارية والمشافي حيث أنه أكثر أماناً وأفضل صحة عمومية، وأنسب لإيجاد بيئة نظيفة.

هذه المتغيرات تؤثر على عملية الجمع الذي تقوم به مؤسسة رسمية، أو هيئة شرعية، أو أي مؤسسة أخرى خاصة، أو من منظمات المجتمع المدني لتنقل النُفاية على حساب الجهة القائمة على أمرها، أو عن طريق مقاول متعهد للنقل ومصرح له بذلك من جهات

الاختصاص، ويُفضل نقل النُفاية ليلاً في المناطق التجارية، ونهاراً في المناطق الســكنية بالمعدل التصميمي المجاز.

3 – 3 مراحل جمع النُفاية والقمامة والكُناسة (انظر شكل 3 – 1)

يمكن تقسيم عملية جمع النُفاية والقمامة والكُناسة إلى خمس مراحل مختلفة علـــى النحـــو التالي:

1. مرحلة ترحيل النُفاية من المنزل إلى سلة المهملات والقمامة داخل المنـــزل أو خارجه.

2. مرحلة حركة النُفاية من سلة المهملات إلى سيارة النُفاية والقمامة مـــن قِبـــل عمال النُفاية أو صاحب السكن.

3. مرحلة جمع النُفاية والقمامة من المصادر المختلفة بأفضل السبل وأحسنها كفاءة وترحيلها إلى مناطق جمع وسيطة أو إلى مناطق التخلص النهائي.

4. مرحلة مسار الشاحنة عبر شبكة طرق المدينة

5. مرحلة التخلص النهائي أو استعادة المواد.

3-3-أ) مرحلة ترحيل النُفاية من المنزل إلى سلة المهملات أو سلة القمامة
House to can

هذه المرحلة تعتمد أساساً على صاحب المنزل في مراحل الجمع أو الفرز أو اتخاذ قرار التخلص من المواد غير المرغوب فيها من قِبل صاحبها مما يصـــعب معـــه إجـــراء البحوث حولها أو ابتكار تقانات مفيدة لها. وتختلف المجتمعات في أساليب وأنمـــاط تعريفة الجمع المتعلقة بها من قِبل البلدية أو الشركات والهيئات المسئولة عن التخلـــص من النُفاية والقمامة.

ومن الأساليب المبتكرة لتمويل برامج جمع النُفاية والتخلص منها:

1. نظام الرسوم على أساس الحجم Volume-based fee system، بحيث تُحدد الرسوم المطلوبة من المالك على أساس حجم سلة القمامة أو النُفاية.

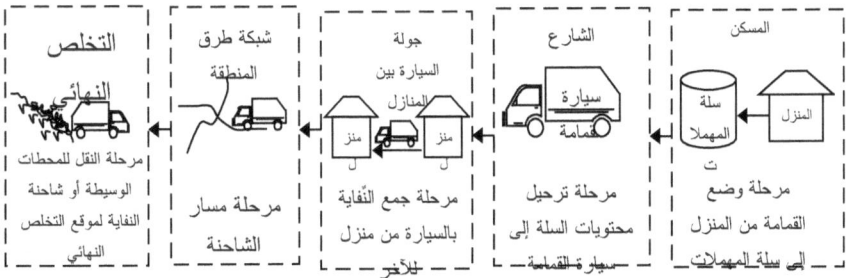

شكل 3 - لمراحل جمع
النُفاية والقمامة

2. نظام الرسوم على أساس الوزن Weight-based fee system، وذلك بوزن كل سلة مهملات أو نُفاية وتحديد الرسوم الواجب سدادها حسب وزن النُفلية والقمامة المنتجة.

3-3- ب) مرحلة ترحيل النُفاية من سلة القمامة إلى سيارة النُفاية can to truck

عادة يقوم جامع النُفاية والقمامة بترحيل سلة المهملات والقمامةفي حاويات لأكبر وينقلها إلى سيارة النُفاية المنتظرة، ومن الملاحظ تعرض العمال لحوادث مختلفة عند نقل النُفاية وإجهاد وكدمات ورضوض وكسور. أما السيارات التقليدية المستخدمة لنقل النُفاية المنزلية والتجارية فتسمى المعبئ packers وهي تشحن من الخلف وبها مدمِج ضاغط ومغطى rear-loaded and covered compactor، والتي تختلف في أحجامها وأنماط تصميمها. ومن أكثرها شيوعاً السيارات حمولة 12 و 15 متراً مكعباً. ويُحدد حجم السيارة بأوزان إطاراتها وليس بمقدرتها لحفظ النُفاية، وهذه من الأهمية بمكان لا سيما ولا تُصمم الطرق في الحواري والحارات لحمل أحمال إطارات كبيرة. تُفرغ النُفاية من سلة القمامة في خلفية سيارة النُفاية حيث تُجرف وتُشفط بنظام تشغيل هيدروليكي يعمل على ضغط النُفاية من كثافة ظاهرية تبلغ 60 إلى 120 كجم/م ^{3} إلى حوالي 360 إلى 420 كجم/م ^{3}.

3-3- ج) مرحلة جمع النُفاية بالسيارة من منزل لآخر truck from house to house

عندما تصبح النُفاية والقمامة داخل سيارة النُفاية فإنها تتعرض لضغط أثناء سير السيارة وحركتها من منزل لآخر، وكلما زادت نسبة الدمك كلما تمكنت السيارة من حمل نُفلية أكثر قبيل رحلتها لموقع التخلص النهائي. يمكن أن يتراوح طاقم الجمع من واحد إلى أكثر من خمسة أشخاص اعتماداً على بعد مسافة سلال القمامة من موقع السيارة وأعداد السلال الواجب جلبها، ومن الملاحظ زيادة الكفاءة وجدية العمل مع قلة أعداد لأفراد الطاقم العامل. وكمؤشر عام لفعالية جمع النُفاية المنزلية من حلفة الرصيف يمكن لسيارة نُفاية واحدة أن تقوم بخدمة عدد مستخدمين وزبائن يتراوح بين 700 إلى 1000

زبون في اليوم إن كانت السيارة لا تقوم بترحيل النُفاية إلى موقع المكب والمقلب النهائي. وربما قامت السيارة بخدمة 200 شخصاً وزبوناً قبل امتلائها وترحيلها للنُفاية المجمعة لمنطقة الردم الصحي أو التخلص النهائي.

3-3- د) مرحلة مسار سيارة النُفاية truck routing

حركة سيارة النُفاية وتجوالها في منطقة الجمع يُطلق عليها المسار الصغير microrouting Collection routes ، وينبغي التخطيط الجديد لحركة السيارة عبر مجموعة من الشوارع (وحيدة أو ثنائية الاتجاه) من أجل تقليل المسافة المقطوعة لجمع النُفاية وتلافي الرحلات الخالية من التقاط القمامة وجمعها dead heading. ويزيد من صعوبة التخطيط والتصميم للجولات وحركة مرور سيارة النُفاية وجود طرق ذات اتجاه واحد أو نهايات ميتة وغيرها من العوائق المرورية.

من الضوابط التي ينبغي الركون إليها في المسار الصغير لحركة مرور سيارة النُفاية والقمامة التالي:

1. يجب عدم تقاطع المسارات، وأن تكون متضامة ومدمجة وغير مقطوعة.
2. أن تكون نقطة البداية أقرب ما يكون لمرآب سيارة النُفاية ما أمكن.
3. ينبغي تجنب الطرق المكتظة بالحركة المرورية أثناء ساعات الذروة.
4. الطرق ذات الاتجاه الواحد التي لا يمكن السير فيها في خط مستقيم واحد يجب وصلها مع الطرف الأعلى للشارع.
5. تُربط الطرق ذات النهايات الميتة على الجانب الأيمن من الطريق.
6. ينبغي انسياب الجمع أدنى ارتفاع المناطق الجبلية والمرتفعة لتسهيل انسياب حركة السيارة المحملة بالنُفاية والقمامة.
7. يلزم استخدام الانعطافات في اتجاه دوران الساعة (عكس اتجاه الطواف) حول أي مجموعة من المباني ما أمكن.
8. يجب تسيير المسارات الطويلة والمستقيمة قبل وضعها في حلقة في اتجاه دوران الساعة.

9. ينبغي استخدام المسارات القياسية لبعض أشكال مجموعات المباني.

10. يجب تفادي المنعطفات الراجعة U-turns بمنع ترك الشارع ذي الاتجــاهين كمدخل ومخرج لنقطة التقاطع.

وفي هذا المنحى قد تفيد البرامج الحاسوبية الجاهزة للتصميم الجيد والمفاضلة.

3-3-هـ) مرحلة شاحنة النُفاية للتخلص النهائي truck to disposal

مسار شاحنة نقل النُفاية لمناطق التخلص النهائي تعتمد على حجم المجتمع الذي تخدمه، وشبكة الطرق، وبُعد منطقة التخلص النهائي. فبالنسبة للمجتمعات الصغيرة المعزولة يأخــذ المســار طريق مباشر من نهاية المسار إلى موقع التخلص النهائي. وبالنسبة للنظم الإقليميــة لبلــديات ومساحات كبيرة يحتاج إلى مفاضلة المسار ونظمه عبر نظم البرمجة الخطية.

3 – 4 مسارات جمع النُفاية والقمامة Solid waste collection routes

ينبغي تحديد مسارات جمع النُفاية والقمامة حسب متطلبات الجمع والأجهزة المستخدمة والعمالة بصورة تُسهل الاستخدام الأمثل والأكفأ لها. ومن العوامل التي يجب أخذهافــي الحسبان في هذا المقام التالي: {9،12}

1. تحديد نقاط الجمع والتردد عليها.

2. إتباع الإرشادات واللوائح والقوانين الضابطة لحركة السير.

3. التنسيق بين حالات النظام العامل فيما يتعلق بأعــداد فريــق العمــل، ونــوع السيارات وحمولتها وأعدادها وكفاءتها.

4. بدء المسار وانتهائه عند شوارع رئيسة.

5. تؤخذ الحدود الطبغرافية والفيزيائية كحدود للمسار.

6. تصمم المسارات بحيث أن آخر حاوية نُفاية تجمع في المسار تكون بجوار نقطة التخلص النهائي.

7. تُجمع النُفاية الصادرة من المناطق المكتظة والمزدحمة بحركة المرور في بداية اليوم ما أمكن.

8. تُجمع النُفاية والقُمامة في بداية العمل الصباحي من أماكن إنتاجها بكميات كبيرة جداً.

تضم خطوات تصميم المسار التالي:

1- تحضير خرائط الموقع المختلفة
2- جمع المعلومات المتعلقة بمصادر إنتاج النُفاية والقُمامة ومواقعها، وأعداد الحاويات، وأسلوب جمع النُفاية وتردده.
3- تحليل البيانات والمعلومات.
4- تحضير التخطيط الأولي للمسارات.
5- مقارنة التخطيط الأولي للمسارات، وتطوير موازنة المسارات، واتخاذ القرار المناسب بشأنها.
6- تحضير برنامج رئيس لمسار الجمع، مع تحديد المواقع لرفع النُفلية، والخدمة للسائق وعمال النظافة والكنس للعمل اليومي، ورفع التقارير اليومية والدورية للتقويم المستمر، وتصليح المسار، واختيار أفضل مسار لزيادة الفوائد.

3 - 5 المحطات التحويلية (محطات النقل الوسيطة) Transfer stations

المحطة التحويلية هي منظومة توفر لسيارات نقل النُفاية والقمامة موقع قريب لتفريغ حمولتها أو وضعها في شاحنات أكثر كفاءة لجرها لمسافات طويلة إلى موقع التخلص النهائي. {14}

تُستخدم المحطات التحويلية عندما يبعد موقع التخلص النهائي كثيراً عن منطقة الجمع. وتُنقل النُفاية والقمامة إلى المحطة من سيارات الجمع الصغيرة إلى سيارات النقل الكبيرة مثل الجرارات والمقطورات أو القوارب المسطحة أو عربات السكة حديد وينبغي إعطاء عناية خاصة إلى نوع عملية النقل المستخدمة، واحتياجات سعة المحطة، والأجهزة والمعينات المطلوبة. يُفضل الركون إلى المحطات التحويلية في الحالات التالية {9، 12}:

1. عندما تؤدي الاختناقات المرورية إلى بطء سير سيارات نقل النُفاية وإعاقتها.
2. عند بعد نقطة التخلص النهائي من مناطق جمع النُفاية (أي عندما تواجه البلدية مشاكل لموقع التخلص النهائي).

3. وجود خدمة ممتازة في المناطق الريفية التي لا يوجد فيها نظام لجمع النُفلية (يقوم السكان أنفسهم بجمع نُفايةهم).
4. عندما تبعد مسافة النقل لاتجاه واحد لمنطقة التخلص النهائي بأكثر من 20 كيلومتر وعندما يكون زمن الرحلة في اتجاه واحد أكبر من نصف المسافة.
5. وجود مناطق تخلص نهائي عشوائية وغير رسمية، وكميات كبيرة من نُفلية الشوارع ومهملات الطرق والساحات.
6. الاعتماد على سيارات نُفاية ذات سعة تحميلية صغيرة.
7. وجود مناطق سكنية قليلة الكثافة السكانية.
8. الاستخدام الشائع للحاويات متوسطة الحجم لجمع النُفاية من المصادر التجارية.
9. استخدام نظم الجمع الهيدروليكية والمحركة بالهواء المضغوط.

يمثل جدول 3 – 2 أهم محاسن المحطات التحويلية ومساوئها.

هذه المحطات التحويلية يمكن أن تكون بسيطة أو معقدة إذ يعتمد تصميمها على أسلوب استخدامها وأهدافه. لا سيما وتعتمد المحطات الصغيرة على أرضية مغطاة بطبقة من الملاط حيث تلقي سيارات الجمع حمولتها عليها. ثم تُحمل النُفاية في عربات مقطورة مفتوحة من أعلى باستخدام أداة تحميل بعجلات. ويمكن أن تستخدم المحطات الكبيرة والمعقدة حفراً لتلقي فيها السيارات حمولتها. ثم تُحمّل سيارات النقل باستخدام أجهزة ضغط. وبعض المحطات يمكن أن يكون بها نفق تسير داخله سيارات النقل ويوجد مجرى مائل أو فتحات في السقف تسمح بتحميل هذه الوحدات بدفع النُفاية من فوق الحافة إليها.
يمكن أن تُقسم المحطات التحويلية بالنسبة لسعتها وحجمها إلى التالي:

1. محطات تحويلية صغيرة ذات سعة أقل من 100 طن/ اليوم.
2. محطات تحويلية متوسطة ذات سعة بين 100 إلى 500 طن/ اليوم.
3. محطات تحويلية كبيرة ذات سعة أكبر من 500 طن/ اليوم.

جدول 3 – 2 أهم محاسن المحطات التحويلية ومساوئها {9، 14}

المحاسن	المساوئ
– تسهيل تنظيم المسارات – تخفيض أثر الطرق على مسارات الشاحنات – تخفيض الاختناقات المرورية – تخفيض تكلفة النقل بالجر لمناطق التخلص النهائي – تقليل تكلفة تشغيل سيارات جمع النُفاية وصيانتها – تقليل تكلفة التخلص النهائي بسبب نظم إعادة الدوران – عمر أطول لسيارات الجمع – تحسين إنتاجية سيارات الجمع والفريق العامل – تحسين تشغيل المدفن الصحي لقلة عدد المركبات – مرونة النظام الإداري (للنقل خارج ساعات الذروة أو للنقل الأكفأ) – إمكانية حفظ النُفاية لإعادة التدوير وفرزها – إمكانية تفتيش النُفاية وغربلتها للتخلص منها – الإتيان بالأرباح عند استخلاص المواد لإعادة الاستخدام – ملاءمة مركز إلقاء النُفاية للجمهور (للنُفاية القابلة للتدوير) – توفر نقطة وسطية بين نقاط الجمع والتخلص النهائي – استخدام كامل لأجهزة النقل والجمع وسياراتها والفريق العامل	– أراضي المحطات التحويلية غير مرغوبة من الجمهور وغير ذات منفعة – صعوبة إقناع الجمهور بقبول الموقع بسبب موقف "ليس خلف داري" "Not in My Back Yard" (NMBY) – تحتاج إلى استثمار أولي – صعوبة الحصول على أرض في داخل حدود المدينة – احتمال حدوث آثار ضارة للصحة العمومية والبيئة (الضوضاء، والغبار، والروائح النتنة، والقمامة ...الخ)

1. تصريف (تفريغ) المخزون Storage discharge حيث تُفرغ فيها النُفاية والقمامة إما في حفرة حفظ أو في رصيف، لتحمل منها على شاحنات النقل للتخلص النهائي، وتحمل هذه الشاحنات بأنواع مختلفة من الأجهزة.
2. التصريف المباشر و تصريف تفريغ المخزون (الانسياب المشترك): في بعض المحطات التحويلية تُستخدم الطريقتان السالفتان وعادة هذه المولقع متعددة الأغراض لخدمة مدى عريض من المستخدمين ولاستضافة عمليات استخلاص المواد.

عند تحديد موقع المحطة التحويلية وتصميمها ووضعها تؤثر على ذلك عولمل فنية وموقعية مثل حجم النُفاية، والأجهزة المطلوبة، والرأي المجتمعي وغيرها من العولمل ذات الصلة.

أما بالنسبة لموقع المحطات التحويلية فيفضل مراعاة التالي ما أمكن:

1. وضع المحطة بالقرب من مراكز إنتاج النُفاية والقمامة ومناطق خدمة جمعها.
2. يسهل منها دخول الطرق الرئيسة والمسارات المختلفة.
3. يقل اعتراض المجتمع على وجودها، وتقل الاعتراضات البيئية عليها (زيادة حركة المرور حول المحطة، وتشغيل المحطة، والروائح، والضوضاء، والغبار، والنقالات، وتقليل قيمة الأرض).
4. أن تكون اقتصادية في إنشائها وتشغيلها.
5. تفي بمتطلبات عمليات الفرز، ولستخلاص المواد إن قُبلت من جهات الاختصاص.
6. تفي باحتياجات المنطقة المخدومة لاستقبال النُفاية المنتجة.
7. تُصمم المحطة وتُوضع وتُشغل بحيث تفي بمتطلبات الصحة العمومية والسلامة والحماية والرفاه المجتمعي.
8. بعيدة عن حدود سهل فيضان لفترة 100 سنة السابقة.
9. بها لوازم سلامة ضد مخاطر الحريق، ولوازم الانسكاب، وحوادث العمل.
10. ألا تزيد حركة المرور الداخلة إليها والخارجة منها من حركة المرور الراهنة.

11. لا بد أن تتحمل المحطة التحويلية مجموعة مختلفة من مركبات جمع النُفاية بما فيها الشاحنات مفتوحة السقف open-top truck، وشاحنات الدمك، والشاحنات المقفولة، والشاحنات الخفيفة، والسيارات لا سيما وتؤثر أنواع مركبات التوصيل على السعة لقبول النُفاية في وقت معين، فمثلاً تفريغ الشاحنة يدوياً تحتل مساحة أكبر من الشاحنات التي تقوم بالتخلص السريع من النُفاية { 14}.

تُفرغ حمولة العربة المقطورة في المحطة التحويلية بأحد الطرق التالية:

1. الأرضية الحية (الأرضية المتحركة) live bottom, walking floor، في أرضية المركبات. وتؤدي الحركة الطولية الغادية والرائحة لمقاطع الأرضية إلى رفع النُفاية خارج العربة المقطورة.

2. الحافة الدافعة push blade، حيث يقوم قضيب تلسكوبي بدفع الحافة من أمام العربة المقطورة مما يُرغم النُفاية خارجاً.

3. السلاسل الساحبة drag chains، لبعض الشاحنات سلاسل على دواليب مسننة تتحرك من الأمام إلى الخلف في العربة المقطورة وبجذب السلسلة تُسحب النُفاية خارج الشاحنة.

4. الشاحنة القلابة tipper: تفتقد بعض الوحدات نظام تحميل ومن ثم يقوم قلاب كبير في منطقة الردم الصحي برفع جميع سيارة النقل بزاوية مما يسمح معه بفتح قاعدتها وانزلاق النُفاية والقمامة خارجها.

أيضاً يمكن للمحطات التحويلية نقل النُفاية لقطارات أو قوارب مسطحة والتي تقوم بتحريك النُفاية والقمامة إلى جزيرة ما أو منطقة تخلص نهائي في مكان بعيد.

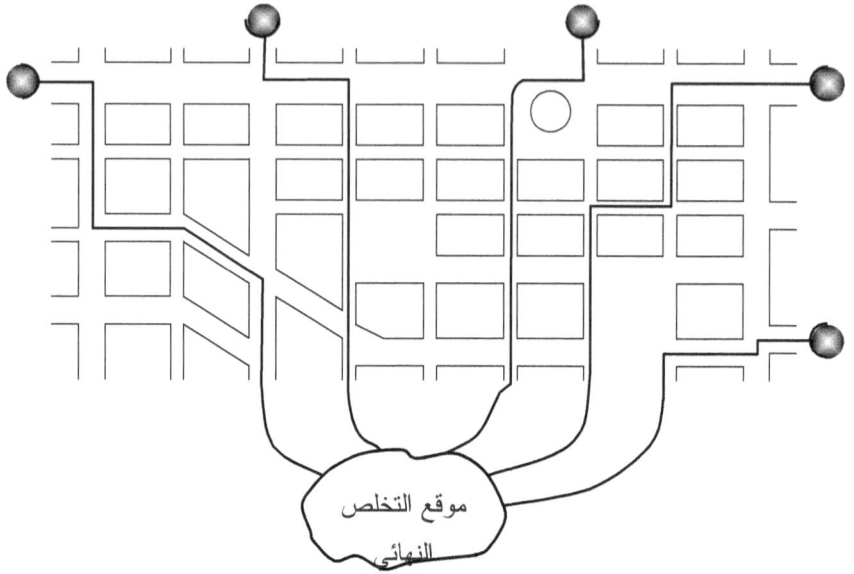

شكل 3 3نقل النُفاية والقمامة لموقع التخلص النهائي

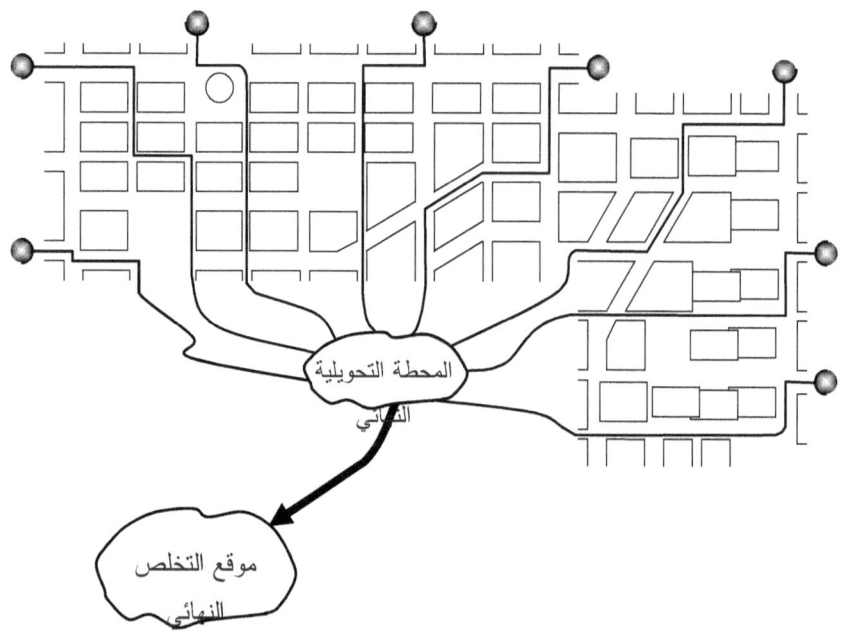

شكل 3 4نقل النُفاية والقمامة عبر المحطات التحويلية

إن قرار تشييد محطة تحويلية وبنائها تحكمه عوامل اقتصادية. وإن قصرت مرحلة النقل ذات الاتجاه الواحد من منطقة تحميل شاحنة النُفاية إلى منطقة التخلص النهائي فلا يُحتاج حينها إلى محطة تحويلية. وأما إن بُعدت منطقة التخلص النهائي مما يتطلب غياب سيارات جمع النُفاية والقمامة وبُعدها من مناطق جمع النُفاية لفترات زمنية طويلة فإنه يتوجب التفكر في تشييد محطة تحويلية. وكما يبين الرسم البياني في شكل 3 – 5 تتضح العلاقة بين تكلفة النقل ومسافة جر النُفاية والقمامة لمنطقة التخلص النهائي ، إذ كلما زادت المسافة كلما تطلب الوضع إنشاء محطة تحويلية مما يجعل النواحي الاقتصادية في الوضع الأمثل ومن ثم تُصبح المسافات القصيرة غير اقتصادية لإنشاء محطة تحويلية.

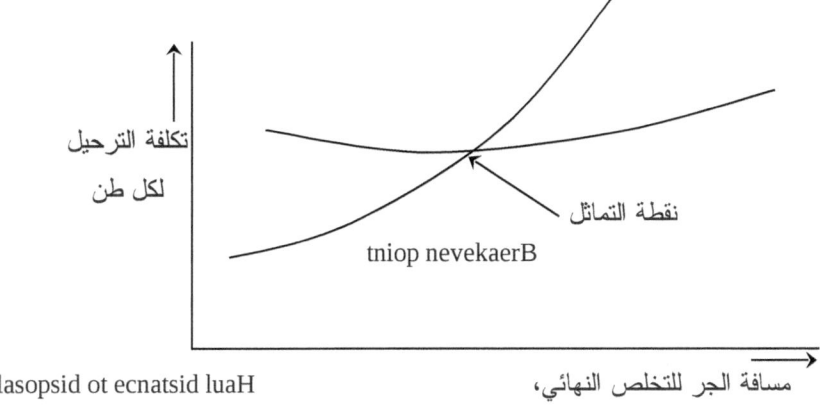

تكلفة الترحيل
لكل طن
نقطة التماثل
tniop nevekaerB
lasopsid ot ecnatsid luaH
مسافة الجر للتخلص النهائي،

شكل 3- 5 نقطة التماثل للمحطة التحويلية

3 – 6 جمع المواد القابلة للتدوير وإعادة الاستخدام (انظر شكل 3-6 وشكل 3-7، وشكل 3-8)

إن من أنجع سبل مكافحة التلوث (بسبب المخلفات الصناعية وتقليل الفاقد وزيادة إنتاجية الوحدات الصناعية وأرباحها) هو إعادة استعمال المواد أو دورانها من تلك التي كانت قد أُستعملت مواد خام أو تكونت أثناء عملية الإنتاج وظهرت كإحدى مكونات المخلفات الصناعية. وعادة تتم هذه المرحلة من خلال عملية مبدئية لفصل المادة المعنية طبيعياً أو كيميائياً من المخلفات، ومن ثم تجهيزها لعملية إعادة الاستعمال أو للدوران. فمثلاً في

مجال إعادة استخدام أو دوران الطاقة الحرارية يمكن فصل الحرارة الكامنة والمحسوسة من الأبخرة والسوائل الساخنة بسبب الأنشطة الصناعية عن طريق المبدلات الحرارية ثم تُعاد إلي دائرة الإنتاج. أما في صناعة السكر ربما حدث فاقد في بعض المواد مثل المواد الفسفورية، والتي تظهر في المخلفات النهائية للمصنع أو الزيوت والشحوم واللتي يمكن فصلها ومن ثم إعادة استعمالها. كما يمكن استخلاص الزيوت المتخلفة والمتبقية في الأُمباز في مصانع الزيوت بواسطة المذيبات العضوية، أو بعض المواد مثل الكروم الذي قد يظهر بكميات كبيرة في مخلفات المدابغ التي تستعمل الطريقة الكيميائية للدباغة. وقد يحدث في بعض الأحيان أن تلوث بعض المخلفات البيئة. مثل تدفق المولاس بكميات كبيرة من مصانع السكر إلي البيئة محدثة دمار بيئي محلي.

ومن المعلوم أن المولاس يمكن استغلاله كمادة أولية لعدة صناعات أخرى مثل صناعة المذيبات والبلاستيك والمواد الكحولية أو إدخاله ضمن التشكيلة الغذائية للحيوان. ومن البديهي أن عملية المعالجة للمخلفات الصناعية بغرض إعادة الاستخدام يجب أن تأخذ في الحسبان المخاطر الصحية التي يمكن أن تنشأ من خلال إعادة الاستخدام ، وذلك بالتأكد من خصائص المخلفات قبل المعالجة وبعدها ، كذلك تولفق مواصفاتها مع المواصفات المطلوبة للغرض المعني. إن معالجة المخلفات الصناعية بغرض إعادة الاستخدام في لأي منشأة ينبغي التفكر فيه عند التخطيط لأي صناعة بغرض حماية الربحية وازديادها. وتبدأ هذه العملية بتقليل الفاقد والتالف من المصنع وإنتاج مخلفات بمواصفات معقولة بغرض المعالجة ومن ثم إعادة الاستخدام. معالجة المخلفات وإعادة استخدامها هو تقليد لما يحدث في الطبيعة غايته التطور في وجود إمكانيات محدودة لحماية البيئة وعدم إهدار الموارد المتاحة من مادة وطاقة وغيرها.

في بعض المناطق يقوم المشردون والفاقد التربوي (الزبالون) بعملية فرز النُفاية بغرض التدوير وإعادة الاستخدام. غير أنه في كثير من الدول المتقدمة والمتطورة نمت شركات متخصصة في تدوير النُفاية بربحية واضحة ومقدرة وبأثر مميز في تحسين البيئة ونقائها لما فيه الفائدة للصحة العمومية. ومن أكثر المحدات لزيادة التمدد في عمليات التدوير وإعادة الاستخدام توفير السوق للمواد التي دُورت. وتزداد هذه العملية بتوفر المواد القابلة

للتدوير وإعادة الاستخدام من قِبل المستهلكين أو الصناعات المحلية المتوفرة. ومن ثم فمن الواجب تشجيع المنتجين لإنتاج منتجات يمكن تدويرها أو إعادة استخدامها بسهولة، فمثلاً تُباع المشروبات الغازية في علب ألمونيوم يمكن إعادة تدويرها، أو تُوضع في زجاجات بلاستيكية من نوع البلاستيك الذي يسهل إعادة استخدامه. ونسبة لحداثة صناعة التدوير وقلة أسواقه فيصعب وضع مواصفات قياسية له مما يجعل عمليات التدوير تأخذ عدة أُطر وطرق لصناعة برمجياتها وفنون تشغيلها.

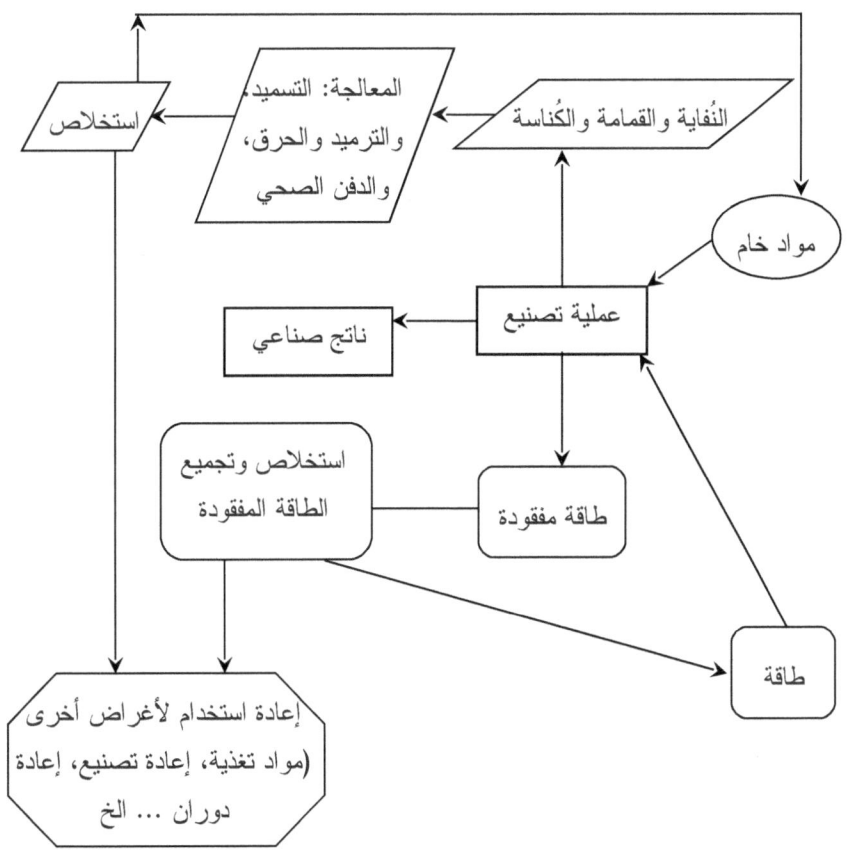

شكل 3 6 إعادة استخدام النُفاية { 51 { 61

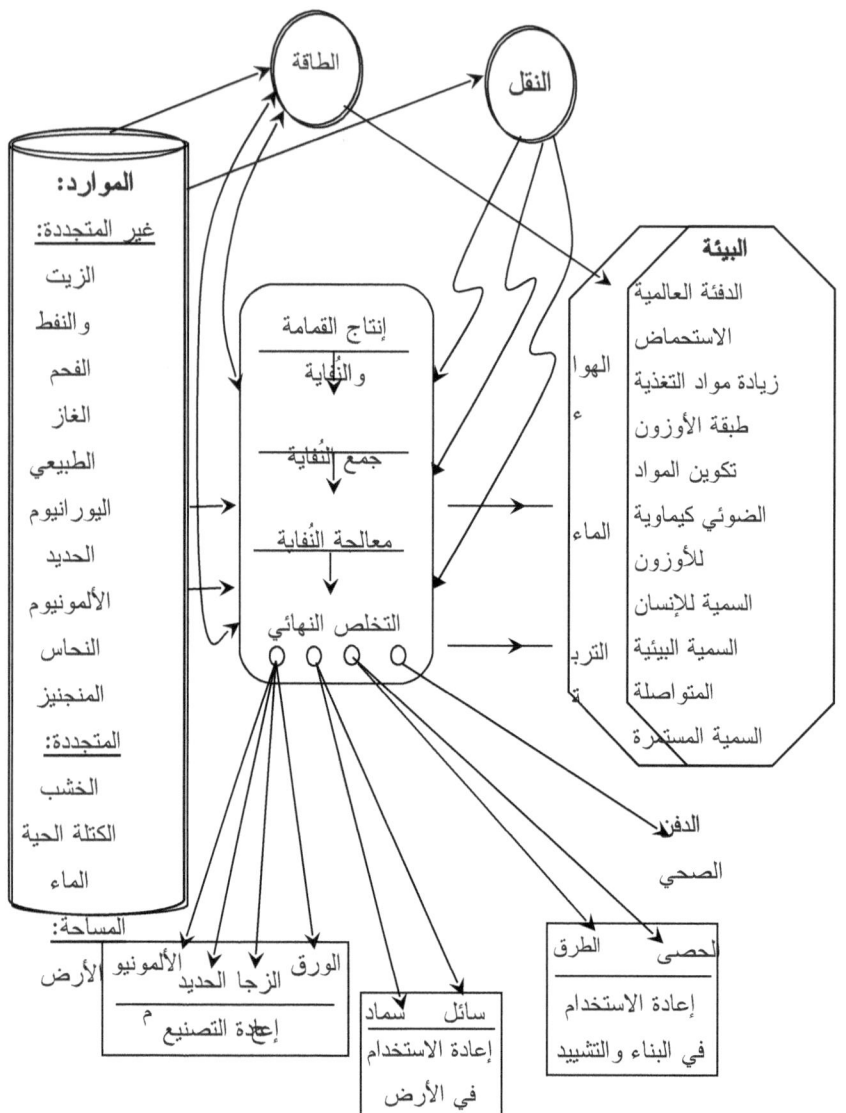

شكل 3 7حلقة إعادة دوران النُفاية والقمامة وإعادة استخدامها { 3

ب) يساعد لمنع التلوث عبر التخلص في العراء وحرق النُفاية (هذا يعني أنه يأتي بتلوث خاص به).

ج) إيجاد عمالة:

- في عمليات تحديث مواد النُفاية تُنتج نواتج جديدة أو شبه نهائية (تشــغيل عمــال الجمع والنظافة والفرز والتفتيت ...الخ).
- في كل خطوة تضاف في عمليات الإنتاج تُتاح فرص للعمل والتشغيل وزيــادة الدخل.
- هناك طلب لمواد خام في كثير من المناطق.

د) احتمال توفير مالي:

- توفير في تكلفة النقل لشركة جمع النُفاية أو البلدية أو القطاع الخاص.
- توفير في تكلفة التخلص النهائي من النُفاية.
- توفير في خدمات جمع النُفاية لعدد أكبر من المواطنين.
- توفير مواد النُفاية بكميات كبيرة وربما مجاناً.
- الناتج النهائي ربما كان أرخص ثمناً.
- توفير المواد الخام المستوردة مما يؤثر في العملة الحرة الأجنبية.

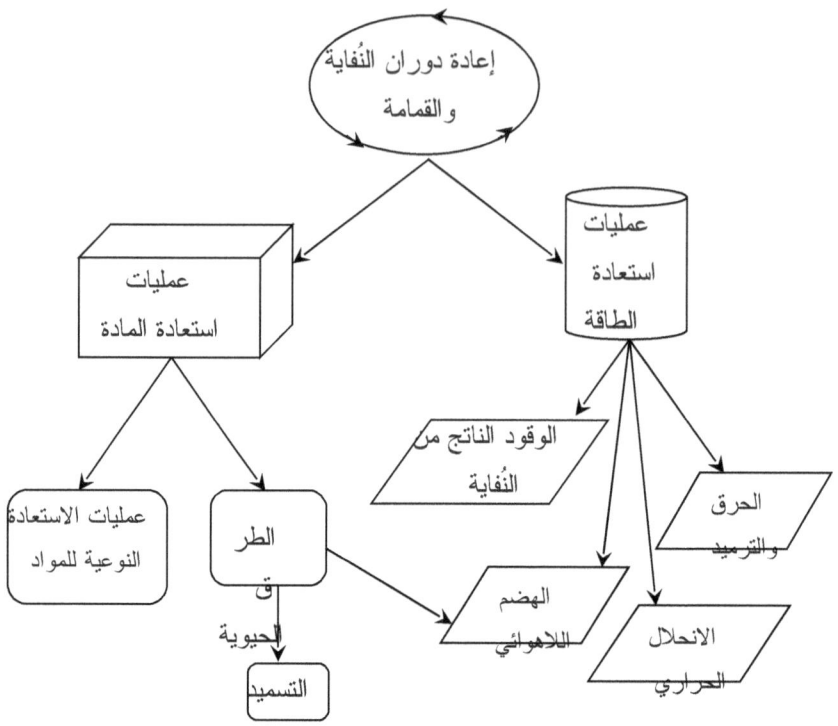

شكل   3-   8أُطر إعادة دوران النُفاية
والقمامة

جمع المواد القابلة للتدوير Commingled collection

بعض المجموعات السكانية تضع كافة المواد القابلة للتدوير وإعادة الاستخدام في حاويــة واحدة لتقوم شاحنة معينة (هي شاحنة الجمع المختلط) بترحيلهـا إلـى جهـة عمليـات الاستخلاص. ولتفعيل هذا الخيار لا بد من أن يقوم المستهلك بمسئولية فرز المواد القابلة للتدوير. ويزيد من تكلفة النظام تخصيص شاحنة معينة لجمع المــواد القابلــة للتــدوير وشاحنة أخرى لجمع النُفاية والقمامة المتسخة.

توفير سيارة نُفاية بها غرف مزدوجة إحداها تُخصص لجمع المواد القابلة للتدوير وإعادة الاستخدام يقلل من مسارات سيارات نقل النُفاية وعددها ولا بدمــن أن يتــوخى ســائق السيارة ملء الغرفتين باتزان بنفس المعدل.

كما هناك نظام آخر يستخدم الزكائب الزرقاء Blue bag system لجمع المواد القابلة للتدوير. ومن ثم تقوم ذات السيارة التي تجمع النُفاية والقمامة برفع الزكائب الزرقاء في غرف منفصلة. وتنزال الزكائب يدوياً في المحطات التحويلية لتخضع النُفاية والقمامة لعمليات الفرز.

من عيوب نظام الجمع المختلط للمواد القابلة للتدوير:

1. تلوث المنتجات الورقية ببقايا السوائل التي قد توجد في الزجاجات وعلب الألمونيوم والباقات البلاستيكية.
2. علو تكلفة الفرز لهذه النُفاية.

ومن ثم تقوم كثير من المجتمعات بفرز المواد في أكثر من حاويتين أو ثلاث في برامج الجمع، فمثلاً تُجمع الزجاجات والعلب في حاوية، والأوراق والصحف في حاوية أخرى، والأوراق المختلطة في حاوية ثالثة، ونُفاية الساحة في حاوية أخرى. وهذا النظام يحتاج معه إلى حاويات متعددة الغرف.

وهناك مجتمعات بادرت بفرز نُفاية الزيوت الراجعة والمستخدمة ووضعها على حافة الرصيف للجمع ومجتمعات أخرى تمارس فرز البطاريات والمراكم وهلمجرا.

ولتقدير كفاءة برامج إعادة الاستخدام والتدوير يمكن مراجعة التالي:

1. نسبة مكونات النُفاية المبعدة من منطقة الردم الصحي (طن/ الأسبوع).
2. نسبة المنازل المشاركة في برامج التدوير (عدد المواد القابلة للتدوير/الشهر).
3. نسبة المنازل المشاركة في أي أسبوع.
4. الربح والمنفعة الواردة من مواد التدوير وإعادة الاستخدام.

من معيقات إعادة الاستخدام والدوران {9}:

1- بيئة العمل

- المخاطر الصحية ومخاطر الكيماويات والضوضاء العالية.
- الأوضاع غير الآمنة عند الجمع والإعداد في الشوارع وبالقرب من مركبات جمع النُفاية والأجهزة القديمة.

2- الحماية الضعيفة للبيئة

- الجهل وقلة المعرفة بمخاطر النُفاية.
- الإمكانات الضعيفة وإمكانات الاستثمار المحدودة.
- الجمع غير الكافي.

3- الأوضاع الاجتماعية والاقتصادية

- تدني أجور العمال غير المحميين اجتماعياً واستنزاف المجموعات غير الحصينة اجتماعياً.
- صعوبات الحصول على الدعم والقرض بمعدلات فائدة قليلة.
- عدم وجود سوق للمنتجات بسبب التنافس في ذات المنتج بين الجهات العاملة في إعادة الاستخدام، وتدني رغبة الزبون لإعادة استخدام المنتجات، وبسبب المحدات الثقافية والعقائدية والعرفية.

3 – 7 نُفاية الشوارع (الكُناسة) Litter and street cleanliness

نُفاية الشارع نوع معين من أنواع النُفاية والقمامة موضوعة في غير أماكنها في المناطق العامة وفي الشوارع والأزقة والطرق والمناطق والأراضي الفارغة. وربما في المباني الخاصة وتشكل هذه النُفاية مشاكل صحية، وتكون مرتعاً للهوام والفئران وغيرها من الحيوانات غير المستأنسة، وهدر للموارد المالية لا سيما ويصعب جمعها. ويتغير تكوين نُفاية الشارع حسب المنطقة الجغرافية، والعادات والتقليد والأعراف، والظروف المعيشية، ودرجة الحضارة والتمدن وسط الجمهور.

يمكن التحكم في نُفاية الشارع بسبل تكنولوجية ومجتمعية وفكرية. أما السبيل الفكري فبإقناع المواطنين كيلا يرموا النُفاية والقمامة في الشوارع، والحل المجتمعي فبحرمان العامة من المواد التي يمكن أن تشكل نُفاية شارع أو بدفع غرامة باهظة عند تسجيل مخالفة، أما الحل التكنولوجي فيتمثل في النظافة بعد حدوث نُفاية الشارع بالمنطقة مثلاً في الملاعب الرياضية والمناطق الترفيهية. ومن الملاحظ ممارسة تزايد نُفاية الشارع من صغار السن مقارنة بكبار السن. ويمكن حشد جماعات معينة للنظافة ربما من رجال الدين والفرق الرياضية والشرطة وتلاميذ المدارس وغيرهم.

3 - 8 خزن النُفاية والقمامة وحفظها

النُفاية والقمامة من المناطق الحضرية تشكل حوالي 5 إلى 10 بالمائة من النُفلية الكلية للأمة، غير أن إدارتها تحتاج إلى جهد أكبر من غيرها الشيء الذي يركز عليها الأنظار نسبة لوجودها في مناطق مكتظة ومأهولة بالسكان، ولا توجد المساحات الكلفية لخزنها والتعايش بجانبها لصفتها المتغيرة وإنتاجها لبيئة غير مقبولة للفرد.

يُعنى بخزن النُفاية النشاط والتسهيلات المطلوبة من فترة لأخرى من إنتاج النُفلية لحين جمعها. ويتأثر حفظ النُفاية المنزلية بصورة كبرى بطبائع الأشخاص، ومحاولات مواكبة الحضارة والعصر، وتقنين اقتصاديات هذه العملية. أما التحسينات الأساسية فعادة غير مجدية أو باهظة التكاليف بسبب:

- الكثافة السكانية العالية
- المساكن والخدمات الشعبية (مثلاً الأزقة والطرق الضيقة، وكثافة نظم النقل العام والخاص، ونظم إمداد المياه والكهرباء، ونظم تصريف المياه العادمة....)

يتطلب كل هذا قدراً وافياً من التدبر لتحقيق أهداف تخطيط المدنية والتخلص من مشاكل حفظ النُفاية مما يتطلب معه ابتكار نظم أفضل مستقبلاً لحفظها لحين جمعها.

يُحتاج إلى حفظ القمامة والنُفاية للأسباب التالية:

- ضمان استمرارية عمل محارق الترميد ومحارق تحويل النُفاية إلى طاقة.
- مد المحارق بالكميات المناسبة من القمامة.
- سد العجز في طلب القمامة لعمليات تصنيعها لأثناء العطلة الأسبوعية أو أي عطلات رسمية (تغير الإمداد),

من مساوئ خزن القمامة:

- مخاطر على الصحة العمومية.
- احتمال اندلاع حريق.
- مرتع للهوام والقوارض والفئران.

- الروائح الكريهة من التحلل البطيء للقمامة خاصة لأولئك القاطنين أدنى اتجاه الريح.
- مشاكل في العلاقات العامة.

من أوجه حفظ النُفاية والقمامة والكُناسة الحفظ في الأواني الصغيرة والسلال والزكائب وغيرها.

3 – 8 – 1 الحفظ في الأواني الصغيرة

أساس أي نظام حفظ هو آنية صغيرة (سطل أو كيس أو سلة نُفاية) داخل المطبخ أو في جواره. وهذه الأواني الوسيطة يجب أن تفرغ باستمرار بصورة متكررة نسبة لحجمها الصغير والتحلل الناتج للنُفاية والروائح غير المرغوبة. وتفرغ هذه الآنية في أواني أكبر حيث تُجمع النُفاية منها. والمتطلبات المهمة لأواني النُفاية تتضمن التالي:

1. ينبغي ألا تقود محتوياتها إلى أي مشاكل عند انتظار الجمع.
2. يجب تصميم هذه الأواني لتمنع دخول الحيوانات والذباب والأمطار.....الخ
3. يجب أن تكون الآنية خفيفة الوزن من أجل المستخدمين ومن أجل عامل جمع النُفاية.
4. يجب أن تكون الآنية دائمة وقوية بالقدر الكافي الذي يمنع تشوهها بسبب حادثة سقوط لم تصمم لها.
5. يجب تزويد الآنية بغطاء محكم تماماً.
6. يجب وضعها في مناطق مناسبة يسهل أن يصلها عامل جمع النُفاية في زمن وجيز، وباستخدام أقل جهد ممكن، وبسرعة تسهل العمل وتقلل من تكلفة الجمع.

3 – 8 – 2 نظام الآنية (السلة) Bin System

من أكثر الأنواع استخداماً لحفظ النُفاية والقمامة هو وضع عدة أواني من مختلف الأنواع والأحجام داخل المنزل أو خارجه لتخدم كنظام للحفظ قبل جمع القملمة. وهذا النظام يستدعي عدة متطلبات من وجهة النظر الصحية والاستساغية والاقتصادية تضم التالي:

1- لا بد من أن تكون السلال كالتالي: (13، 17، 18)

1. عددها كافي وذات حجم مناسب لحفظ كل الحجم المنتج من القمامة أثناء فترة الجمع.
2. مجهزة بغطاء محكم بمفصلات جيدة لمنع تسرب الروائح الكريهة ولصد دخول الذباب كيلا تصبح موضع توالد له.
3. مشيدة من مواد غير قابلة للتآكل مثلاً من حديد مبطن بالخارصين أو البلاستيك ...الخ.
4. ذات حجم قياسي لتقليل تكلفة الإنتاج.
5. تشيد بمعايير قياسية لتسهيل عمليات الجمع الآنية.

2- لا بد أن يكون موقع السلة:

1. بالقرب من المنزل ويسهل الوصول إليه لتسهيل عمليات التفريغ.
2. بالقرب من الطريق ويسهل الولوج إليه لتعزيز الجمع وتقليل تكلفته.
3. سهلة التنظيف للأسباب الصحية والاستساغية

3- يمكن زيادة السعة التخزينية المتوسطة للسلة بإمداد الجمهور أو بيع زكائب ورقية أو بلاستيكية. وتستخدم الزكائب بصورة عادية في المشافي، ومواقف السيارات، والمخيمات ...الخ.

أما بالنسبة لموقع السلة فينبغي أن يكون بالمواصفات التالية:

1. يسع حفظ عدد السلال والحاويات المطلوبة حالياً ومستقبلاً بصورة تسمح للمستخدم بتفريغ أكياس القمامة أو الصناديق دون أن يلامس السلة . ويفضل أن يكون هنالك ممر لا يقل عن 80 سم بين كل صف من صفوف السلال.
2. سهل الولوج من المنازل والشقق والطريق والمتاجر أو الساحة المجاورة.
3. في حالة استخدام حاويات كبيرة لا بد من منح مساحة كافية للتفريغ والتحميل وإعادة وضع الحاويات.

3 – 8 – 3 سلة فلاكيرك Flakirk bin

بها حزام معدني في أعلاها لحماية الغطاء ومنع تدخل الحيوانات المتخصصة في رفــع أغطية السلال.

3 – 8 – 4 السلة البلاستيكية وسلال القمامة الأخرى

تُفضل السلة البلاستيكية المتينة والتي تعيش لمدة أطول على السلة المعدنية وذلــك نسبــة للأسباب التالية:

- خفة الوزن
- سهولة النقل والتحريك
- سهولة التنظيف المستمر
- المنظر الجميل والألوان الزاهية

غير أن السلة البلاستيكية سهلة العطب والتهشم عند سوء استعمالها ربما بسبب وضع مواد حارقة أو ساخنة فيها، أو وضعها مباشرة تحت أشعة الشمس على سبيل المثال.

تُصنع السلة في أحجام مختلفة (صغيرة الحجم 40 إلى 50 لتراً، وكبيرة الحجم 70 إلـــى 80 لتراً أو قد تزيد)

3 – 8 – 5 السلة عديمة الغبار عند التحميل Dustless loading bin

بها غطاء بمفصلة وتصمم للاستخدام مع آليات محددة لها. وتعمل مثل هذه الســـلة علـــى الحفظ الجيد وإغلاق القمامة لحين الجمع.

من أهم المعايير والاحتياطات الواجب اتخاذها للحفاظ على سلة المهملات والقمامة التالي:

- ينبغي نظافتها مباشرة بعد التفريغ وربما أفاد تبطينها بأوراق صحف أو غيرها.
- يجب عدم حرق محتويات السلة لتلافي مضايقة الجار أو إتلاف السلة.
- ينبغي عدم ترك قمامة واضحة ملتصقة بالسلة من الداخل لتلافي توالد الذباب.
- يجب تنظيفها بالفرشاة أو غسلها باستمرار لإزالة رائحة القمامة.

- ينبغي استخدامها بصورة مقبولة وملائمة.

- يجب وضع الغطاء بصورة صحيحة كيلا يدفع ويزاح بوساطة الحيوانات أو الأطفال.

- يجب وضعها في موقع مناسب يسهل معه وضع القمامة عليها من قبـل أصـحاب المنازل، ويسهل ولوج الموقع من الطريق.

- ينبغي أن تكون جيدة التهوية.

- يجب نظافة المنطقة المحيطة بها وإزالة أي قمامة متدفقة عن غير قصد حولها من قبل المستخدمين أو عمال جمع القمامة.

- يجب أن تكون متينة لتتحمل أي تمزق أو صدمات قد تحدث لها.

- يجب عدم إتلافها بسبب سوء الاستعمال.

يُقدر حجم سلة القمامة أو حجم جهاز حفظ القمامة حسب الكمية المنتجة من القمامة، وتؤثر في تقدير الحجم عدة عوامل تضم: الوزن النوعي والحجم النـوعي للقمامـة، والكثافـة الظاهرية للقمامة، وتردد الجمع، ومعدل ملء الحاوية الحافظة، والتغير في إنتاج القمامـة حسب حجم المدينة ومن ثم يمكن استخدام المعادلة 3-1 لتقدير حجم الإناء لحفظ النُفايـة للمنازل السكنية والشقق {13}:

$$V_f = \frac{W_g}{\rho} . t . P . \frac{Var}{d_f}$$ 3-1

حيث:

V_f = الحجم المتوسط لإناء حفظ القمامة، (م³).

W_g = الحجم النوعي للقمامة، (0.685 كجم/سنة/الفرد).

ρ = الكثافة الظاهرية، (= 0.34 كجم/ لتر).

t = زمن حفظ القمامة، (يوم).

P = متوسط عدد السكان لكل شقة، (= 4).

d_f = متوسط درجة امتلاء الإناء يتراوح بين 0.7 – 0.9، (تؤخذ = 0.75).

Var = التغير في إنتاج القمامة، يتراوح بين 1.15 و 1.3 (تُؤخذ = 1.1).

ذباب سلة القمامة

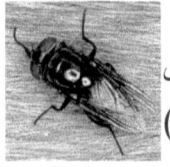

إن القمامة المنزلية تمثل مرتعاً مناسباً لتوالد الذباب الذي يُعد من نواقل المرض. ومن أنواع الذباب الذي يمكن أن يتوالد في القمامة المنزلية (أ) الذبابة السروء Blow flies (وهي نوع من الذباب يضع بيضه على اللحم ...الخ) (blue bottles and green bottles)، (ب) وبكميات قليلة الذبابة المنزلية على مدار العام. وتتزايد هذه الأنواع من الذباب خلال أشهر الصيف بصورة كبرى في القمامة المتخمرة لتصبح ذبابة كاملة في خلال أسبوعين إلى ثلاثة أسابيع، غير أن ذبابة السروء تأخذ فقط تسعة أيام لتصل لمرحلة النضوج، ولحورية ذبلبة السروء blow fly larvae المقدرة على الهجرة من غذائها وبالتالي من سلة القمامة عند نضوجها الكامل والتي تحدث خلال 7 إلى 12 يوماً في القمامة المنزلية العادية.

إن الجمع الأسبوعي للقمامة المنزلية طيلة العام هي أقل فترة يمكن أن تمنع توالد الذباب المنزلي في سلة القمامة، ومن ثم فهي الفترة الأقل التي يوصى بها لجمع القمامة للمناطق الريفية والحضرية على حدٍ سواء. وتوجد اعتبارات خاصة لفترة جمع القمامة الغذائية من المتاجر والمطاعم والفنادق والمشافي. إذ أن هذا النوع من القمامة يتخمر بسرعة شديدة. ومن الملاحظ أن حورية ذبابة السروء يمكن أن تشذ وتنمو للطور النهائي على درجات الحرارة العالية نسبياً الناتجة في القمامة وتخرج مهاجرة خلال ثلاثة أيام من وقت وضع البيض. وإن كانت سلة القمامة ممتلئة أو جدارها الداخلي رطب فإن الذبابة لا تجد صعوبة لتزحف خارجها. ومن ثم يجب جمع هذا النوع من القمامة على الأقل مرتين في الأسبوع.

ساعات جمع القمامة

تعتمد ساعات الجمع المناسبة بصورة كبيرة على العوامل المحلية مثل حركة المرور.

إن المحاسن الاقتصادية والاجتماعية للجمع السهل والآلي والتخلص النهائي للنُفلية والقمامة ينبغي أخذها في الحسبان. لا بد من أن تتوخى النواحي التصميمية وتخطيط المدن هذه التطورات لتوجه نشاطها لسبل الحفظ والجمع الحديثة إذ أنه ليس زيادة حجم النُفاية ناتج من نمو الثروة بل أيضاً متوقع زيادة الطلب على المعايير القياسية للحفظ والتخلص النهائي من القمامة.

جمع القمامة المنزلية وتفككها

يُعد جمع القمامة المنزلية من الخدمات الأساسية للجمهور بالإضافة إلى إمداد المياه والتخلص من المياه العادمة وليس من المتوقع أتممتها وترشيدها كاملاً مثل غيرها من الخدمات نسبة للزيادة المطردة في كميات النُفاية المنتجة. ويتعلق الموضوع بعمليات جمع القمامة المحفوظة من مناطق حفظها ونقلها إلى موقع المعالجة أو التخلص النهائي.

3 – 9 نظم جمع النُفاية

إن كافة النظم المستخدمة في التعامل مع النُفاية والقمامة تتطلب الحفظ في الموقع من نقطة جمع للأخرى وبالتالي قوة عاملة كبيرة.

3 – 9 –1 النظم التقليدية لجمع النُفاية وإزالتها

أ) الجمع من الأطروفة (حافة الرصيف أو الطريق kerb-side)

هو نظام جمع يقوم فيه الساكن بوضع سلة القمامة خاصته أمام مسكنه ويستعيدها بعد التفريغ. وهذا نظام رخيص وسريع. غير أن عيوبه تضم:

- أنه نظام بدائي وعتيق وغير صحي وغير منظم.
- عند ترك القمامة عند حافة الشارع (kerb) لمدة من الزمن فإنها تكون عرضة للنبش بوساطة القطط والكلاب والأطفال وعابري السبيل مما قد يعرض الأغطية للتطاير وبعثرة بعض من المحتويات أو كلها من سلة القمامة وتشتتها.
- يجلب معه مشقة لكبار السن وذوي الحاجات الخاصة وربات المنزل.

ونسبة للأسباب المذكورة آنفاً فإن هذا النظام غير مناسب وغير مرغوب فيه، ومن ثم ينبغي الرجوع إليه والعمل به عند ندرة وتعذر وجود أساليب أخرى وطرق أفضل منه لجمع القمامة.

من التغيرات والتحسينات المؤثرة على تكلفة جمع النُفاية بالإضافة إلى معدل إصابة جامعي النُفاية:

1. ابتداع فكرة السلة الخضراء ذات الدواليب (العجلات) green-can-on-wheels حيث يقوم الساكن بملء حاوية بلاستيكية ضخمة ذات دواليب بالنُفاية والقمامة المختلطة بما فيها المواد التي يمكن أن يُعاد تدويرها ونفايات الساحة ثم يدفعها إلى حافة الرصيف للجمع. وتقوم سيارات النفاية بتفريغ هذه السلال عبر آلة رفع هيدروليكية بها، مما يساعد على عدم ملامسة العامل للنُفاية وبالتالي تفادي تعرضه لإصابات مع مواد خطرة أو التعرض للجروح والكدمات والرضوض، ويعتبر هذا النظام من أنظمة الجمع شبه الآلية semi automated. ويمكن أن يقوم بالعمل اليومي سائق سيارة النُفاية بالإضافة إلى عامل أو أكثر من عمال جمع النُفاية والقمامة.
2. الشاحنة النازعة (أو الخاطفة) truck snatcher المجهزة بأذرع طويلة لتصل إلى السلة لتقبض عليها وترفعها في خلفية السيارة في نظام كامل الأتمتة (التشغيل الذاتي) fully automated. وهذا النظام من النظم المناسبة خاصة عندما يكون تصميم الشارع ووضعه يحتوي على أزقة وممرات خلف المنازل ويقلل هذا النظام كثيراً (ربما أكثر من نصف التكلفة) من تكلفة جمع النُفاية فيما يتعلق بتخفيض الإصابات الجراحية والطبية لعمال الجمع.
3. الاستخدام الأوسع للأكياس والزكائب البلاستيكية والتي توضع على حافة الرصيف للجمع. ويسهل التعامل مع هذه الزكائب نسبة لخفة وزنها وندرة تعرض العمال لإصابات منها. والعيب الأساس لهذه الزكائب البلاستيكية هو احتمال انفراطها وتمزقها بالحوادث ومن الحيوانات الصغيرة الباحثة عن طعامها مما يؤدي إلى بعثرة محتوياتها على طول الزقاق أو الممشى الجانبي.

ب) <u>القواديس أو السفوط المعدنية (skeps or skips)</u>

تُمثل القواديس أو السفوط المعدنية حاوية ذات فوهة كبيرة نسبياً، حيث يقوم جامع القمامة بصب محتويات سلة القمامة بترك السلة حيث هي دون أن يعود للمنزل بعد تفريغها في سيارة القمامة. وهذا النظام يكسب الوقت والجهد غير أنه ربما ترك قمامة أكثر من غيره من النظم وربما آثار الغبار. ومن العيوب لهذا النظام التالي:

- يعتبر نظام فوضوي وغير منتظم ووسِخ.

- دائماً يثير الغبار حتى مع الحرص الشديد.
- بعض القمامة تتناثر أثناء نقلها من السلة.
- تؤثر فيه وجود أي رياح شديدة إذ تعمل على بعثرة النُفاية من القادوس في الطريق إلى السيارة.
- يتسخ العمال بصورة كبيرة.

جمع السلة وإعادتها

يحتفظ الساكن بسلته في منطقة مناسبة وسهلة الوصول بالموقع (الحديقة، أو الساحة، أو خلف المنزل)، ويقوم جامع القمامة بحمل السلة إلى سيارة جمع النُفاية حيث يقوم بتفريغها وإعادتها فارغة إلى مكانها.

تبادل السلة

يقوم جامع القمامة بمبادلة الساكن سلته المليئة بسلة فارغة يحتفظ بها بدلاً عن سلته الممتلئة بالقمامة. وعند تفريغ السلة يقوم العامل بنظافتها ليبادل بها أخرى مع ساكن آخر.

نظام النقل على مراحل Relay system

عندما يقوم جامع القمامة بملء سيارة القمامة يأخذ أخرى فارغة ويستمر في عمله فيما تأخذ السيارة الممتلئة طريقها إلى المكب (المستودع أو المخزن).

3 – 9 – 2 نظم الجمع الخالية من الغبار Dustless collection methods

الزكائب الورقية paper sacks

تعلق زكيبة ورقية ضخمة من حامل معدني بوساطة غطاء مفصلي. والحامل يمكن أن يكون متصلاً مع سقف أو حراً. وتزال الزكيبة مع محتوياتها في فترات الجمع العادية فيما تُترك زكيبة فارغة في موقع الأولى بديلاً عنها.

ومن أهم محاسن هذا النظام:

- النظافة والصحة العمومية.
- الهدوء والوزن الخفيف.

- عمل سهل ونظيف لجامع القمامة.
- تخفيض وحدة زمن جمع القمامة مقارنة مع النظم الأخرى.
- خالي من الغبار وشبه خالي من غبار التحميل دون الحاجة لأجهزة تحميل خاصة.
- ظروف منظمة عند تفريغ سيارات جمع القمامة في موقع المكب.
- تقليل تأخير عملية الجمع عند منح زكائب إضافية.
- تقليل تآكل السيارات وتحاتها.
- حجب القمامة بعيداً عن نظر الجمهور.

أما مساوئ النظام فتضم:

- زيادة الكلفة الكلية لجمع النُفاية مقارنة بالطرق التقليدية.
- مخاطر انفراط الزكيبة إذا قام الساكن بمحاولة دمك القمامة وضغطها لزيادة تحميل الزكيبة.
- عدم التخصيص للزكائب.
- مخاطر محتملة من تلف الزكيبة من الرطوبة، أو قطع الزجاج المكسور، أو العلب الفارغة، أو الرماد الحار، أو الحيوانات، أو تيار الهواء القوي (الرياح).
- تقليل الحمل الآجر pay load للسيارات نسبة لأن الزكائب غير مضغوطة، كما وأن القمامة مفكوكة وسائبة.
- الاعتمادية على استمرارية الإمداد.
- احتمال الأذى والحوادث للأطفال والحيوانات الأليفة من الأشياء الحادة مـــالـــم يكون هناك حارس مسئول.

<u>عوامل تخطيطية عند جمع القمامة</u>

1. حجم أجهزة الاستقبال وعددها يعتمد على حجم القمامة المنتجة، والتغيرات في معدلات إنتاجها، وتردد فترات الجمع.
2. حجم سيارات الجمع وعددها، والتي تتأثر بالتالي:

- الكثافة السكانية: حيث تتطلب الكثافة السكانية العالية سيارات أكبر من تلك المخصصة لمناطق الكثافة السكانية القليلة لأسباب اقتصادية.
- المسافة من مواقع الجمع إلى مناطق المعالجة والتخلص النهائي.

3. عدد العمال المطلوبين لجمع النُفاية والذي يّحدد بحجم القمامة والنُفاية، وحجم سلال المهملات والقمامة، والحاويات المستخدمة.

3 – 10 قضايا جمع النُفاية والقمامة

أما أهم المشاكل المتعلقة بقضايا جمع النُفاية ونقلها فتضم التالي:

3 – 10 – 1 مشاكل عامة وتنظيمية:

يتأثر تردد جمع النُفاية بالتالي:

- المناخ والطقس، خاصة درجة الحرارة المتوسطة، وأقصى درجة حرارة، ودرجة حرارة التحلل السريعة للنُفاية مما ينتج عنه روائح كريهة.
- حجم سلال النُفاية والمهملات.
- الكثافة السكانية.

يجب القيام بجمع النُفاية والقمامة بصورة تعمل على منع أي مشاكل للجمهور والعاملين على جمعها بقدر المستطاع، وتمنع إنتاج الغبار والضوضاء، وألاتؤثر على حركة المرور.

عند التفكر في الإدارة العامة لجمع النُفاية ينبغي التفكر في كلٍ من:

1. مسئولية جمع النُفاية والتي تقع عادة على عاتق المجتمع للجمع والتخلص بما فيها توفير السلال والحاويات.
2. نظام الجمع.
3. طرائق الجمع.

3 – 10 – 2 سيارات جمع النُفاية وأجهزتها

لا بد أن يأخذ التفريغ العوامل التالية في الحسبان من وجهة النظر الصحية:

- منع الغبار.
- الحد من ملامسة عمال الجمع للنُفاية جهد المستطاع.
- تقليل الضغط النفسي لعمال التحميل لزيادة كفاءة التحميل.
- لا بد من إزالة القمامة المحملة من مدخل التحميل لتسهيل عملية التحميل. وفي ذات الوقت ينبغي دمك القمامة لزيادة السعة التحميلية للسيارات لا سيما وحجم القمامة قليلة الكثافة في ازدياد.
- لا بد من توفير سيارات بأحجام مختلفة لجمع النُفاية للإسراع في التحميل ومن ثم خفض التكلفة.

يعتمد تصميم سيارات جمع النُفاية على التالي:

1. رغبة الجمهور لزيادة المعايير القياسية للنظافة، وحجب النُفاية، ومنع انبثاق الروائح غير المرغوبة، والحد من الغبار أو تبعثر النُفاية والقمامة.
2. الاحتياج إلى حمل آجِر payload أكبر لمواكبة الزيادة في حجم القمامة قليلة الكثافة، نشداً لتقليل التكلفة لا سيما وبالسيارات الكبيرة أجهزة قادرة على دمك القمامة ودهسها.
3. الاعتراف بأهمية تحسين ظروف العمل لعمال جمع النُفاية وتوفير ترحيل مريح لهم.
4. التحسين في التصميم من قِبل المصنعين لإنتاج أجهزة كفؤة ذات وزن خفيف يمكنها من تحمل التآكل والتحات.

تستخدم سيارات جمع النفاية بصورة أكثر اقتصادية عندما يحصل على نسبة الحمولة إلى الحجم pay-load/volume ratio (PVR) للسيارة بدمك القمامة أثناء جمعها. والتي يمكن إيجادها من المعادلة 3-2:

$$PVR = const = \beta \cdot \rho \qquad\qquad 3\text{-}2$$

حيث:

PVR = نسبة الحمل الآجِر payload إلى الحجم للسيارة، (كجم/م^3).

ρ = الكثافة الظاهرية للقمامة والنفاية

β = نسبة الدمك compaction ratio = الحجم عند التحميل / الحجم بعد الدمك، (2.5 إلى 5 للسيارات الحديثة).

ويمكن تقدير أعداد سيارات جمع النفاية المطلوبة n بإيجاد سعة الجمع collection capacity, CC من المعادلة 3-3:

$$CC = n \cdot V_c \cdot \beta \cdot T \qquad 3\text{-}3$$

حيث:

CC = سعة الجمع (م^3/يوم)

n = عدد سيارات الجمع

V_c = حجم سيارات الجمع (م^3)

β = نسبة الدمك

T = عدد الرحلات في اليوم

ولعدد i سيارة كل منها حجمها $V_{c,i}$ ونسبة الدمك فيها β_i تؤدي T_i رحلة كل يوم فإن سعة الجمع الكلية CC_T توجد من المعادلة 3-4:

$$CC_T = \sum_i V_{c,i} \cdot \beta_i \cdot T_i \qquad 3\text{-}4$$

يمكن أيضاً تقدير كمية النفاية القصوى v_{max} الواجب جمعها من عدد الناس P والحجم النوعي للنفاية v (لتر/الفرد/اليوم) بأخذ الاحتياطيات التصميمية اللازمة في الحسبان {13}:

ومن ثم يمكن إيجاد عدد السيارات المطلوبة n لجمع الكمية القصوى من النفلية المنتجة على النحو المبين في المعادلة 3-5:

$$n = \frac{v_{max}}{v_c \cdot \beta \cdot T} \qquad 3\text{-}5$$

ونسبة لأن جزء من السيارات يخرج من الخدمة للصيانة الدورية (20 إلى 30 بالمائة في المتوسط) من ثم ينبغي ضرب العدد n في معامل يتراوح من 1.2 إلى 1.3. كما ومن الأفضل أخذ معامل أمن safety factor نسبة لأن السيارات لا تحمل ممتلئة دائماً وفي كل الأحوال ومن ثم من المتوقع افتراض أن حجم السيارة العامل لجمع النفاية حوالي 90 بالمائة في المتوسط. وعليه يصبح العدد المطلوب من السيارات للجمع الآمن للنفاية والقمامة N_s كما في المعادلة 3–6:

$$N_S = n \cdot \frac{x(1.2-1.3)}{0.9} \qquad 3\text{-}6$$

من الأهمية بمكان الأخذ في الحسبان النقاط التالية عند اختيار سيارات جمع القمامة:

- رأس المال وتكلفة التشغيل.
- التشغيل النظيف
- السعة المناسبة.
- ضمان الاعتمادية.
- التأكد من الاستمرارية.
- سهولة الصيانة والنظافة.
- سهولة الحركة والطاقة.
- أثر العوامل المحلية.
- تكامل نظم الجمع.
- أنواع أجهزة الاستقبال المستخدمة.
- تدبير جمع النُفاية التي يمكن إعادة استخدامها وتدويرها.

3 – 11 معيقات جمع النُفاية والقمامة

من معيقات جمع النُفاية والقمامة التالي: {9}

1. علو التكلفة وتدني مستوى الخدمة.
2. تدني استعادة التكلفة لإحجام الجمهور عن دفع الرسوم.
3. تدني كفاءة الجمع بسبب:

- قلة سعة حاويات الجمع العمومية في نقاط الجمع.
- عدم كفاية تعاون المواطنين مع زمن جمع النُفاية وطرقه.
- ضعف إدارة العمال وضعف الإشراف عليهم.
- عدم ملاءمة نوع مركبات الجمع وأحجامها.
- الاختيار غير الجيد لحجم فريق العمل وفترة الوردية مما يقلل من كفاءة مركبات جمع النُفاية.
- عدم اختيار المسار الأمثل لخدمة جمع النُفاية.

4. توقف المركبات والأجهزة عن العمل بسبب ضعف الصيانة الوقائية الدورية وانعدام قطع الغيار.
5. وجود الطرق الوعرة لمناطق التخلص النهائي.
6. صعوبة دخول مركبات جمع النُفاية للأحياء العشوائية.
7. الخلافات بين وحدات الكيانات البيئية والصحية وأقسامها والشئون الهندسية ذات الصلة بالنظافة وأعمال النُفاية البلدية.
8. النظرة الاجتماعية المتدنية لإدارة النُفاية.
9. عدم التدريب والتأهيل الجيد للعاملين في قطاع النُفلية والمشرفين والإداريين.
10. عدم وجود حوافز تشجيعية للعمال وتدني الأجور.
11. عدم وجود مناشط لرفع الوعي الاجتماعي والإرشاد بأمور النُفاية والقمامة.

3 - 12 نقل القمامة Conveying

تُستخدم عدة أنواع من الناقلات لتحريك النُفاية والقمامة أو لتغذية أحمال القمامة والنُفاية لأجهزة تهيئتها أو معالجتها أو التخلص النهائي منها. وينبغي التقليل من نقل القمامة داخل الوحدات والوسائل ومن هذه الأنواع:

1. الناقلات ذات السيور المطاطية والتي تُستخدم لتحريك القملمة الخام غير المفتتة، وتفيد هذه الطريقة للأحمال غير الكاشطة والأقل خشونة وقساوة، مثلاً عند فرز المواد القابلة للتدوير وإعادة الاستخدام.

2. القواديس ذات الأرضية المتحركة (المغذية) live bottom hoppers or feeders تُستخدم لتحريك القمامة خارج السلال التي تحويها أو من الناقلات المقطورة حيث تتحرك القاعدة منزلقة على عوارض في حركة بطيئة إلى الأمام ثم سريعة للخلف مما يحرك معه حمل القمامة إلى الأمام. وتُستخدم هذه الأنواع لتحريك القمامة لمسافات قصيرة كما معمول به في المحطات التحويلية.
3. الناقلات التي تعمل بالهواء المضغوط Pneumatic conveyers تُستخدم عادة لجمع النُفاية الخام المحمولة في زكائب أو أكياس من المشافي والمباني الكبيرة.
4. المغذيات الهزازة Vibrating feeders تعمل على موازنة انسياب المواد وتستخدم لتحريك كميات قليلة من مواد صلدة.
5. الناقلات اللولبية Screw conveyers تُستخدم لتغذية القمامة المفتتة دلخل الأفران حيث يعمل اللولب قفل هوائي مما يسمح بموازنة معدل تغذية المحروقات عبر تغيير سرعة دوران اللولب.
6. ناقلات السحب بالسلاسل Drag chain conveyers تُستخدم لتحريك النُفاية للمعالجات الخاصة. يتكوم الناقل المسحوب بالسلاسل من كفة معدنية مستطيلة مفتوحة (أو مغلقة) من أعلى ويصل سير على طول جانبي الكفة، وتوجد على مسافات من السير أدراج معدنية أو خشبية، ويعمل السير على جر هذه الأدراج التي تحرك القمامة لتُدفع عبر بوابة منزلقة إلى المسقط.

3 - 13 تمارين عامة

1. ما المقصود بعملية جمع النُفاية والقمامة؟
2. كيف تُفرز مكونات النُفاية والقمامة من بعضها البعض؟
3. من المسئول عن عملية جمع النُفاية والقمامة وفرزها في منطقتك؟
4. أيهما تُفضل لنقل النُفاية والقمامة في مدينتك: النقل البري، أم النهري، أم السكة الحديد؟ علل إجابتك.
5. ما أهداف جمع النُفاية والقمامة؟

6. ما مراحل جمع النُفاية والقمامة؟
7. ما الفرق بين جمع النُفاية والقمامة في كلٍ من الريف والحضر؟
8. كيف يُصمم مسار سيارة جمع النُفاية والقمامة بين الأحياء في المدينة؟
9. عدد مساوئ المحطات التحويلية ومحاسنها.
10. كيف تختار موقع المحطة التحويلية؟
11. ما أقسام المحطات التحويلية؟
12. مستعيناً بالرسوم بيِّن كيفية تفريغ حمولة سيارات نقل النُفاية والقمامة في كلٍ من المحطات التحويلية ومكب (مقلب) الأوساخ.
13. ما الفرق بين إعادة استخدام النُفاية والقمامة وإعادة تدويرها؟ وضح الإجابة بالأمثلة المناسبة.
14. كيف تُجمع المواد القابلة لإعادة التدوير من النُفاية والقمامة؟
15. كيف تُخزن النُفاية والقمامة في المنزل، والشقة، والمكتب؟
16. ما مضار خزن النُفاية والقمامة لفترة طويلة؟
17. أي أنواع السلال تُفضل لخزن النُفاية والقمامة لحين ترحيلها ونقلها؟
18. وضح الأسباب التي تجعل من النُفاية والقمامة موطن توالد للذباب.
19. كيف يمكن مكافحة توالد ذباب سلة القمامة؟
20. ما المخاطر الناتجة من توالد ذباب السروء؟
21. علامَ تعتمد ساعات الجمع المناسبة للنُفاية والقمامة؟
22. ما معيقات جمع النُفاية والقمامة في منطقتك؟ بيِّن أنسب الحلول لتحسين الأوضاع.

الباب الرابع
معالجة النُفاية

4 - 1 عمليات تحضير النُفاية والقمامة (المعالجة الأولية)

تجري عمليات معالجة النُفاية والقمامة في إطار نظم الإدارة المستدامة لزيادة كفاءة التشغيل، واستخلاص المواد والمصادر المفيدة، ولاستعادة النواتج والطاقة. وتضم هذه النظم التالي:

1. تقليل الحجم ميكانيكياً (الدمك).
2. تقليل الحجم كيميائياً (الترميد والحرق).
3. تقليل الحجم ميكانيكياً (التفتت).
4. فصل المكونات (آلياً وميكانيكياً).
5. التجفيف واستخلاص الماء (تقليل المحتوى الرطوبي).

4 - 1 - 1 حك (كشط) المواد Material abrasiveness

تتكون القمامة من أنواع مختلفة من حُبيبات حلكة abrasive مثل الرمل والزجاج والمعادن والصخور، ومن الضروري إزالة هذه المواد قبل إجراء بعض العمليات على القمامة مثل الترحيل باستخدام الهواء.

4 - 1 - 2 دمك القمامة Compacting

تزيد الكثافة القليلة للقمامة من مشاكل التخلص منها بسبب ضخامة أحجام الكميات الواجب التعامل معها ونقلها، والتفكر في التخلص النهائي منها، ومن ثم يساعد ضغط القملمة ودمكها في تقليل التكلفة كثيراً. ويتعلق موضوع الدمك بالزيادة في الكثافة الظاهرية (على أساس الوزن) نتيجة تهشم مكونات القمامة وتشوهها وإعادة وضعها. إن عملية للدمك للمواد غير عكسية إذ عند إزالة الضغط لا تعود المواد إلى حجمها الأول وحالتها الأصلية. في كثير من المناطق تستخدم سيارات نقل النُفاية أجهزة دمك بداخلها لزيادة التحميل،

ويساعد الدمك في الاستخدام الأمثل للمدفن الصحي. وتتعدد أنواع أجهزة الدمك، وحيثمــا أحضرت النُفاية والقمامة لجهاز الدمك (آلياً أو يدوياً) يُعتبر الجهاز ثابتاً. وهناك أجهــــزة متحركة في مناطق الردم الصحي. عندما ضُغط النُفاية والقمامة فإن حجمها ينقص حسب المعادلة 4-1:

$$V_R = \frac{V_i - V_f}{V_i} \times 100$$

4-1

حيث:

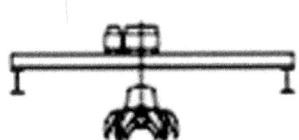

V_R = التقليل (الانخفاض) في الحجم، (%).

V_i = الحجم الأولي للنُفاية قبل الدمك، (م 3).

V_f = الحجم النهائي للنُفاية بعد الدمك، (م 3).

وتحدد نسبة الدمك من المعادلة 4-2:

$$R = \frac{V_i}{V_f}$$

4-2

حيث:

R = نسبة الدمك.

يبين شكل 4-1 العلاقة بين نسبة الدمك والتقليل المئوي في الحجم. ويتضح من الشكل أنه للحصول على نسب عالية من تقليل الحجم يحتاج إلى زيادة اختلال التناســـبفـــي نسبة الدمك.

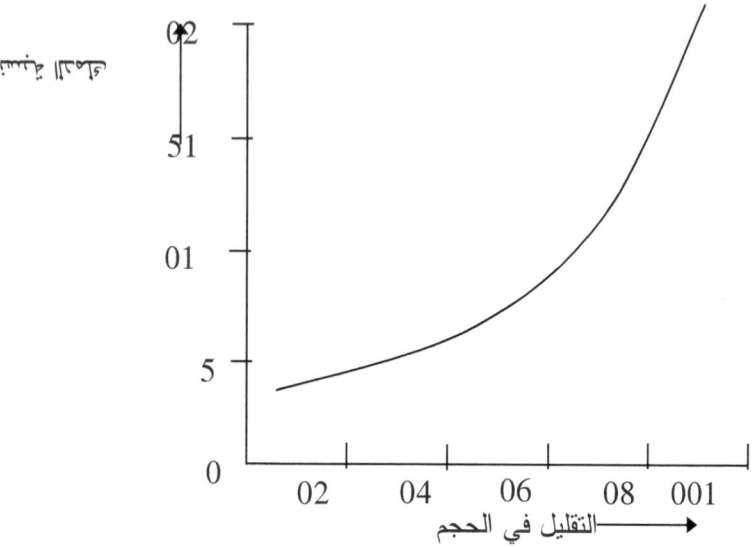

شكل 4 1العلاقة بين نسبة الدمك والتقليل في الحجم

4 – 1 – 3 تحزيم النُفاية Baling

تحزيم النُفاية هو طريقة أخرى للدمك، حيث تُضغط القمامة في حزم bales كثيفة وتُربط بأسلاك (روابط معدنية). تُماثل هذه الطريقة عملية الدمك ابتداءً غير أنه تُضاف إليها خطوة أخرى لربط الحزم. ومن المحاسن حذف الاحتياج إلى شاحنات عالية المتلنة. ويمكن تحميل الحزم في العربات المقطورات، والسفن، أو عربات السكة الحديد لنقلها حيث ينبغي. ويُساعد التحزيم في زيادة حمولة النقل، وحجز مساحات أقل في المدافن الصحية، وتضيف الحزم إلى كفاءة التشغيل.

4 – 1 – 4 التفتيت Shredding

في بعض الأحيان تسبق عملية التفتيت عملية دمك القمامة وتحزيمها أو نقلها لمناطق التخلص النهائي. يعتبر التفتيت نوعاً من أنواع تخفيض الحجم وتقليله لإنتاج حُبيبات صغيرة من أخرى كبيرة من أجل المساعدة في التخلص النهائي، كما وتنتج العملية نُفاية أكثر تجانساً في الحجم، وأكثر قابلية للدمك، وتُحسن من عمليات الدفن الصحي. وتعمل عملية التفتيت على تخفيض الكثافة الكلية من حوالي 200 أو 240 كجم/م^3 إلى 75 و

90 كجم/م ^{3}. وتفيد العملية في تقليل حجم المدفن الصحي إذ أن النُفاية المفتتة يسهل دمكها داخل المدفن مما يساعد على الهبوط المنتظم للمدفن الشيء الذي يساعد على استقرار الغلاف العلوي للمدفن الصحي.

من محاسن عملية التفتيت التالي:

1. تقليل مشاكل الروائح الكريهة نسبة للمزج الجيد للنُفاية به مما يُسهل وجود بيئة هوائية عند فرده في خلايا المدفن.
2. لا تجد الفئران والقوارض الطعام الكافي لها في القمامة.
3. القمامة الجافة والمغطاة بطبقات جديدة تقلل من توالد الحشرات كما وتُقتل كافة اليرقات أثناء عملية التفتيت.
4. لا تتناثر الأوراق الصغيرة بفعل الرياح مقارنة بالأحجام الكبيرة من الأوراق والبلاستيك.
5. للنُفاية المفتتة قيمة حرارية منتظمة وتحتاج إلى هواء أقل مما يساعد على إنتاج المحروقات.
6. يساعد في استخدام القمامة في التسميد.

أما مساوئ التفتيت فتتمثل في الضوضاء والغبار والانفجارات. أثناء عملية التفتيت تحدث ضوضاء عالية على مستوى ثابت كما تتأتى عمليات استعادة المواد من القمامة بضوضاء ارتطام عالية مما يجب معه استعمال عوازل الصوت. أما الغبار فيُحدث عدة مشاكل وينقل عدد من الجراثيم ونواقل المرض من الأحياء المجهرية ويؤثر على الجهاز التنفسي، وقد يؤدي إلى انفجار مما ينبغي معه وضع كمامات وأغطية للوجه للعمال. وتؤدي درجات الحرارة العالية وتلامس المعادن مع بعضها إلى انفجارات في مواقع أجهزة التفتيت من نوع انفجارات **الغبار** والبارود وعلب الغازولين شبه الممتلئة.

4 – 1 – 5 العجن Pulping

يمكن أن يعمل عجن النُفاية الخام على تخفيض الحجم. وتقوم أجهزة معينة بعملية العجن مما يجعل تركيز الجوامد حوالي 4 بالمائة، وتُلفظ الأجزاء المعدنية وغيرها من المواد

غير القابلة للكسر من العجينة وتُجمع بوساطة نظام استرجاع الحديد. ويُمكن إجراء عملية طرد مركزي لفصل المواد العضوية.

4 – 1 – 6 ملفاف التكسير Roll crushing

تقوم أجهزة التكسير بتكسير المواد الهشة مثل الزجاج بينما تقوم بإفراد الحديد المطيلي مثل علب الحديد مما يسهل معه الفصل بالغربلة. وتعمل هذه الأجهزة بمسك المادة الخام الداخلة بقوة بين دِحراجين اسطوانيين (هراسين) two rollers يعملان في اتجاهين متعاكسين.

يمكن تقدير أقصى حجم يمكن عصره بوساطة أسطوانات التكسير من المعادلة 4-3:

$$C = k.v.D.L.s.\rho \qquad 4\text{-}3$$

حيث:

C = السعة، (طن/ساعة).

k = ثابت (لا بعدي) = 60 عند أخذ الوحدات والأبعاد الموضحة في هذه المعادلة.

v = سرعة الأسطوانات، (دورة في الدقيقة rpm).

D = قطر الأسطوانة، (م).

L = طول الأسطوانة، (م).

s = مسافة الفصل بين الأسطوانتين، (م).

ρ = كثافة المادة، (جم/سم^3).

مثال 4-1

جد سعة أسطوانة تكسير علماً بأن سرعة الأسطوانة 60 دورة في الدقيقة، وقطرها 20 سم، وطولها 0.4 متراً، وبأخذ كثافة المادة 2.4 جم/سم^3، والمسافة الفاصلة بين الأسطوانتين 5 ملم.

الحل

C = k.v.D.L.s.ρ = 60 x 60 rpm x 0.20 m x 0.4 m x 0.005 m x 2.4 (t/m^3) = 3.456 tones/hr.

برنامج 4-1:

```
Public Class Form1

    Private Sub Form1_Load(ByVal sender As System.Object,
        ByVal e As System.EventArgs) Handles MyBase.Load
        Label1.Text = "سرعة الأسطوانات في الدقيقة"
        Label2.Text = "قطر الأسطوانة-م"
        Label3.Text = "طول الأسطوانة-م"
        Label4.Text = "المسافة بين الأسطوانتين-م"
        Label5.Text = "كثافة المادة-جم/سم3"
        Label6.Text = "سعة الأسطوانة-طن/ساعة"
        Button1.Text = "احسب السعة"
        Me.Text = "مثال 4-1"
        Me.FormBorderStyle =
            Windows.Forms.FormBorderStyle.FixedSingle
    End Sub

    Private Sub Button1_Click(ByVal sender As
            System.Object, ByVal e As System.EventArgs)
            Handles Button1.Click
        Const k = 60
        Dim C, v, D, L, s, rho As Double

        v = Val(TextBox1.Text)
        D = Val(TextBox2.Text)
        L = Val(TextBox3.Text)
        s = Val(TextBox4.Text)
        rho = Val(TextBox5.Text)

        C = k * v * D * L * s * rho
        TextBox6.Text = FormatNumber(C, 3)
    End Sub
End Class
```

4 – 1 – 7 البرغلة (تخشين السطح) Granulation

لبعض المواد التي يُعاد استخدامها مثل الزجاج والبلاستيك فإن التكلفة العالية للطاقة وتكلفة الكسارة المطرقية hammermill لا تفي بها ومن ثم يحصل على التخفيض في الحجـم بصورة أفضل باستخدام كسارة الحصى granulator والتي تمثل القص بسرعة بطيئة لتقوم بالقص بدلاً عن التكسير، وتصبح كسارة الحصى كفؤة من المنظـور الاقتصـادي

عندما يمكن ترحيلها بالسفن لمسافات بعيدة نسبة لأن البلاستيك الحبيبي له كثافة أعلى كثيراً من الزجاج المضغوط.

4 – 1 – 8 فصل المواد

يعني بفصل المواد اختيار مكونات من خليط النُفاية والقمامة لاستعادتها، ويمكن أن يكون هذا الفصل من خليط ثنائي binary لفصل نتاج خطين مثل استخدام المغناطيس لجذب المواد الحديدية، أو متعدد polynary لفصل أكثر من خطين مثل غربال بمجموعة من الثقوب ذات الأحجام المختلفة للحصول على نواتج مختلفة.

<u>الفرازة (الفاصل) الثنائية Binary separators</u>

بافتراض فاصل ثنائي كما موضح بالشكل 4-2 يتكون خط خليط النُفاية الداخلة عليه من عنصرين x_i و y_i (كتلة/الزمن) يجب فصلهما من بعضهما البعض، والكتلة على الزمن الخارجة من خط الإنتاج الأول (أ) x_1 و y_1 فيما الخارج من الخط الثاني (ب) x_2 و y_2

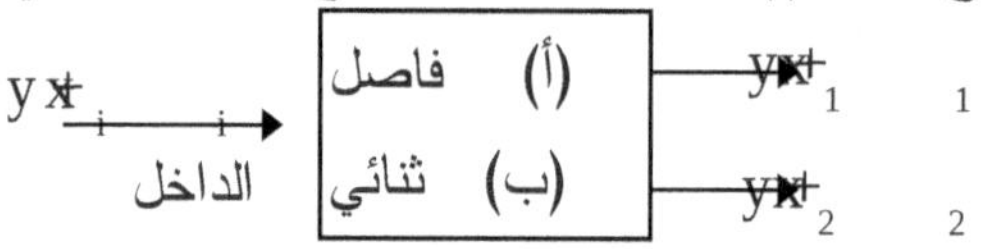

شكل 4 2الفاصل الثنائي

وإن كان للفاصل الثنائي كفاءة كاملة فإن العنصر x يخرج من الخط (أ)، والعنصر y يخرج من الخط (ب)، غير أنه في الحياة العملية لا يحدث هذا إنما تخرج أجزاء من العنصر الثاني مع العنصر الأول الذي ينبغي خروجه منفصلاً وحده من خط الفصل المعني. ومن ثم يمكن توضيحها في إطار الاستخلاص والاستعادة على النحو المبين في المعادلة 4-4:

$$R_{x_1} = \frac{x_1}{x_0} \times 100 \qquad\qquad 4\text{-}4$$

حيث:

R_{x_1} = استعادة العنصر x في خط الإنتاج الأول (أ) الخارج.

x_1 = العنصر الأول الخارج من خط الإنتاج الأول (أ).

x_0 = العنصر x الداخل إلى الفاصل الثنائي.

وللتأكد من أن الفاصل الثنائي يعمل بكفاءة لفصل العنصرين في خطين مختلفين يفضل تحديد درجة النقاء لكل عنصر كما موضح في المعادلة 4-5:

$$P_{x_1} = \left(\frac{x_1}{x_1 + x_2} \right) \times 100 \qquad\qquad 4\text{-}5$$

حيث:

P_{x_1} = درجة النقاء في خط الإنتاج الأول للعنصر x (كنسبة مئوية).

عادة يُحتاج إلى نسبة الاستخلاص والنقاء لوصف أداء الفاصل الثنائي. وفي بعض الأحيان من الأفضل عرض كفاءة الفصل في الفاصل الثنائي الداخل والخارج لخط الإنتاج في إطار درجات تركيز بدلاً عن معدل الكتلة (الكتلة/الزمن) كم مبين في المعادلة 4-6:

$$R_{x_1} = \frac{[x_1]([x_0] - [x_2])}{[x_0]([x_1] - [x_2])} \times 100 \qquad\qquad 4\text{-}6$$

حيث:

R_{x_1} = درجة تركيز الاستخلاص للعنصر x من فيض الخارج.

x_1 = درجة تركيز العنصر x في خط الإنتاج الخارج (%).

x_0 = درجة تركيز العنصر x في خط الإنتاج الداخل (%).

x_2 = درجة تركيز العنصر x في خط الإنتاج (ب) الخارج (%).

<u>الفواصل المتعددة Polynary separators</u>

يدخل إلى هذا النظام عدة عناصر في الخليط الداخل. يعمل الفاصل المتعدد على فصلها من بعضها البعض عبر مسارات متعددة كما موضح في الشكل 4-3.

116

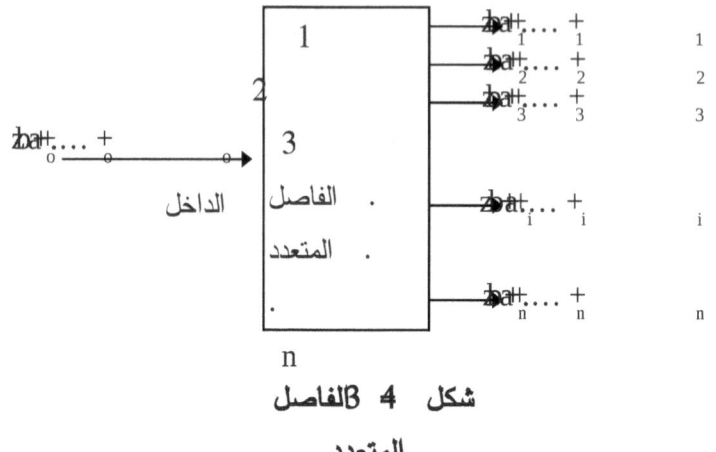

شكل 4 3الفاصل المتعدد

وبالنسبة لاستخلاص العنصر x في المسار الخارج الأول (1) يمكن إيجاده من المعادلـــة 4−7:

$$R_{x_1}=\frac{x_1}{x_0}\times 100 \qquad 4\text{-}7$$

حيث:

x_1 = درجة تركيز العنصر x_0 الذي وصل في الخارج من المسار الأول.

أما نقاء العنصر للمسار (1) فيمكن إيجاده من المعادلة 4−8:

$$P_{x_1}=\frac{x_1}{a_1+b_1+...+z_1}\times 100 \qquad 4\text{-}8$$

وبسبب صعوبة استخدام معيارين (الاستخلاص والنقاء) لمعرفة كفاءة الفصل وأداء جهاز الفصل فيمكن استخدام معيار الاستخلاص الكلي overall recovery حسب المعادلة 4-9:

$$R_{T_{x,y}}=\left[\frac{x_1+y_1}{x_0+y_0}\right]\times 100 \qquad 4\text{-}9$$

يفيد هذا المعيار في تصميم العمليات فقط، مثل حجم سيور النقل والتوصيل، وبما أن هذا المعيار لا يمثل كفاءة الفصل فلا ينبغي استخدامه في عمليات فصل المواد وفرزها. ومن

ثم يُنصح باستخدام كفاءة ريتيما {Rietema (11، 19} للفصل الثنائي للمدخلات x_o, y_o كما مبين في المعادلة 4-10:

$$E_{x,y} = 100\left|\frac{x_1}{x_0} - \frac{y_1}{y_0}\right| = 100\left|\frac{x_2}{x_0} - \frac{y_2}{y_0}\right| \qquad 4\text{-}10$$

كما يمكن استخدام معادلة فرل واستسل {11} Worrell and Stessel لمعرفة أداء الفاصل الثنائي حسب المعادلة 4-11:

$$E_{x,y} = \left|\frac{x_1}{x_0}\frac{y_2}{y_0}\right|^{1/2} \times 100 \qquad 4\text{-}11$$

مثال 4-2

فاصل ثنائي يعمل بمعدل تغذية 1 طن/ساعة، شُغِل بحيث أن الناتج في كل ساعة حوالي 700 كجم من المسار الأول (1) و 300 كجم من المسار رقم (2)، مقدار العنصر x من كتلة 700 كيلوجرام حوالي 650 كجم بينما 70 كجم من العنصر x تجد طريقها مع المنتج في المسار الثاني. جد الاستخلاص وكفاءة الفصل باستخدام معادلات مختلفة.

الحل

1. المعطيات: $x_1 = 650$ كجم، $x_o + y_o = 1000$ كجم (1 طن)، $x_2 = 70$ كجم. (انظر الشكل).
2. من المعطيات جد $x_o = x_1 + x_2 = 650 + 70 = 720$ كجم،
3. من ثم جد

y_o = القيمة الكلية − $x_o = 1000 – 720 = 280$ كجم.

من المسار (1) قيمة $y_1 = 700 - x_1 = 700 – 650 = 50$ كجم.

من المسار (2) قيمة $y_2 = 300 - x_2 = 300 – 70 = 230$ كجم.

4. جد الاستعادة والاستخلاص للعنصر x من المسار الأول من المعادلة 4-7

$$R_{x_1} = \frac{x_1}{x_0} \times 100 = \frac{650}{720} \times 100 = 90$$

5. جد نقاء الخارج من المسار من المعادلة 4-8:

$$P_{x_1} = \frac{x_1}{x_1 + y_1} \times 100 = \frac{150}{650 + 50} \times 100 = 21$$

6. باستخدام كفاءة ريتيما، المعادلة 4-10

$$E_{x,y} = 100 \left| \frac{x_1}{x_0} - \frac{y_1}{y_0} \right| = 100 \left| \frac{650}{720} - \frac{50}{280} \right| = 72$$

7. جد الكفاءة من معادلة فرل واستسل، المعادلة 4-11

$$E_{x,y} = \sqrt{\left| \frac{x_1}{x_0} - \frac{y_2}{y_0} \right|} \times 100 = \sqrt{\left| \frac{650}{720} - \frac{230}{280} \right|} \times 100 = 74$$

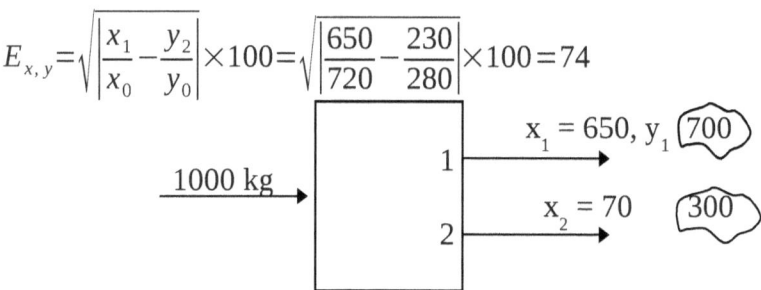

برنامج 4-2:

```
Public Class Form1

    Private Sub Form1_Load(ByVal sender As System.Object,
        ByVal e As System.EventArgs) Handles MyBase.Load
        Label1.Text = "ناتج المسار الأول"
        Label2.Text = "ناتج المسار الثاني"
        Label3.Text = "x1"
        Label4.Text = "x2"
        Label5.Text = "الاستخلاص"
        Label6.Text = "نقاء الخارج"
        Label7.Text = "كفاءة ريتيما"
        Label8.Text = "كفاءة فرل واستسل"
        Button1.Text = "احسب"
        Me.Text = "مثال 4-2"
        Me.FormBorderStyle =
            Windows.Forms.FormBorderStyle.FixedSingle
    End Sub

    Private Sub Button1_Click(ByVal sender As
        System.Object, ByVal e As System.EventArgs)
        Handles Button1.Click
        Dim x0, x1, x2 As Double
        Dim y0, y1, y2 As Double
        Dim total, sub1, sub2 As Double
```

```
        Dim Rx, Px, Exy1, Exy2 As Double

        sub1 = Val(TextBox1.Text)
        sub2 = Val(TextBox2.Text)
        x1 = Val(TextBox3.Text)
        x2 = Val(TextBox4.Text)

        x0 = x1 + x2
        total = sub1 + sub2
        y0 = total - x0
        y1 = sub1 - x1
        y2 = sub2 - x2

        Rx = (x1 / x0) * 100
        Px = (x1 / (x1 + y1)) * 100
        Exy1 = 100 * Math.Abs((x1 / x0) - (y1 / y0))
        Exy2 = Math.Sqrt(Math.Abs((x1 / x0) *
                   (y2 / y0))) * 100

        TextBox5.Text = FormatNumber(Rx, 1)
        TextBox6.Text = FormatNumber(Px, 1)
        TextBox7.Text = FormatNumber(Exy1, 1)
        TextBox8.Text = FormatNumber(Exy2, 1)
    End Sub
End Class
```

4 – 1 – 9 الالتقاط (القطف، الفرز اليدوي) Picking (hand sorting)

تُمثِل عملية الالتقاط بالفرز اليدوي دور متخلف لفصل المواد المستخلصة من القمامة بوساطة عمال النظافة scavengers من الطبقات الضعيفة في المجتمع إذ يقومون بالتقاط المواد التي يمكن أن تُباع مرة أخرى ويُستفاد منها لشرائح أخرى من المجتمع غير تلك التي تخلصت منها، أو لصناعات معينة لإعادة التصنيع في عملية الفرز الإيجابي (مثل الكرتون والصحف والمعادن ... الخ)، أو يعملون على فرز المواد الخطرة أو المؤثرة بطريقة سلبية على عمليات التصنيع في عمليات الفرز السلبي (مثل فرز المتفجرات ... الخ). وتتم عملية الفرز والتصنيف باستخدام خواص اللون، وانعكاس الضوء وانكساره، وتقدير الكثافة. وقد تطورت عمليات الفرز اليدوي لتمر القمامة في سير متحرك وتُفصل

منها المواد المرغوب فيها تحت نظم من النظافة، والرعاية الصحية، والصـــحة المهنيــة المتطورة للعاملين في الدول المتقدمة.

الفرز اليدوي الدقيق

4 – 1 – 10 الغربلة Screening (انظر شكل 4-4)

تُستخدم عملية الغربلة للفرز حسب الحجم، لتمر الحُبيبات عبر فتحات الغربال ما دامـــت أصغر من الفتحة في بُعدين للحُبيبة، وتُستخدم هذه الطريقة لفرز الزجاج وبعض المــواد العضوية بعد تقطيعها وكسرها لأجزاء صغيرة. وتُستخدم عدة أنواع من الغرابيل في فرز القمامة والنُفاية. ويمكن أن تُستخدم الغربلة قبل أو بعد عملية التفتيت وبعـــد التصــنيف الهوائي في كثير من المواقع التي تتعامل مع أجزاء المواد الخفيفة والثقيلة. عامة تُستخدم الغربلة في عمليات استخلاص المواد كمرحلة تسبق عمليـــة الفرز، ومـــن أكـــثر الآلات اســتخداماً غربـــال الشـــبكة trammel، والغربال الهزاز، وغربال الأقراص الدوارة.

من العوامل المؤثرة في اختيار جهاز الغربلة التالي:

1. مواصفات المواد المطلوب غربلتها لفصل مكوناتها.
2. مكان وضع الغربال.
3. خواص النُفاية المطلوب غربلتها (حجم الحُبيبات وشكلها وتوزيعها، والكثافة الظاهرية، والمحتوى الرطـوبي، وقابليـــة المـــواد للتجمـــع والالتصـــاق واللزوجة ...الخ).
4. خواص المصفاة (المواد المصنوعة منها، وأبعاد فتحـــات الغربـــال، وشـــكل الفتحات، ومساحة الغربال، والحركة الاهتزازية للغربال...).
5. كفاءة الفصل.

121

6. الخواص التشغيلية (احتياجات الطاقة، ومطلوبات الصيانة المتخصصة والدورية، وبساطة التشغيل، والاعتمادية والأداء، والصوت والضوضاء، وأجهزة التحكم في تلوث الهواء والماء).
7. خصائص الموقع (المساحة، والحجم، والدخول إليه، والمحددات البيئية).

4 – 1 – 11 فواصل الطفو والغطس Float/sink separators

تعتمد هذه الطريقة على سرعة النُفاية للطفو أو الترسيب، وتُستخدم في عمليات مختلفة لفصل النُفاية والقمامة تضم فصل المادة الثقيلة، والفصل بالخضخضة jigging، والطفو، والتصنيف الهوائي air classifiers. يساعد جهاز الخض على فصل المواد ذات الكثافة القليلة من تلك عالية الكثافة باستخدام الاختلاف في مقدرتها للتغلغل في مفرش معرض للاهتزاز. وفي عمليات التقسيم الهوائي تفصل المواد قليلة الكثافة (غالباً مواد عضوية) من تلك عالية الكثافة (غالباً مواد غير عضوية) باستخدام الهواء كمائع، حيث تُحجز المواد قليلة الكثافة في تيار الهواء للأعلى وتتحرك مع تيار الهواء بينما تتساقط المواد الثقيلة للأسفل لعدم تمكن الهواء من حملها.

4 – 1 – 12 الفصل المغناطيسي والكهرومغناطيسي

يُستخدم المغناطيس الدائم أو المغناطيس الكهربي لفرز المواد الحديدية من بقية النُفاية والقمامة. وتعتمد كفاءة هذه الطريقة على ارتفاع المغناطيس عن سير القمامة، ومقدار الفيض المغناطيسي، وحجم المغناطيس، وسرعة مرور القمامة تحت المغناطيس، وزمن جذب المواد، ومقدار المواد الحديدية بالقمامة.

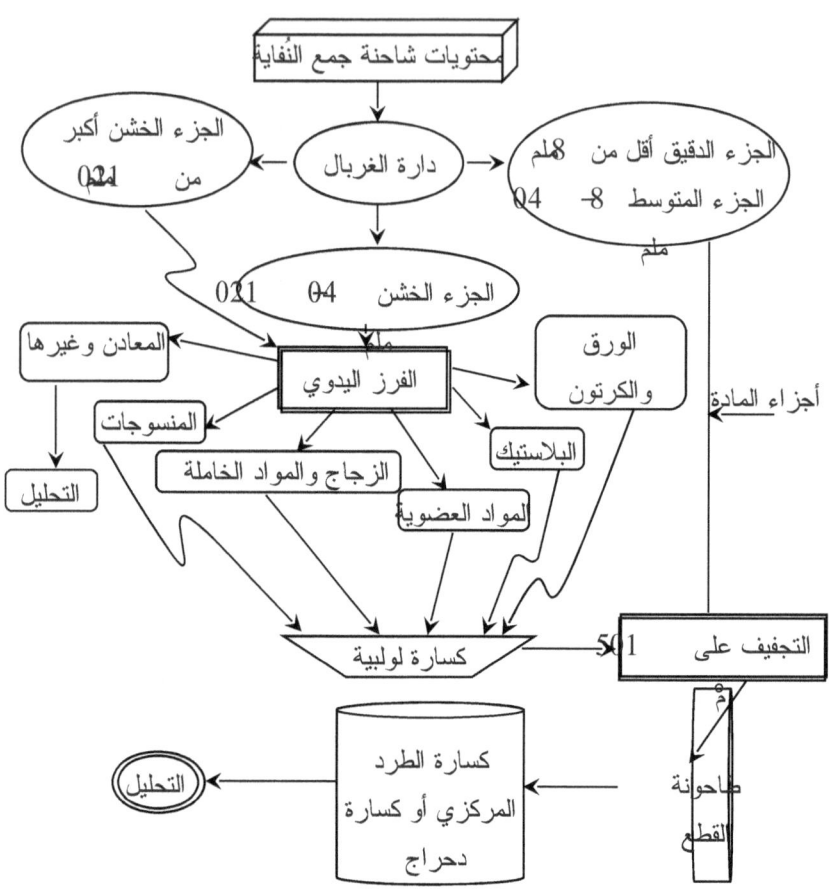

شكل 4-4 تحليل الغربلة والفصل للنُفاية المنزلية

{ 9 }

يمكن فصل المواد حسب خواصها الهوائية الديناميكية aerodynamic، ويسمح الفصل بفعل الجاذبية (بالراحة) بفرز الأجزاء حسب سرعة الحُبيبات، ومن ثم تُفصل المواد الثقيلة إلى أسفل (مثل الحديد والمعادن) من المواد الخفيفة (مثل للورق والبلاستيك، والمواد القابلة للتعفن) عند التقاء تيار الهواء لانسياب النُفاية داخل القناة، وبجمع المواد المنتشرة في الهواء بفضل الفرازة المخروطية.

توجد هناك أنماط مختلفة من طرق فصل المواد من القمامة والنُفاية، مثل الفصل بالتيار الدوامي (تيار فوكو) Eddy current، وعمليات الفرز الالكتروستاتيكي، والطاولات تحت الهواء المضغوط، والطاولات المائلة والمهتزة، والفرز الضوئي وفرازات الارتداد والالتصاق bounce and adherence وغيرها من النظم، والتي ربما يُحتاج إلى بعضها عند النظر في فصل عنصر معين، أو ربما يُحتاج إليها مجتمعة عند النظر في فصل عناصر متعددة ومختلفة، ومن ثم يُحتاج إلى أهل الخبرة والتخصص لتحديد القوالب المطلوبة، والعمليات الواجب اختيارها، والمفاضلة بينها لاختيار الأنسب لتعزيز الاستفادة من المواد وإعادة الاستخدام والتدوير.

الفرز الآلي

الفرز الميكانيكي الخشن

كيفما كان أسلوب إعادة التدوير وإعادة الاستخدام واستنباط الطاقة وكفاءة نظمه غير أنه دوماً تتبقى نُفاية وقمامة يجب التخلص منها في البيئة المتاحة للتخلص والتي تتمثل في المحيطات والمسطحات المائية الضخمة، أو في باطن الأرض إذ يصعب استخدام الهواء المحيط سيما وترجع النُفاية المتخلص منها فيه للأرض مرة أخرى، وقد أُجريت دراسات جدوى من قِبل المنظمات العالمية للدول الغنية لاستخدام الفضاء الخارجي للتخلص من النُفاية والقمامة والتي أوضحت عدم اقتصادية هذا المنحى. أما المسطحات المائية والمحيطات فقد مُنع استخدامها دولياً سيما وعملية التخلص لا تواكبها عملية معالجة مما

يجعلها مناطق خزن للنُفاية، وتتبقى مخلفات السفن التي تجد طريقها للمحيط بصورة غير قانونية.

هنالك عدة طرق تساعد في التخلص الكامل أو الجزئي من النُفاية والقمامة (انظر شكل 4 - 5) ومن هذه الطرق الدفن الصحي، والتسميد، والترميد.

4 – 2 الردم الصحي (الدفن الصحي أو الموجه) (المقلب والمكب الصحي) Sanitary Landfill: (انظر شكل 4-6 وشكل 4-7، وشكل 4-8 وجدول 4-1)

لابد من التخلص من النُفاية والقمامة بأرخص السبل دون أي مخاطر صحية أو أخرى ضارة صحياً. وفي هذا المنحى تفيد نظم الردم الصحي في منظومة هندسية للتخلص من النُفاية والقمامة والمخلفات الخطرة بصورة تحمي البيئة. ففي هذه الطريقة تُدفن النُفلية بوضعها على طبقات سمكها قد يصل إلي 50 سم على أرض مناسبة. وبعدها تُضغط مثلاً بتمرير الآليات فوقها. يتكون كل ارتفاع من مجموعة سمك كلٍ منها نصف متر من الطبقات توضع فوقها طبقة حامية سمكها 15سم تغطيها تماماً لتُمثل خلية سمكها يتراوح بين 2 إلى 3 أمتار. ومن اسم الطريقة فإن معيار الصحة (أو التوجيه) يعني أن الدفن غير ذي رائحة، وأن الماء المستخلص من النُفاية المدفونة غير قابل لتلويث المياه السطحية (من الأنهار أو البحيرات أو البرك وغيرها) أو المياه الجوفية.

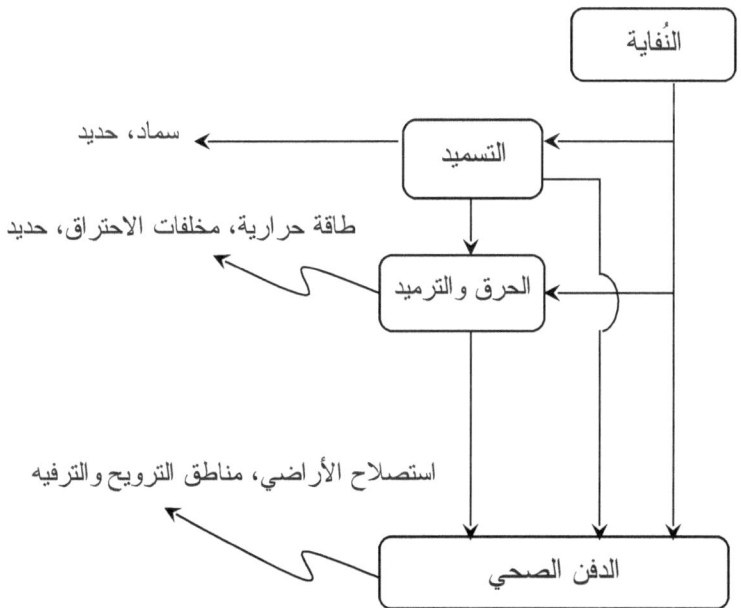

شكل (4-3) رسم تخطيطي لطرق التخلص من المواد الصلبة {8}

بُنية المدفن متنوعة بسبب طبيعة النُفاية غير المتجانسة وللخواص التشغيلية للمدفن. أما الطبيعة غير المتجانسة لبنية المدفن فتتأثر بالعوامل البيئية مثل درجة الحرارة، والرقم الهيدروجيني، ووجود مواد سامة، والمحتوى الرطوبي، ومقدرات الأكسدة والاختزال في البيئة الغنية بالمواد العضوية. وتسود في البيئة مجموعة من الأحياء المجهرية المؤثرة في عمليات الهضم مثل البكتريا الحالّة للنشويات، والحالّة للبروتين، والحالّة للسيليلوز، والنصف الحالّة للسيليلوز، ومكونات الميثان، وبكتريا الأسيتون نَشَوِيّ، والمختزلة للكبريت، (Amylolytic, Proteolytic, Cellulolytic, Hemicellulolytic, Methanogenic, Acetoclastic and Sulfate-reducing) تعمل في مراحل الهضم المختلفة بالمدفن والتي يمكن اختصارها في التالي:

1. المرحلة التوفيقية الأولى: تتعلق هذه المرحلة بموضع النُفاية والقمامة في المدفن ليتراكم المحتوى الرطوبي وتدعم مستوطنات الأحياء المجهرية وتبدأ تهيئة البيئة المناسبة للتفتت الحيوي الكيميائي.

2. المرحلة الانتقالية: يبدأ فيها تحويل البيئة من هوائية إلى غير هوائية حيث تقل معدلات الأكسجين الحبيس في طبقات المدفن واستبداله بثاني أكسيد الكربون لترتفع قيم مطلوب الأكسجين الكيميائي COD والأحماض العضوية الطيارة في سائل المدفن.
3. مرحلة تكوين الأحماض: الهدرجة المستمرة للنُفاية والتفتت الحيوي للمواد العضوية يكون الأحماض العضوية الطيارة بدرجات تركيز عالية خلال هذه المرحلة مما يصحبه تدني في الرقم الهيدروجيني عبر نشاط مكونات الأحماض acidogenic bacteria واستهلاك أكبر للمواد الغذائية.
4. مرحلة هضم الميثان: حيث تُستهلك الأحماض الوسيطة بمكونات الميثان acidogenic bacteria لإنتاج غاز الميثان وثاني أكسيد الكربون. وتُختزل الكبريتات للكبريتيد والنترات إلى الأمونيا مما يزيد من الرقم الهيدروجيني حيث يُتحكم فيه عبر نظام مخمُّد البيكربونات bicarbonate buffering system مما يُنشط نمو بكتريا الميثان. وتُزال المعادن الثقيلة من الراشح الملوث من المدفن (عصارة سائل المدفن leachate) بالترويب والترسيب.
5. مرحلة التبطح: تصبح المواد الغذائية عوامل محدة للنمو والنشاط الحيوي. وتتدنى معدلات إنتاج الغاز وُستفز درجات الراشح الملوث من المدفن وتعاود أصناف الكائنات المواد المؤكسدة بروزها بالزيادة البطيئة للأكسجين. غير أن التحلل البطيء للمواد العضوية (المقاومة له) يستمر مع إنتاج مواد مماثلة إلى مركبات الدبال لتعمل على استقرار المدفن تدريجياً.

يمكن تقدير الكمية الكلية للمياه الراشحة والملوثة المنتجة (عصارة سائل المدفن) باستخدام بيانات افتراضية تجريبية أو عبر نظم الموازنة المائية لموازنة الكتل بين عناصر: التساقط، والبخر، والجريان السطحي، وخزن الرطوبة. ومن ثم تأتي معدلات إنتاج السائل بالعوامل المناخية ومتغيرات الطقس. تستخدم الموازنة المائية البيانات المحددة للموقع لتحديد أحجام المياه كما مبين في شكل 4 -6.

قبيل إغلاق المدفن الصحي بغطاء غير نفاذي . يمكن تمثيل الموازنة المائية على النحو التالي:

- جزء من مياه التساقط تنفذ من خلال غطاء تربة المدفن الصحي اعتماداً على خواص الجريان السطحي، ونوع التربة وحالتها.
- جزء من مياه التساقط تعود إلى الغلاف الجوي بالنتح من النباتات.
- تقوم النباتات (إن وجدت) باستخلاص الماء من التربة ونتحه إلى الغلاف الجوي مما يعمل على جفاف التربة لأقل من السعة الحقلية[6].
- لكلٍ من طبقات خليط التربة والنُفاية المضغوطة في المدفن الصحي سعة حقلية لحفظ الرطوبة. تجاوز هذه السعة الحقلية للخليط يدفع بسائل المدفن الصحي للطبقة التي تقع أسفل هذه الطبقة، وتستمر هذه الحلقة إلى أن يصل سائل المدفن الصحي إلى نظام جمعه أسفل المدفن الصحي.

جدول 4-1 أنواع المدفن الصحي {24، 27، 28}

	المعايير الهندسية	إدارة عصارة سائل المدفن	إدارة غاز المدفن	معايير التشغيل
المدفن شبه المتحكم فيه semi-controlled dump	لا توجد	نفث الملوثات غير محدد	لا يوجد	وضع قليل وبعض من النُفاية الساكنة still للزبالين
مدفن متحكم فيه controlled dump	لا توجد	نفث الملوثات غير محدد	لا يوجد	التسجيل والوضع، دمك النُفاية
مدفن صحي هندسي engineered landfill	توضع البُنى التحتية وطبقة التغطية في مواضعها	الاحتواء ومعالجة عصارة سائل المدفن لمستوى معين	تهوية سالبة أو محتدمة flaring	التسجيل والوضع، دمك النُفاية، استخدام تربة للتغطية يومياً

6 السعة الحقلية هي أكبر كمية رطوبة يمكن أن تحفظها التربة والنُفاية دون تسرب مستمر لأسفل بفعل الجاذبية الأرضية (الراحة).

مدفن صحي sanitary landfill	موقع مناسب، البنى التحتية، بطانة في موقعها، ومعالجة عصارة سائل المدفن في موضعها	الاحتواء ومعالجة عصارة سائل المدفن (معالجة حيوية، وفيزيائية، وكيميائية)	محتدمة	التسجيل والوضع، دمك النُفاية، استخدام تربة للتغطية يومياً، أخذ الاحتياطات لطبقة التغطية النهائية
مدفن صحي مع غطاء فوقي مانع للتسرب Top seal sanitary landfill	موقع مناسب، البنى تحتية، بطانة ومعالجة عصارة سائل المدفن في موقعها، بطانة وتغطية فوقية مانعة للتسرب	قبر النُفاية لحفظها جافة ما أمكن Entombment (dry tomb)	محتدمة	التسجيل والوضع، دمك النُفاية، استخدام تربة للتغطية يومياً
الحجز الموجه لإطلاق المدفن controlled contained release landfill	موقع مناسب، البنى التحتية، بطانة ذات نفاذية قليلة في الموقع، التغطية الفوقية النهائية ذات نفاذية قليلة	التحكم في إطلاق عصارة سائل المدفن في البيئة، مبنية على التقويم والاختيار الممتاز للموقع	محتدمة أو تهوية سالبة عبر الطبقة الفوقية	التسجيل والوضع، دمك النُفاية، ، استخدام تربة للتغطية يومياً، الاحتياطيات لطبقة التغطية النهائية

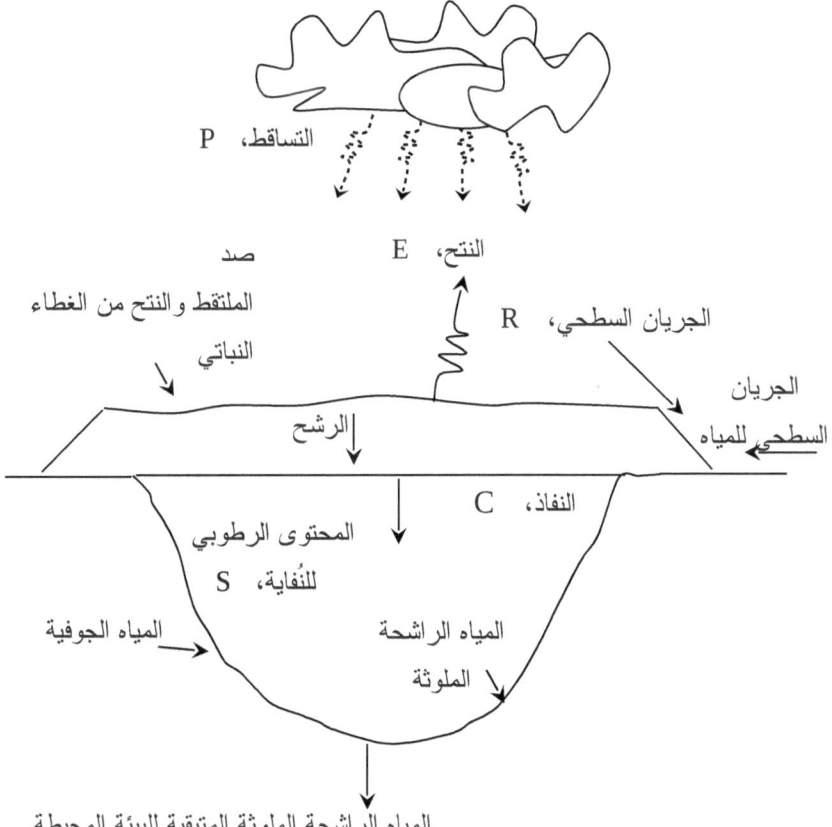

شكل 4 6رسم تخطيطي لمركبات موازنة المياه داخل المدفن الصحي، { }11

منظومة موازنة الماء في المدفن الصحي تسهل تقدير كمية إنتاج المياه الراشحة كما مبين في المعادلة 4−12:

$$C = P(1 - r) - S - E \qquad 4 - 12$$

حيث:

C = الكمية الكلية للنفاذ داخل الطبقة العليا للتربة (ملم/سنة).

P = التساقط (ملم/سنة).

r = معامل الجريان السطحي (يمكن تقديره لأنواع مختلفة من التربة كمـــا مـبين علــى الجدول 4 – 2.

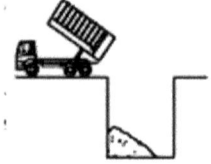

S = المخزون داخل التربة أو النُفاية (ملم/سنة).

E = النتح (ملم/سنة).

مثال 4-3

جد نفاذ المياه عبر مدفن صحي بافتراض مقدار التساقط 1000 ملم في العام، والنتح 550 ملم/سنة . بافتراض معامل جريان سطحي 0.12.

الحل

استخدم معادلة الكمية الكلية للماء النافذ داخل الطبقة العليا لتربة المدفن الصحي.

$$C = P(1 - r) - S - E$$

بافتراض أن التربة على السعة الحقلية لها:

$$C = 1000(1 - 0.12) - 0 - 550 = 330 \text{ mm/yr}.$$

برنامج 4-3:

```
Public Class Form1

    Private Sub Form1_Load(ByVal sender As System.Object,
    ByVal e As System.EventArgs) Handles MyBase.Load
        Label1.Text = "التساقط- ملم/سنة"
        Label2.Text = "معامل الجريان السطحي"
        Label3.Text = "مخزون التربة- ملم/سنة"
        Label4.Text = "النتح- ملم/سنة"
        Label5.Text = "نفاذ المياه"
        Button1.Text = "احسب النفاذ"
        Me.Text = "مثال 4-3"
        Me.FormBorderStyle =
            Windows.Forms.FormBorderStyle.FixedSingle
    End Sub

    Private Sub Button1_Click(ByVal sender As
      System.Object, ByVal e As System.EventArgs)
      Handles Button1.Click
        Dim C, P, r, S, Ee As Double
```

```
        P = Val(TextBox1.Text)
        r = Val(TextBox2.Text)
        S = Val(TextBox3.Text)
        Ee = Val(TextBox4.Text)

        C = (P * (1 - r)) - S - Ee
        TextBox5.Text = FormatNumber(C, 2)
    End Sub
End Class
```

تجري داخل المدفن الصحي عدة عمليات فيزيائية كيميائية وحيوية معقدة تعمل على تفتيت النُفاية والقمامة وتحويلها. وعندما ترشح المياه داخل المدفن الصحي تنساب الملوثات من النُفاية والقمامة للمواد الذائبة، والمواد العضوية المتفتتة الذائبة، والمواد الذائبة الناتجة من التفاعلات الكيميائية والجوامد الدقيقة والغروانية {20} مما يعمل على تغير خواص سائل المدفن اعتماداً على نوع النُفاية والقمامة ومكوناتها، ومعدلات التســاقط، وهيدرولوجيــة الموقع، ودرجة الدمك، وغطاء التربة أعلى سطح المدفن الصحي، وعمر النُفاية والقمامة، والعوامل البيئية المحيطة، وتصميم المدفن وتشغيله، وطرق أخذ العينة وموقعهــا وزمــن جمعها، والعوامل المناخية.

هذه المركبات العضوية وغير العضوية عادة من مكونــــات الغــازولين والمحروقــات الزيتية (الهيدروكربونات الأروماتية مثل البنزين والزايليــن والتــولين)، والمركبــــات الفيونولية، والمذيبات المكلورة، والمبيدات، والرصاص والكادميوم (من المراكم) والمواد البلاستيكية، والتغليف، والأجهزة الالكترونية ومصابيح الإنارة. الشيء الذي يجعل مــن سائل المدفن وعصارته مصدر خطر وتلوث على المياه الجوفية والســطحية إن وجــد طريقه إليها. هذه الخواص لسائل المدفن تعقد كثيراً من أطر معالجته وتحسين نوعيته.

في داخل المدفن تحدث عمليات حيوية وكيميائية وطبيعية (فيزيائية) تُساعد فــي التفتــت الحيوي للنُفاية وتنتج مياه راشحة ملوثة من قاعدة المــدفن ((عصــارة ســائل المــدفن)، وغازات. ومن الموجهات العالمية تعزيز ردم النُفاية القابلة للتفتت الحيوي بحيث يصــبح

132

المدفن عبارة عن مفاعل حيوي للتحكم الجيد، وتشجيع العملية، وتحسين البيئة، ومراقبـــة موازنة الفضلات.

جدول 4-2 معامل الجريان السطحي لتربة مغطاة بحشائش {11، 21}

السطح	معامل الجريان السطحي
تربة رملية مسطحة أو على ميلان 2 في المائة	0.10 – 0.05
تربة رملية بميل 2 إلى 7 في المائة	0.15 – 0.01
تربة رملية بميل أكثر من 7 في المائة	0.20 – 0.15
تربة ثقيلة مسطحة أو على ميلان 2 في المائة	0.17 – 0.13
تربة ثقيلة بميل 2 إلى 7 في المائة	0.22 – 0.18
تربة ثقيلة بميل أكثر من 7 في المائة	0.35 – 0.25

شكل 4 7 طريقة الدفن الصحي أو الموجه

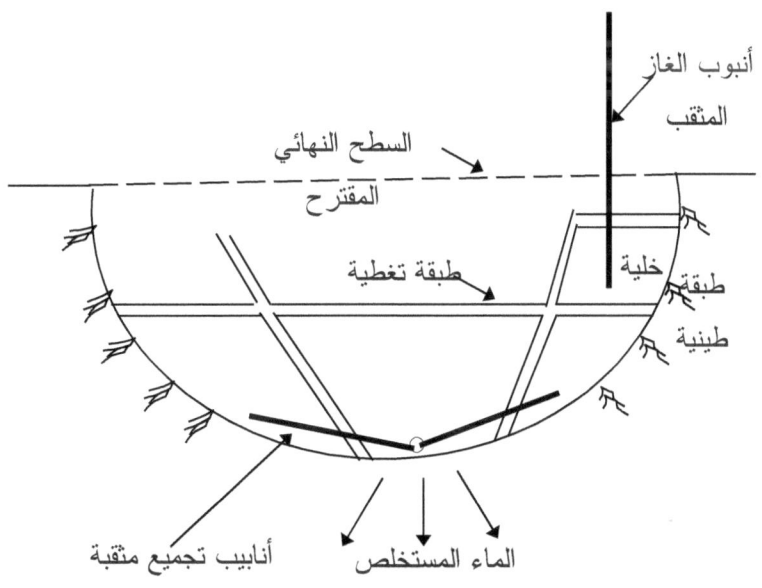

شكل 4 8مكونات الدفن الصحي

إنتاج الغاز في المدفن الصحي

يعتمد إنتاج الغاز في المدفن الصحي على تعداد السكان، ومعدل إنتاج النُفاية للفرد، وتكوين النُفاية، والمحتوى الرطوبي، ونسبة الردم والدفن الممارس بالموقع، ومعدل إنتاج الغاز من التفتيت الحيوي للمواد العضوية. نظرياً فإن التفتت الحيوي لطن واحد من النُفاية والقمامة البلدية ينتج حوالي 442 متراً مكعباً من غاز المدفن الذي يحوي حوالي 55 بالمائة ميثان بقيمة حرارية تصل إلى 20 ميغا جول على المتر المكعب {11}. وبما أن جزء من النُفاية والقمامة يتحول إلى ميثان بسبب محددات المحتوى الرطوبي، والنُفاية المنيعة (مثل الزكائب البلاستيكية)، والأجزاء غير القابلة للتفتت الحيوي فإن المتوسط الفعلي لإنتاج غاز الميثان يقارب 100 متراً مكعباً للطن الواحد من النُفاية والقمامة البلدية. ويتغير الإنتاج طبقاً لطرق إدارة المدفن الصحي والظروف البيئية، وتبين المعادلة 4-12 {18} أحد الأنمذجة لتقدير انبثاق غاز الميثان من المدفن الصحي {20}:

$$Q_T = \sum_{i=1}^{n} 2kL_o M_i e^{-kt_i} \qquad 4\text{-}12$$

حيث:

Q_T = الكمية الكلية لمعدل الغاز المنبثق من المدفن الصحي (حجم/الزمن)

n = الفترات الزمنية الكلية لوضع القمامة.

k = ثابت نفث غاز المدفن الصحي (زمن−1).

L_o = المقدرة الإنتاجية لغاز الميثان (حجم/كتلة قمامة).

t_i = عمر المقطع رقم i من القمامة (زمن).

M_i = كتلة القمامة الرطبة الموضوعة في الزمن i.

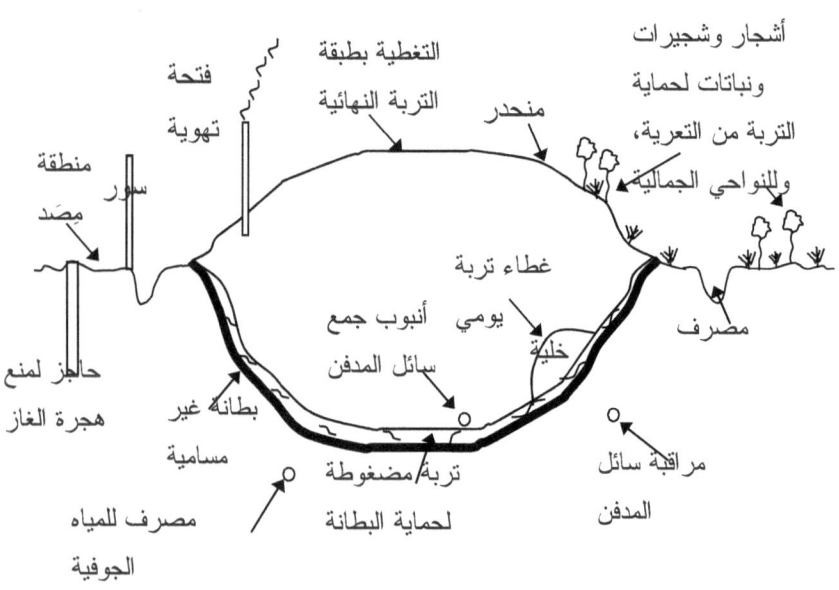

شكل 4-9 مقطع عبر المدفن الصحي

لقد نشرت وكالة حماية البيئة الأمريكيـــة نموذجا يسمى انبعلثـــات غــاز مقــالب ومكبـــات القملمـــة (Landfill Gas Emissions Model, LandGEM) يمكـــن تنزيلـــه مـــن الموقـــع http://www.epa.gov/ttn/catc/pr oducts.html#software.

وتبين الخطوات التالية ملخص لكيفية استخدام الانموذج:

- تستخدم المعطيات لكل مسألة لقيم: Mi بالطن على السنة و k على السنة و Lo بالمتر المكعب على السنة و ti لعدد السنوات.
- استنسخ نسخة عمل من ملف الأنموذج landGEM-v3.02.xls file
- شغل الملف لصفحة البداية landGEM-v302.xls
- اختر"Enable content" للحصول على نسخة عملية. ثم اختر المواصلة.
- اختر صفحة sheet 2 "user inputs" وادخل بياناتك وقيمك.
  o ادخل مواصفات المردم والطمر لسنة التشغيل وسنة الاغلاق.
  o اختر عوامل الانموذج لمعدل انتاج الميثان (اخـــتر user-specified وادخل القيمة)، والطاقة المحتملة لتوليد غاز الميثان.
  o ادخل معدل قبول النفاية بالطن.
- اختر صفحة 3 للملوثات pollutants ان وجدت.
- اختر صفحة 4 Input review لتقويم البيانات الخاصة بك.
- اختر صفحة 5 لمراجعة نتائج الميثان.
- اختر صفحة 6 لنتائج الحسابات والتقدير.
- اختر صفحة 7 للرسوم البيانية للنتائج.
- اختر صفحة 8 للحصر Inventory
- اختر صفحة 9 لعرض تقرير الاتموذج.
- قم بحفظ الملف.

136

مثال 4-4

مدفن صحي مفتوح لمدة أربع سنوات ويستقبل حوالي 90000 طـــن (1طـــن = 1000 كجم) من القمامة في السنة. جد الإنتاج الأقصى لغاز الميثان المنبثق من المدفن علماً بـأن ثابت النفث يساوي 0.03 على السنة، ومقدرة إنتاج غاز الميثان تعادل 140 متراً مكعبـــاً على الطن.

الحل

1-   المعطيات: M_i = 90000 طن، k = 0.03/سنة، L_o = 140 م^3/طن.

2-   جد المعدل الكلي لنفث الغاز من المدفن الصحي للسنة الأولى من المعادلة:

$$Q_T = \sum_{i=1}^{n} 2\,k\,L_o\,M_i\,e^{-kt_i}$$

Q_T = 2(0.03 yr^{-1})(140 m^3/t)(90000 t)e$^{-0.03(1)}$= 733657 m^3

تنتج النُفاية غاز أقل للسنة الثانية، غير أن الطبقة الثانية تنتج المزيد من الغاز مما يزيد من الكمية المنتجة من الغاز خلال السنتين وهكذا، ومن ثم يصبح الإنتــاج النهـــائي للأربـــع سنوات 4632000 م^3 .

برنامج 4-4:

```
Public Class Form1

    Private Sub Form1_Load(ByVal sender As System.Object,
     ByVal e As System.EventArgs) Handles MyBase.Load
        Label1.Text = "القمامة السنوية-طن"
        Label2.Text = "ثابت النفث-على السنة"
        Label3.Text = "إنتاج الميثان-م3/طن"
        Label4.Text = "المعدل الكلي لنفث الغاز-م3"
        Button1.Text = "احسب المعدل"
        Me.Text = "مثال 4-4"
        Me.FormBorderStyle =
            Windows.Forms.FormBorderStyle.FixedSingle
    End Sub

    Private Sub Button1_Click(ByVal sender As
     System.Object, ByVal e As System.EventArgs)
```

```
    Handles Button1.Click
      Dim Mi, k, Lo, t, Qt As Double
      Mi = Val(TextBox1.Text)
      k = Val(TextBox2.Text)
      Lo = Val(TextBox3.Text)
      t = 1

      Qt = 2 * k * Lo * Mi *
                 (Math.Pow(Math.E, -(k * t)))
      TextBox4.Text = FormatNumber(Qt, 0)
  End Sub
End Class
```

إن الغاز المنتج من التفتت اللاهوائي للمواد العضوية يتكون من غاز الميثان وثاني أكسيد الكربون وماء وكميات قليلة من مكونات مختلفة مثل الأمونيا، والكبريتيد، ومركبات الكربون العضوي المتطاير غير الميثان. ويُشكل الغاز المنتج مخاطر بيئية لا سيما والميثان من غازات الاحتباس الحراري. وكثير من مركبات الكربون العضوي المتطايرة سامة أو لها روائح كريهة. غير أن محتوى الطاقة للغاز عالية جداً مما يشجع على تجميعه وحرقه للطاقة أو البخار أو إنتاج الحرارة وذلك بعد تفتيته للاستخدام المفيد له. ومن الاستخدامات الشائعة للغاز إنتاج الطاقة عبر خلايا المحروقات ، ومحروقات السيارة المسالة أو الغاز المسال الطبيعي، وإنتاج الميثانول.

يُوجه سائل المدفن الصحي لنقاط أدنى قاعدته عبر استخدام طبقة تصريف كفؤة من الرمل والحصباء أو مادة جيولوجية مصنعة، وتوضع أنابيب بها ثقوب على نقاط منخفضة لتجميعه وتقوم بتحريكه بالانسياب الذاتي أو بالضخ من المدفن الصحي.

ويبين الجدول 4-3 خطوط عريضة لتصميم وحدات نظام جمع سائل المدفن الصحي.

جدول 4-3 خطوط توجيهية لتصميم نظام تصريف سائل المدفن الصحي {11}

المتوسط	المدى	المنشط
8	7 إلى 12	معدل تحميل السائل، (م^3/يوم/هكتار)
28	22 إلى 30	أقصى سمت للسائل، (سم)
55	18 إلى 120	المسافة بين الأنابيب، (م)
20	15 إلى 20	قطر أنبوب الجمع، (سم)
HDPE	HDPE أو PVC	مادة أنبوب الجمع،
1	0.5 إلى 2	ميل الأنبوب، (%)
1	0.2 إلى 2	ميل التصريف، (%)

يُحفظ سائل المدفن الصحي المنبثق من الخلايا بالموقع في خزانــات وأحــواض لحيــن معالجته، أو إعادة دورانه، أو نقله خارج الموقع للتخلص النهائي والمعالجة. يبين جــدول 4-4 تقدير مكونات سائل المدفن وعصارته. ويفيد حفظ السائل أيضاً في موازنة كميــات الانسياب والنوعية المتعلقة به لحماية وحدات المعالجة أدنى اتجاه الدفق.

يمكن استخدام قانون دارسي مع قانون الاستمرارية لتطوير معادلة تفيد للتكهن بعمق سائل المدفن الصحي في البطانة اعتماداً على معدلات الترشيح، ونفانيــة مــواد التصــريف، والمسافة من أنبوب التصريف، وميل نظام التصريف. ويمكن استخدام المعادلـــة 4-13 لمعرفة عمق سائل المدفن في البطانة {11}:

البلاستيك

جدول 4-4 مثال لمكونات عصارة سائل المدفن الصحي لنُفاية بلدية وقمامتها {4، 9، 14، 22، 23}

المنشط	مرحلة الحمض 6 شهور إلى 2 سنة	مرحلة الميثان (عقد، عشر سنوات)
الرقم الهيدروجيني	6.5 – 4.5	9 – 7.5
حاجة الأكسجين الكيميائي COD (ملجم/ لتر)	30000 – 20000	2000 – 1500
مطلوب الأكسجين BOD_5 (ملجم/ لتر)	25000 – 10000	1000 – 500
الحديد Fe (ملجم/ لتر)	20 – 5	أقل من 5
الخارصين Zn (ملجم/ لتر)	5 – 1	1 – 0.03
الكادميوم Cd (ميكرو جرام/ لتر)	إلى 30	6
الأمونيا (ملجم/ لتر)	1500 – 900	1500 – 900
الكلوريد (ملجم/ لتر)	3000 – 1200	3000 – 1200
المنجنيز	164 - 0.3	45 - 0.03

$$Y_{max}=\frac{P}{2}\left[\frac{q}{k}\right]\left[\frac{k.\tan^2\alpha}{q}+1-\frac{k.\tan\alpha}{q}\left[\tan^2\alpha+\frac{q}{k}\right]^{1/2}\right] \qquad 4\text{-}13$$

حيث:

Y_{max} = أقصى سمت مشبع فوق البطانة (قدم).

P = المسافة بين أنابيب التصريف (قدم).

q = الانسياب الرأسي (الترشيح) من عواصف 25 سنة و 24 ساعة (قدم/يوم).

k = الموصلية الهيدروليكية لطبقة التصريف (قدم/يوم).

α = ميل البطانة مع الأفقي (درجة).

مثال 4-5

جد أقصى عمق تصميمي أعلى البطانة علماً بأن المسافة بين أنابيب جمع سائل المدفن 15 متراً. باستخدام مادة تصريف خشنة وبافتراض أن مياه الأمطار من 25 سنة والعاصفة الداخلة لنظام تصريف سائل المدفن لمدة 24 ساعة، العاصفة التصميمية (الدفق الرأسي) = 0.0003 سم/ث، والموصلية الهيدروليكية 0.01 سم/ث، وميل التصريف 2 بالمائة.

الحل

المعطيات: P = 1500 سم، q = 0.0003 سم/ث، k = 0.01 سم/ث، tan α = 2 ÷ 100 = 0.02.

$$Y_{max} = \frac{1500}{2}\left[\frac{0.0003}{0.01}\right]\left[\frac{0.01\left[0.02^2\right]}{0.0003} + 1 - \frac{0.01(0.02)}{0.0003}\left[0.02^2 + \frac{0.0003}{0.01}\right]^{1/2}\right]$$

$$= 20.2 \text{ cm}$$

أو يمكن استخدام الموقع الالكتروني للحل الرياضي الأمثل والمتقن website: www.wolframalpha

برنامج 4-5:

```
Public Class Form1

    Private Sub Form1_Load(ByVal sender As System.Object,
       ByVal e As System.EventArgs) Handles MyBase.Load
         Label1.Text = "المسافة بين الأنابيب-م"
         Label2.Text = "العاصفة التصميمية-سم/ث"
         Label3.Text = "الموصلية الهيدروليكية-سم/ث"
         Label4.Text = "ميل التصريف-بالمائة"
         Label5.Text = "أقصى عمق تصميمي-سم"
         Button1.Text = "احسب العمق"
         Me.Text = "مثال 4-5"
         Me.FormBorderStyle =
             Windows.Forms.FormBorderStyle.FixedSingle
```

```
        End Sub

    Private Sub Button1_Click(ByVal sender As
        System.Object, ByVal e As System.EventArgs)
        Handles Button1.Click
            Dim P, q, k, tan, Ymax As Double

            P = Val(TextBox1.Text) * 100
            q = Val(TextBox2.Text)
            k = Val(TextBox3.Text)
            tan = Val(TextBox4.Text) / 100

            Ymax = (P / 2) * (q / k) * (((k * (tan ^ 2)) / q)
+ 1 - ((k * tan / q) * ((tan ^ 2) + Math.Sqrt(q / k))))
            TextBox5.Text = FormatNumber(Ymax, 2)
        End Sub
End Class
```

عند التخطيط لاستخدام هذه الطريقة ينبغي أخذ فترة تصميم لا تقل عــــن عشــــر ســـنوات للتخطيط قصير الأجل، وثلاثين سنة للتخطيط المناسب والذي يأخذ في الحسبان توقعــــات إنتاج النُفاية والقمامة وتكنولوجيا التخلص النهائي. ومن الخطوات الأولى تحديد احتياجات موقع المدفن الصحي من حيث السعة لفترة التصميم المقترحة، وأنماط معالجــــة الســـائل المستخلص من المدفن (عصارة سائل المدفن)، وإدارة الغاز، وطريقة التعامل مع المــــواد القابلة للتدوير وإعادة الاستخدام.

تتحكم عدة عوامل في تشغيل واستمرارية طريقة الدفن الصحي في أي موقع، منها علـــى سبيل المثال:-

1) اختيار الموقع: ينبغي أن يوفر الموقع السعة الكافية للمدفن للعمر التصميمي، ولــدعم العمليات المصاحبة لإدارة النُفاية والقمامة. وينبغي تقدير احتياجات المجتمع للتخلص من النُفاية لا سيما وأن المدفن الصغير يقصّر عمره الخدمي، ولا يحقق فوائد للتكاليف التي صُرفت على إنشائه وتشييده، كما وأن الموقع الذي يتعدى الاحتياجــــات الفعليـــة للمجتمع يبدد المال والموارد التي يمكن الاستفادة منها في خدمات مجتمعية أخرى.

142

عندما يُختار الموقع الجغرافي للمدفن الصحي ينبغي أخذ بعض العوامل المهمة في الحسبان مثل:

- عدم وضع المدفن الصحي في منطقة زلازل نشطة.
- الابتعاد به عن مواقع المطارات.
- أخذ المحددات المجتمعية في الاعتبار مثل وجوب إبعاده عن المدارس والمؤسسات التعليمية، والمحميات الطبيعية، والمناطق المأهولة بالسكان، وتقليل قيمة الأرض عند وضع المدفن الصحي بالقرب منها.
- الابتعاد بالموقع عن مناطق السيل والفيضانات والمساحات غير الجلفة والأراضي الرطبة.
- عدم التعدي على مواطن الكائنات التي تعيش بالمنطقة المختارة.
- عدم اختيار المناطق المقدسة والأثرية.
- عدم اختيار المواقع التي تساعد على زيادة المخزون الجوفي من مائها المستخلص.
- عدم اختيار الموقع ذي التربة غير المناسبة مثل التربة المتشققة بسبب وجود الحُثّ peat pogs بها (نسيج نباتي نصف متفحم يتكون بتحلل النباتات جزئياً في الماء وغيرها).

2) طبغرافية وجيولوجيا المنطقة: من الصفات الواجبة والأساسية التي ينبغي الإيفاء بها في هذا المنحى:-

- وجود كمية كبيرة من المواد المستخدمة لطبقة التغطية.
- وجود أساس صخري غير نفاذ لتجافي تلوث المياه.
- الأساس الصخري يجب ألا يكون سهل التفتيت كيميائياً لتلافي مشاكل صرف عصارة سائل المدفن.
- لا بد من وضع بطانة عازلة أسفل المدفن لمنع تحرك سائل المدفن منه ولتسهيل انسيابه. عادة تتكون البطانة من طبقات من مواد طبيعية أو أغشية مختارة لقلة نفاذيتها من مواد طينية أو بنتونيت مع رمل، أو أغشية مثل البوليثيلين PE، أو كلوريد البوليفينيل PV أو غيرها من المواد المبلمرة.

يمكن تصميم المدفن بطبقة عازلة واحدة أو مجموعة طبقات اعتماداً على المواصفات الهندسية المجازة وتوضع في كل طبقة عزل نظم تجميع سائل المدفن لتجميعه من أعلى الطبقة.

3) طبقة التغطية: لابد أن تكون طبقة التغطية:

- مناسبة للاستعمال.
- موجودة بالقرب من منطقة الدفن لتجافي حملها لمسافات طويلة وبذا تقليل المنصرفات المادية.
- جيدة من حيث قابلية التشكيل، وجاذبية الالتصاق، مع توخي المتانة.
- ألا تحتوي على نسب كبيرة من الرمل والطين وألا فستنتج مشاكل في مسار الآليات. كما وأن الطين يصعب التعامل معه كما وأنه يتشقق عندما يكون يابساً مما يساعد على تكوين فتحات مناسبة للقوارض والحشرات، كما ويساعد على نفاذ كمية من المياه السطحية التي تجعله ينتفخ وتندمج الحُبيبات، كما وتساعد النسبة العالية من الطين والرمل على نفاذ الغازات النتنة الناتجة من تفتيت النُفاية. وعليه فانه تستخدم نسبة رمل وطين وصلصال حيث تكون نسبة الرمل فيها 50 بالمائة تقريباً.

4) مواصفات النُفاية والقمامة:

تعتبر النُفاية السهلة الضغط وذات الكثافة الكبيرة جيدة ومناسبة لأعمال الدفن الصحي. كما وأن النُفاية قليلة الكثافة تُمثل نسبة من التلوث البيئي كبيرة جداً مما يقتضي معالجة مناسبة لها وهذه بالتالي تقود إلي زيادة التموين للتشغيل.

5) المواصفات الهيدرولوجية:

لابد من تخطيط تصريف منطقة الدفن قبل الدفن وأثناءه وبعده مبدئياً، للحيلولة دون خلط المياه السطحية بالنُفاية. إذ أن تسرب الماء المستخلص من النُفاية في المياه المستخدمة بواسطة الإنسان يُمثل مخاطر بيئية تتواجد في مناطق دفن النُفاية.

6) المناخ والطقس في منطقة الدفن:

لتفادي تلوث الماء بالنُفاية في مناطق الدفن لابد من أخذ العوامل الآتية في الحسبان:

- كمية مياه الأمطار المتوقعة في المنطقة.
- زمن هطول الأمطار
- شدة الأمطار وترددها.
- أهمية وضع مصد للرياح والهبوب لتجنب حمل الأتربة، والأوراق، والمواد الأخرى قليلة الكثافة لمنطقة أخرى وذلك لتجنب ازدياد منطقة التلوث وانتشارها.
- معدلات الحرارة بالمنطقة ذات أهمية للصعوبة عند الحفر والدفن.

وغنيّ عن القول أن المساحة المناسبة لابد من تواجدها لفترة تتراوح بين 5 إلى 10 سنوات. ومساحة الأرض يمكن إيجادها من تقدير الحجم المطلوب من المعادلة 4-14:

$$V = \frac{W}{\rho}\left[1 - \frac{x}{100}\right] + v_r \qquad 4\text{-}14$$

حيث:

V = حجم منطقة الدفن الصحي، .

W = وزن النُفاية الواجب دفنها، .

ρ = الكثافة المتوسطة للنُفاية والقمامة، .

x = النسبة المئوية لحجم النُفاية المضغوطة، %.

V_r = حجم طبقة التغطية المطلوبة (سمك 15 إلى 30 سم للطبقات المتوسطة، والحافة المؤقتة، والميلان الأمامي والفوقي، وعلى الأقل 60 سم في الطبقة النهائية) كما وأن هذا الحجم يتراوح بين 17% من حجم النُفلية للدفن العميق إلي 33% للدفن السطحي. وفي المتوسط يبلغ 25 في المائة. ولهذا المتوسط يمكن أخذ حجم منطقة الدفن الصحي لتعادل الحجم المبين في المعادلة 4-15.

$$V = 1.25\frac{W}{\rho}\left[1 - \frac{x}{100}\right] \qquad 4 - 15$$

هنالك الكثير من المواقع المميزة لايجاد حجم المردم لبلدية ما ومساحته منها علـــر ســـبيل المثال LANDVOL لا الحصر لحساب حجم المكب لمساحته الفعللـــة مـــن الموقـــع الافتراضي http://www.landvol.d-waste.com/land.html

تضم العوامل التي تحد من استخدام هذه الطريقة للتخلص من النُفاية الصلبة علـــى ســـيبل المثال:-

1. نقصان المناطق المناسبة والملائمة للدفن.
2. إنتاجية الماء المستخلص من النُفاية والذي يحتاج لتنقية لتجنـــب تلـــوث المياه الجوفية أو السطحية.
3. إنتاج الغازات بسبب تفتيت النُفاية. مما يجب ذكره أن هذه التفتيت داخل المدفن يكون لا هوائي ويستمر ببطء. وبعد مرور 25 عاماً على للـــدفن ربما توجد أيضاً بعض المواد العضوية التي لم تتفتت بعد.

وعليه فمن المستحب ترك منطقة الدفن لمدة 10 إلى 15 سنة قبل إنشاء مباني عليها. وأن هذا التفتيت اللاهوائي ينتج عنه غازات مثـــل ثـــاني أكسيد الكربون، والمثيان (غاز المستنقعات)، وكبريتيـــد الهيـــدروجين. وهذه الغازات تجلب المضايقة، علاوة على أنها تشكل مخاطر كـــبيرة. وعليه فلابد من الحيلولة دون نفاذ هذه الغازات عبر المـــدفن الصـــحي. ويتحكم في ذلك مثلاً بتصميم المنافذ الغازية وحرق الغـــازات المجمعـــة فداحة التكاليف المتعلقة بها .

4. وجود الطبقة المناسبة للتغطية لا سيما وانعدام هذه الطبقة في المنطقـــة يحد من الاستخدام الأمثل للمدفن كطريقة للتخلص من النُفاية والقمامة.
5. إنتاج الروائح الكريهة أو حمل الأوراق أو استشراء الأمراض بسبب سؤ التشغيل. (انظر جدول 4-7).

6. عدم تقبل الجمهور لهذه الطريقة: إذ يتعذر استخدام هذه الطريقة وتشغيلها حسب وجهة نظر الناس والتي عامة ما تكون "ليس في ساحتي الخلفية" Not in My Back Yard (NIMBY).

يمكن استخدام الأرض بعد الدفن مستقبلاً مما يعود بفوائد مادية أو اجتماعية وتضم مثل هذه الاستخدامات:

- مناطق استراحة ونزهة مثل ميادين الألعاب أو مواقف السيارات.
- استخدامات زراعية عندما يكون ازدياد المدن كبيراً وتتناقص الأراضي الصالحة للفلاحة، وفي هذا المقام من الواجب مراعاة أنواع النبلتات المزروعة نسبة لكبر احتمال وجود الجراثيم ناقلة الأمراض. وينبغي اختيار النباتات التي توفر مجموعة جذور مناسبة لحماية طبقة التغطية التحتية مما يساعد على تقليل التعرية، أو يتوخى النواحي الجمالية للنباتات المحلية الممتازة، والتي ينبغي أن تستهلك مقداراً بسيطاً من المياه، خاصة في المناطق الجافة في توازن مع البيئة المحلية وما بها من مزروعات.
- استخدامات تجارية وصناعية مثلاً لبناء المباني الخفيفة فوق مناطق الدفن القديمة.

في كثير من الدول المتقدمة لا يُلجأ إلى استخدام هذه الطريقة ويُفضل الترميد بدلاً عنها. وللحصول على رخصة لفتح مدفن صحي يحتاج الأمر إلى بضع سنوات تتغير خلالها التصاريح والقوانين، ويصعب إقناع الجمهور المتأثر بها وبما تجره معها من مخاطر بيئية.

<u>التفتت الحيوي بالمدفن الصحي</u>

تحتوي النُفاية والقمامة المنزلية من حوالي 75 إلى 80 بالمائة مواد عضوية تتكون من البروتين والدهون والشحوم والكربوهيدريدات (سليولوز ونصف سليولوز cellulose and hemicellulose) واللجنين lignin. ومن هذا المكون يتفتت حوالي الثلثين والثلث

الأخير حرون التفتت. الجزء الذي يمكن أن يتفتت حيوياً من النُفاية يمكن تقسيمه إلى قسمين، قسم جاهز للتفتت الحيوي (مثل بقايا الطعام وقمامة الحديقة)، وجزء آخر درجة تفتته الحيوية متوسطة (مثل الورق والمنسوجات والأخشاب).

جدول 4-5 ابتعاث الروائح الكريهة من المركبات في موقع المدفن {23}

المادة الكيميائية	الصيغة الكيميائية	العائلة	وصف الرائحة	المصدر	بداية اكتشاف الرائحة[7] detection threshold (جزء في المليون)
كبريتيد الهيدروجين	H_2S	كبريتي	البيض الفاسد	العمليات اللا هوائية: غاز المدفن، نشاط التسميد، عصارة سائل المدفن	0.00047 – 0.0081
مركبتان الميثيل (كحول كبريتي)	CH_3SH		الكُرُنب الفاسد		0.0016
مركبتان الإيثيل	C_2H_5SH		الكُرُنب الفاسد		0.00076
كبريتيد ثنائي الميثيل	$S-(CH_3)2$		الخضراوات التالفة		0.001
كبريتيد ثنائي الإيثيل	$S-(C_2H_5)2$		أثيرية		0.0045 – 0.31
ثاني كبريتيد ثنائي الميثيل	$2S-(CH_3)2$		متعفن		0.14 – 0.03
أُكسيكبريتيد الكربون	COS		حِرِّفة وحادة		

[7] تعني درجة تركيز الرائحة التي يدركها بالحواس 50% من الناس

ثاني كبريتيد الكربون	CS_2	عذب ورخيم			
نشادر (أمونيا)	NH_3	حِرِّفة وحادة	نتروجيني	غاز المدفن، النُفاية (خاصة وحل المياه العادمة ومياه البواليع)، نشاط التسميد، عصارة سائل المدفن	0.5
ميثيل أميني	CH_3-NH_2	سمك متحلل			3.2
إيثيل أميني	$C_2H_5- NH_3$	حِرِّفة ولاذعة			0.95
ثنائي ميثيل أميني	$NH-(CH_3)2$	سمك			0.34
ثلاثي ميثيل أميني	$N-(CH_3)3$	سمك			0.00044
سكاتول Methylindole (Skatole)	C_9H_8-NH	بُراز، غائط			0.0008 - 0.1
كَادَفِيرين Cadaverine	$NH_2-(CH_2)_5-NH_2$	لحم نتِن			-
الإندول (مركب متبلر) Indole	C_8H_6-NH	بُرازي، اشمئزازي			0.0006
فورمالديهيد	H-CHO	طيني	ألديهيدات	غاز المدفن، نُفاية	0.1
أسيتالديهيد	CH_3-CHO	فاكهة			0.05
ألديهيد زبدي	C_3H_7-CHO	زَنخ الرائحة			0.013

ألدهيد البَربيون Propionale hyde			زَنخ الرائحة		0.072
حامض الخليك	CH_3-COOH		خل		1 - 0.48
الحامض الزبدي	C_3H_7-COOH	أحماض	زبد	غاز المدفن، نُفاية	0.001
حمض النا ردين حمض فاليرك، حمض دهني ذو رائحة نفاذة) Valeric acid	C_4H_7-COOH		نتح		0.0008
حامض النمليك (الفورميك)	$HCOOH$		جِرّفة		49 - 20
الحامض البروبيوني	CH_3-CH_2-COOH		جِرّفة		0.16
حمض ايسوفاليرك Isovaleric acid	$CH_3-CH_2-CH(CH_3)COOH$		جُبني		-
كيتون	$CH_3-CO-CH_3$	كيتونات	فاكهة حلوة	غاز المدفن، نُفاية	0.42
ميثيل إيثيل الكيتون	$CH_3-CO-C_2H_5$		-		5.4

ميثيل ايسبيوتيل الكيتون	$CH_3-CO-CH_2-CH(CH_3)_2$		-		0.68
إيثانول (الكحول الإيثيلي)	CH_3-CH_2-OH	كحول	عذب ورخيم	غاز المدفن، نُفاية	84
بيوتانول	$C_3H_7-CH_2-OH$		-		2.6
فينول	C_6H_5-OH		طبي		0.04
كريزول	$C_6H_4-CH_3-OH$		-		0.00028
بنزين	C_6H_6	عطريات	شبه الصمغ	غاز المدفن (وأيضاً يُوجد في محيط المدفن نتيجة حركة المرور)	43 - 2.3
تولوين	$C_6H_5CH_3$		نفتالين		42 - 0.082
زايلين	$C_6H_4(CH_3)_2$		نتن، فاسد		5 - 0.0051
1، 3، 5 ثلاثي ميثيل البنزين	$C_6H_3(CH_3)_3$				0.04
البنزين الإيثيلي	$C_6H_5CH_2CH_3$		نتن، فاسد		2.3
ثلاثي الإثيلين المكلور	$CH-Cl-C-Cl_2$	مكلورة	مُذيب	غاز المدفن	28
خلات البروبيل	$CH_3-COO-CH_2-CH_2-CH_3$	إستيرات	فاكهة	غاز المدفن، نُفاية	0.67
خلات البيوتيل	$CH_3-COO-(CH_2)_3-CH_3$		مطاط		0.39
خلات الإثيل	$CH_3-COO-CH_2-CH_3$		عشب		3.9
زيت قشور الليمون	$C_{10}H_{16}$		ليمون	غاز المدفن، نُفاية	0.5

حمض الصنوبر Pinene	$C_{10}H_{16}$	تربينات (زيوت عطرية)	غابة		10

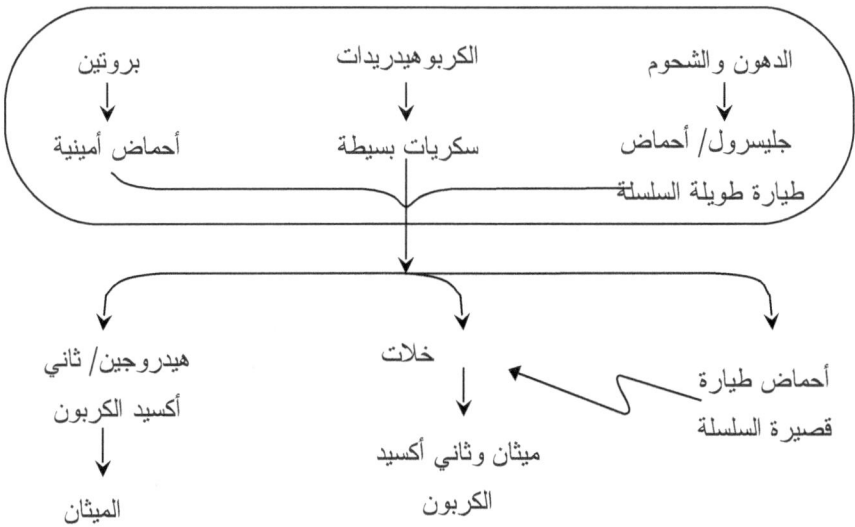

شكل 4 11 التفتت الحيوي المحتمل للمحتويات العضوية في القمامة المنزلية

من تطور طريقة الدفن الصحي استخدام مدفن المفاعل الحيوي حيث يُتحكم في عوامل التحلل الحيوي لتسريع موازنة الكتلة الحية للنُفاية والقمامة، مثل التحكم في المحتوى الرطوبي بين 40 إلى 70 بالمائة، والتحكم في إعادة عصارة سائل المدفن، ودرجة الحرارة لما يفيد التفاعلات الحيوية والمنتجة للميثان.

تُنتج الروائح في المدافن الصحية من مركبات غاز المدفن، والنُفاية الخام، وعصارة سائل المدفن. بعض مركبات الروائح في غاز المدفن سهل شمها على درجات تركيز قليلة بالأنف البشرية العادية لأن مستويات بداية اكتشافها قليلة جداً. ولتقليل الآثار الضارة من انبثاق الروائح على العاملين في الموقع، والمجتمع في المنطقة المحيطة لا بد من معرفة

مصادر هذه الروائح، وتراكيبها، ومكوناتها، والظروف الحرجة المتعلقة بانتشارها في الغلاف الجوي، وطرق مكافحتها. ويبين جدول 4 – 5 ملخص للمعلومات المتعلقة بمركبات الروائح التي يمكن أن توجد في مواقع الدفن الصحي وخواصها الأساسية لنوع الرائحة ومصدرها. تتغير قيم اكتشاف الرائحة detection threshold من مصدر معلومات للآخر بسبب التغير في الحاسة الشمية للفرد ومن ثم عادة يُعطى مدى للمادة الكيميائية الواحدة غير أنه يصعب وضع القيم لمجموعة غازات مثل النفث للروائح الكريهة من المدفن الصحي الذي يضم خليط من عناصر مختلفة.

ومن الطرق الشائعة لتقليل مشاكل الروائح:

1. تخفيف الرائحة في المصدر بتعزيز جمع غاز المدفن وعمليات التوقد والتوهج flare operation، وتقليل مساحة العمل، والتغطية المؤقتة لمنع التسرب، واستخدام الغطاء (الطين، والمواد الخاملة مثل الرماد، والبلاستيك، والسماد العضوي)، والتحكم في النُفاية الخام ذات الرائحة القوية، وإدارة عصارة سائل المدفن، واستخدام أغطية من الكربون النشط.
2. استخدام تكنولوجيا تخفيض الرائحة المنتشرة في الهواء بعد انتشارها مثل استخدام الأقنعة والمواد الموازنة، والمراوح التي تبعثر الرائحة.

4 – 3 العمليات الكيمائية والحيوية للمعالجة

تحوي النُفاية والقمامة[8] حوالي 75% مواد عضوية يمكن تحويلها بالطرق الحيوية إلى نواتج مفيدة عبر عدة طرق منها التسميد والتحلل الاختزالي، والهضم اللاهوائي، وحلمأة hydrolysis الأحماض والإنزيمات.

4 – 3 – 1 التسميد وتكوين السماد الطبيعي (التحلل الأختزالي) Composting:

يُعتبر التسميد من طرق معالجة المواد الصلبة إذ تتفتت فيها المواد العضوية والمواد الصلبة (في النُفاية) حيوياً وتحت ضوابط وعوامل معينة حتى يتسنى التعامل معها

[8] خاصة بقايا الطعام، والأوراق والصحف، ونُفاية الساحة.

بضمان، مما يسهل استخدامها لترقيع التربة أو تسميدها أو تحسينها، ومساعدة نمو النباتات.

استعادة المواد العضوية عبر فرزها وتسميدها يقلل من كمية النُفلية للواجب التخلص النهائي منها في المدافن الصحية مما يعمل على زيادة عمر هذه المدافن وموقع للردم الصحي. وتساعد العملية في تقليل المخاطر الصحية المصاحبة للتخلص من نُفلية قابلة للتعفن وتلك المحتوية على جراثيم ممرضة عبر تطهيرها بالحرارة. ويفيد في مقاومة النحر والتعرية عند استخدامه في التربة. ويساعد خليط السماد العضوي مع السماد الكيميائي في تقليل كمية الأسمدة الكيماوية المطلوبة، لاسيما ويعيش السماد الطبيعي لفترة زمنية أطول من الأسمدة التقليدية بالإضافة إلى أنه يطلق المواد الغذائية على حقب زمنية طويلة اعتماداً على الظروف المحلية وكثافة الاستخدام.

من الفوائد المتوخاة للتسميد {24}:

- زيادة التحويل الكلي للنُفاية من التخلص النهائي (خاصة وأن أكثر من 80 بالمائة من النُفاية في المجتمعات ذات الدخل القليل والمتوسط قابلة للتسميد).
- زيادة إعادة الدوران وعمليات الحرق بإزالة المواد العضوية من خط النُفاية.
- إنتاج المخصبات والمحسنات المفيدة للتربة مما يفيد الزراعة.
- مرونة التطبيق على مستويات مختلفة بالمنزل إلى مراكز الإنتاج الكبرى.
- يمكن البدء فيها بأقل رأس مال وأقل تكلفة تشغيل.
- تتعرض للآثار الصحية الناتجة من المواد العضوية بتقليل الأمراض مثل حمى الضنك (أبو الرُّكَب) Dengue fever.
- تعطي فرصة ممتازة لتحسين الوضع العام لبرامج جمع النُفاية والقمامة بالمدينة.
- يمكنها أن تكامل القطاعات غير الرسمية العاملة في جمع النُفاية وفرزها وإعادة استخدامها.
- التقليل من احتمالات المشاكل.
- تنتج مُنتج نظيف جاهز للتسويق والاستخدام.

- تساعد في زيادة معدلات استرجاع المواد القابلة لإعادة التدوير (مثلاً فرز الورق، والمعادن، والزجاج بالمنزل).

من التقانات المستخدمة في هذا المنحى التسميد المفتوح open or windrow composting والتسميد في أواني in-vessel composting لتمارس في العراء بأجهزة بسيطة في نظام مغلق وبطئ الأداء حيث يمكن إجراء التسميد في مبنى منفصل أو في حوض أو صندوق أو حاوية أو إناء. وتُفضل الطريقة المناسبة وتُختار حسب الإمكانات المتاحة، والزمن المطلوب للتسميد والإدارة المتعلقة به والإجراءات الصحية والبيئية المتبعة.

(أ) التسميد المغلق أو التسميد في أواني In-vessel or enclosed composting:

تستخدم في هذا النظام تقانة الدارة (البرميل) أو المفرش الهزاز المتحرك drum or agitated bed technologies أو أي نظام فني مغلق في مبنى، مما يتطلب معه جهاز معقد جيد التصميم الهندسي ومن ثم يعلو رأس المال ويحتاج إلى إدارة يومية نسبة لأتمتة النظام الذي يعمل على المحافظة على صحة العامل وينشد الأثر البيئي الجيد ومنع الظروف المزعجة. كما وأنه يستخدم طاقة كبيرة. ومن محاسن النظام احتياجه إلى مساحات صغيرة وإنتاجه للسماد العضوي في فترة زمنية قصيرة مقارنة بالنظام المفتوح للتسميد.

(ب) التسميد المفتوح أو بالسرابات Open or windrow composting:

هذه النظم بسيطة ولا تحتاج إلى رأسمال كما ولا تتطلب طاقة كبيرة وتعتمد في أدائها على العمال ووجود المساحات الكافية غير أنها تنتج السماد في زمن أطول.

لقد بدأ استخدام هذه الطريقة في العشرينات عندما طور البرت هوارد طريقة أندرو في الهند وأتي بيكاري بطريقته في إيطاليا. ولقد استخدمت طريقة أندرو التفتيت اللاهوائي للأوراق، والنُفاية، وبقايا الحيوانات، لمدة تصل إلي 6 أشهر في حفر أرضيته. ولكن هذه الطريقة طورت فيما بعد لتتضمن تقليب النُفاية أثناء تفتيتها الحيوي لمساعدة الأحياء المجهرية الهوائية على هضم النُفاية {18}.

تستخدم في هذه الطريقة الأساليب الطبيعية ويستفاد من الميكروبات لتفتيت النُفلية. وتوجد عدة أنواع من الميكروبات العاملة في هذا الحقل مما ينتج عنه تغيرات في نوعية الميكروبات النشطة وكميتها. إن بعض أنواع الميكروبات نشطة جداً في بداية المعالجة، ولكن سرعان ما تتغير البيئة المحيطة بها مما يجعل كائنات مجهرية أخرى تنجح وتستمر. وتُعد درجة الحرارة من أنسب المعايير المستخدمة لمعرفة نوع الأحياء المجهرية الموجودة.

ففي البداية تكثر الأحياء المجهرية التي تعيش في درجة حرارة متوسطة (mesophilic) تتراوح بين 25 إلى 45 درجة مئوية، ويُعزى إليها معظم التفاعلات الحيوية الحادثة. وبازدياد هذه الكائنات بعد حوالي أسبوع فإن درجة حرارة السماد تزداد مما يحد من نمو هذه الكائنات لتحل محلها الأحياء المجهرية للتي تعيش في درجات حرارة عالية (أعلى من 45 درجة مئوية) Thermophilic وهذا التغير في درجات الحرارة يتأثر لدرجة عالية بكمية الأكسجين الهوائي. ومن ثم فإن درجة الحرارة عادة تدل على النشاط الحيوي الحادث. وعندما تهبط درجة الحرارة فإنها عادة تعني أن السماد يحتاج لتهوية، أو لماء، أو أن التفتيت قد اكتمل. وعامة فمن المستحب العمل على درجة حرارة بين 60 إلى 75 درجة مئوية لإتمام عمليات الهضم.

مواد عضوية معقدة + O_2 تحليل هوائي بالأحياء المجهرية ←

مركبات عضوية أقل تعقيداً + CO_2 + H_2O + NO_3^- + $SO_4^=$ + حرارة

غالباً توجد ثلاثة أنواع من الأحياء المجهرية دلخل عملية المعالجة وهي البكتريا والفطريات والأكتينومايسيتس (Actinomycetes) وتعمل على تفتيت وتخمير المواد العضوية لتأتي بناتج ثابت، أما انبثاق الحرارة فبسبب نشاط البكتريا الهوائية، وعندما ترتفع درجة الحرارة لأعلى من 70 درجة مئوية تسود البكتريا المكونة للأبواغ، ويؤدي ارتفاع درجة الحرارة لقتل البكتريا الجرثومية، والبيوض، والأكياس الغشائية cysts (انظر جدول 4-6).

جدول 4-6 قتل الأحياء المجهرية الجرثومية بالتسميد {11، 25}

السلمونيلة التيفية *Salmonella typhosa*	لا يحدث نمو على درجة الحرارة أعلى من 46 °م، وتموت خلال نصف ساعة على درجة حرارة بين 55°م إلى 60°م، وتفنى في حوالي 20 دقيقة عند درجة حرارة 60°م، وتُدمر في زمن قصير في بيئة التسميد.
أنواع السلمونيلة *Salmonelia* species	تموت خلال ساعة على درجة حرارة 55°م، وتموت خلال 15 إلى 20 دقيقة عند رفع درجة الحرارة إلى 60°م.
الإشريكية القولونية *Escherichia coli*	تموت معظمها خلال ساعة على درجة حرارة 55°م، وتموت خلال 15 إلى 20 دقيقة وعند رفع درجة الحرارة إلى 60°م.
أنواع الشِيغلَّة Shigella species	تموت في خلال ساعة على درجة حرارة 55°م.
المُتَحوِّلة الحَالَّة للنُّسّج *Entamoeba histolytica cysts*	تموت خلال بضع دقائق على درجة حرارة 45 °م.
يرقات *الشعرينة الحلزونية* *Trichinella* spiralis larvae	تُقتل بسرعة على درجة حرارة 55°م.
البّروسِيلَة المُجْهِضَة *Brucella abortus Br. Suis*	تموت خلال ثلاث دقائق على درجة حرارة 62 °م، وخلال ساعة على درجة حرارة 55°م.
العِقْدِية المُقيحة *Streptococus pyogenes*	تموت خلال 15 دقيقة على درجة حرارة 50°م.
المتفطرة السّلية المتغيرة الإنسانية Mycobacterium tuberculosis var. hominis	تموت خلال 15 أو 20 دقيقة على درجة حرارة 66°م، أو بعد تسخين لحظي على درجة حرارة 67 °م.

الوَتَدِيَّة الخُنَاقِيَّة Corynebactrium diphthariae	تموت خلال 45 دقيقة على درجة حرارة 55 °م.
بيوض الصَفر الخراطيني Ascaris lumbriroides eggs	تموت في أقل من ساعة على درجة حرارة 50 °م.

وعندما يبدأ التحلل في التباطؤ فإن درجة الحرارة تقل وتعود البكتريا متوسطة الحرارة mesophilic والفطريات fungi للظهور. وفي المراحل المتأخرة تتواجد الحيولنات الأوالي والدودة الخيطية nematode، والدودة الألفية (دودة ألفية الأرجل) millipede والديدان. وقد يصل تركيز الأحياء المجهرية الميتة إلى 25 بالمائة في السماد الناتج ذي رائحة التراب.

من العوامل المهمة أيضاً كمية المواد الغذائية المتاحة للأحياء المجهرية والتي عادة تقاس بنسبة الكربون إلي النتروجين، ونسبة الكربون إلي الفسفور المتواجد في النُفاية. وبما أن كفاءة الميكروبات أقل من مائة بالمائة فهذا يعني أنه يحتاج إلي كربون أكثر من نتروجين، ولكن إذا كانت نسبة الكربون كبيرة جداً فإن النشاط الحيوي ينقص. النسب المفضلة لتحليل النُفاية المنزلية تتراوح بين 1:25 أو 1:30 $\left(\frac{C}{N}\right)$، وإذا قلت نسبة الكربون إلي النتروجين عن 1:20 فهناك خطورة من ظهور الروائح نسبة لتطاير الأمونيا.
المخاطرة الصحية والتبعات تتأثر بتكنولوجيا التسميد والمواد العضوية المستخدمة كمادة خام. يبين جدول 4-7 المخاطر الصحية لعدة مواد مختلفة تم تسميدها، ومن الواضح من الجدول أن معظم النُفاية التي تسميدها تحوي كميات قليلة من المواد العضوية السامة، غير أن نُفاية البلدية بها كميات أكبر بسبب التخلص من المواد الخطرة والمبيدات والكيماويات الأخرى.
المحتوى الرطوبي للمخلفات له ذو أهمية كبرى إذ أن المخلفات الرطبة جداً لا تلبث أن تصير لا هوائية عندما تندمج الكتلة الرطبة، مما يعوق التهوية ويقلل من الفجوات الهوائية المهمة. أما إذا كانت المخلفات جافة جداً فإن النشاط الحيوي يتلاشى. ويُستحب من

النواحي التجريبية أن يكون المحتوي الرطوبي من 50 إلي 60 بالمئة وزناً. الكمية الصحيحة من الرطوبة التي ينبغي إضافتها[9] إلى المواد الصلبةفي النُفلية والقمامة للحصول على المحتوى الرطوبي اللازم لعملية التسميد يمكن حسابها من موازنة الكتلة على النحو المبين في المعادلة 4- 16: {11}

$$M_P = \frac{M_a x_a + 100 x_s}{x_s + x_a} \qquad 4\text{-}16$$

حيث:

M_P = درجة الرطوبة في خليط الكومة لبدء عملية التسميد، (نسبة مئوية).

M_a = الرطوبة في الجوامد كما في النُفاية والقمامة المفتتة والمغربلة، (نسبة مئوية).

x_a = كتلة الجوامد، (طن رطب).

x_s = كتلة الأوساخ أو الحمأة من المياه العادمة أو غيرها من مصادر المياه، (طن). (تفترض هذه المعادلة أن تركيز الجوامد في الحمأة قليل جداً وعادة أقل من 1 بالمائة جوامد بافتراض أوساخ من حمأة نشطة).

جدول 4-7 المخاطر الصحية النسبية لعدد من المواد المسمدة {24}

المادة الخام	الجراثيم	هباء جوي حيوي bioaerosol	المواد العضوية السامة	المعادن الثقيلة	الغبار
الحمأة	+ + +	+ + +	+	−	+ +
النُفاية البلدية	+ + +	+ + +	+ إلى + +	−	++ إلى + ++
نُفاية الساحة	+ +	+ + +	+	−	++ إلى +

[9] ما إن كانت من حمأة المياه العادمة أو أي مصدر آخر من مصادر المياه.

					++
بقايا الطعام	+	+ + +	–	–	+ إلى + +
نُفاية الحيوان	++ إلى + ++	+ + +	–	–	+ إلى + +
مسار التعرض السائد	بالفم	التنفس	الجلد، تنفسي	بالفم	تنفسي

المفتاح:

+ + + عالية.   + + متوسطة.

+ قليلة.   – قليلة جداً.

مثال 4-6

خليط من الأوراق والصحف ومواد قابلة للتسميد كتلتها 6 طن، مقدار المحتوى الرطـــوبي بها 5 بالمائة. والمطلوب عمل خليط لعملية التسميد محتواه الرطوبي 50 بالمائة رطوبة. جد كمية المياه أو حمأة المياه العادمة الواجب إضافتها إلى جوامد هذه النُفاية للحصول على درجة تركيز محتوى الرطوبة المطلوب في الكومة لبدء عملية التسميد.

الحل

1. المعطيات: $x_a = 6$ طن، $M_P = 50\%$، $M_a = 5\%$.
2. استخدم المعادلة 4 – 16 لإيجاد كمية المياه المطلوبة x_s من المياه العادمة:

$$M_P = \frac{M_a x_a + 100 x_s}{x_s + x_a}$$

$$50 = \frac{(5 \times 6) + 100 x_s}{x_s + 6}$$

ومنها $x_s = 5.4$ طن من المياه أو من حمأة المياه العادمة.

برنامج 4-6:

```
Public Class Form1

    Private Sub Form1_Load(ByVal sender As System.Object,
       ByVal e As System.EventArgs) Handles MyBase.Load
         Label1.Text = "كتلة المواد-طن"
         Label2.Text = "محتواها الرطوبي-بالمائة"
         Label3.Text = "المحتوى الرطوبي المطلوب"
         Label4.Text = "كمية الحمأة المطلوبة-طن"
         Button1.Text = "احسب الكمية"
         Me.Text = "6-4 مثال"
         Me.FormBorderStyle =
              Windows.Forms.FormBorderStyle.FixedSingle
    End Sub

    Private Sub Button1_Click(ByVal sender As
       System.Object, ByVal e As System.EventArgs)
       Handles Button1.Click
         Dim xa, xs, Ma, MP As Double
         xa = Val(TextBox1.Text)
         Ma = Val(TextBox2.Text)
         MP = Val(TextBox3.Text)

         xs = ((MP * xa) - (Ma * xa)) / (100 - MP)
         xs = Math.Abs(xs)
         TextBox4.Text = FormatNumber(xs, 2)
    End Sub
End Class
```

بسبب النشاط الكبير للأحياء المجهرية تحتاج البكتريا إلى إمداد كبير من النتروجين. وكثير من وحدات التسميد تعمل في مدى نسبة كربون إلى نتروجين بين $\frac{C}{N}=\frac{20}{1}$ إلى $\frac{80}{1}$ ويمكن حساب معدلات الكربون والنتروجين ونسبتهما من موازنة الكتلة. وإذا مُزجت قمامة منزلية مفتتة وحمأة مياه عادمة فإن مقدار الكربون في الخليط يمكن إيجاده من المعادلة 4-17: {11}

$$C_P=\frac{C_r x_r + C_s x_s}{x_r + x_s} \qquad 4\text{-}17$$

حيث:

c_p = درجة تركيز الكربون في الخليط قبيل التسميد، (% من الكتلة الكلية للخليط الرطب).

c_r = درجة تركيز الكربون في النُفاية، (%).

c_s = درجة تركيز الكربون في حمأة المياه العادمة، (%).

x_s = الكتلة الكلية لحمأة المياه العادمة، (طن رطب/ يوم).

x_r = الكتلة الكلية للنُفاية، (طن رطب/ يوم).

توضع النُفاية والقمامة البلدية المراد تسميدها في أكوام طويلة ومتوازية مع بعضها البعض ويُحافظ على المحتوى الرطوبي قريباً من 50 بالمائة، ويعمل على التهوية الدورية للأكوام لتنتفش، وتحريك المواد في حركة دائرية، أو إضافة أكسجين من الهواء بوساطة هزاز مصنوع خصيصاً لهذه الأكوام، أو بوضع أنابيب من كلوريد البوليفينين PVC لسد حب الهواء من خلالها ومن ثم تهوية الكومة. وبعد عدة أسابيع يؤدي هذا التسريع في التحليل الهوائي لإنتاج مادة ذات لون بني داكن ولها رائحة التراب وتقل فيها المواد الغذائية غير أنها من محسنات التربة الممتازة.

ومن محددات هذه الطريقة لمعالجة النُفاية والقمامة البلدية:

1. عدم وجود أسواق تستقبل الناتج النهائي.
2. التخفيض القليل في الحجم الكلي للنُفاية التي تحتاج أن يُتخلص منها.
3. العوامل البيئية لوحدات التسميد خاصة الرائحة مما يوجب معه وضع الوحدات بعيداً عن الأحياء السكنية الشيء الذي يزيد من تكلفة الترحيل والنقل.

من معايير تقويم البيئة الميكروبية في السماد الرقم الهيدروجيني، والذي يتغير بالزمن داخل عملية المعالجة. وهو مؤشر ممتاز لدرجة التفتيت الحادث. وأحسن الأرقام الهيدروجينية لمعظم البكتريا هي 6 إلى 7.5، كما أحسنها للفطريات 5.5 إلى 8.

ومما يجب ذكره أن الموازنة المناسبة تتأتي عندما يكون السماد:-

- له مواصفات الدبال (مادة عضوية منحلة)

- ليست له روائح كريهة
- لا ترتفع درجة حرارتها عالياً (حتى وعند التحليل الهوائي والمحتوي الرطوبي الملائمين). تُساعد نسبة الكربون إلي النتروجين علي استخدام للـــدبال كســماد للأرض (عندما تكون هذه النسبة عالية فإن النبات يأخذ النتروجين من التربة).

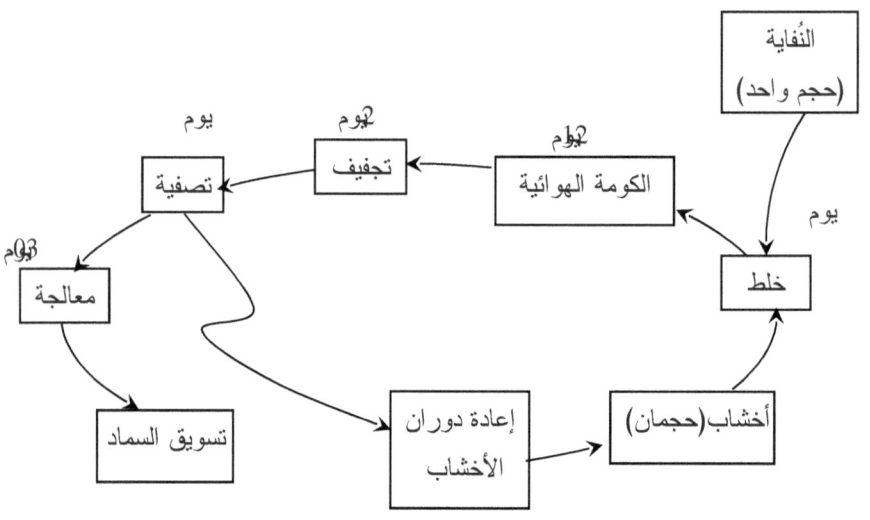

شكل 4- لكومة بلتسفيل الهوائية لتسميد النُفاية الخام

معظم طرق التسميد تأتي عبر ثلاث مراحل (انظر شكل 4-11، وشكل 4-12)

1/ المعالجة المبدئية والاستقبال والتي ربما تكونت من عدة مراحل طبقاً لنــوع المحطــة وحجم المواد المستردة ومن المراحل المتبعة:-

- فرز المواد المستخلصة.
- التخلص من المواد غير القابلة للاحتراق.
- جهاز إعادة دوران يعمل على استخلاص المعادن والزجاج والبلاستيك وربمــا المواد غير الحديدية وهذا يساعد على إنتاج جيد عائد كبير.
- سحق النُفاية الآتية وتكسير الكتل الكبيرة، مما يســاعد علــى كــبر المســاحة السطحية، وبذا يزيد من كفاءة المعالجة الحيوية. ومن هذا المنطلق يكون حجــم

الحُبيبات في حدود 25 إلى 50 ملم. أما السحق الشديد لتكوين حُبيبات أدق يحد من النشاط الحيوي، إذ يُقلل من كمية الهواء في التجاويف بالإضافة إلى أنه باهظ الثمن.

2/ المفاعل البيولوجي (الحيوي): توجد منه عدة أنواع طبقاً لنوع المفاعل وتصميمه. عليه فعادة تتطلب المحطات العمل على تقليل مشاكل الاستعمال أو تطوير زمن التفاعلات بطرق عديدة.

وأبسط طرق ركم الرياح تتكون من قاعدة صلبة توضع فوقها طبقات النُفلية موازية لبعضها البعض، وربما استخدام قلاب لحمل النُفاية من منطقة الاستقبال لرُكامات الرياح، وتقلب الرُكامة كل يومين أو ثلاثة أيام بوساطة مجرف أو آلياً، وربما استخدمت التهوية المستحثة للتخلص من تقليب الرُكامة. وتوضع الرُكامات على نظام أنابيب هوائية يمر عليها الهواء بقوة. ورغماً عن بساطة هذه الطريقة غير أن بعض المشاكل تحدث مثلاً بانسداد أنابيب الهواء وقصر دائرة الهواء عبر النُفاية. كما وأن تيار الهواء ربما قام بتجفيف الكومة مما يغير كثيراً من المحتوى الرطوبي والنشاط الحيوي. تتراوح فترة التسميد عادة بين 45 إلى 60 يوماً، وتتراوح فترة النضج والمعالجة بين 30 إلى 120 يوماً، أما الخزن فيعتمد على المدة الزمنية لحين بيع المنتج أو استخدامه.

وقد أُستغل ناتج التسميد كسماد للأرض أو مكيف ومحسن لها. وفي هذا المجال يُتوخى أن يكون هذا السماد الطبيعي:

- له مقدرة عالية لزيادة كفاءة التربة وإنتاجيتها.
- يحفظ التربة في حالة جيدة.
- يزيد من خصوبة التربة عند استعماله دورياً ولمدة طويلة من الزمن.
- يحتوي على كمية عالية من المواد العضوية ومواد التغذية.
- يحتوي على كمية الجير الصحيحة(زيادة كمية الجير تضر بالتربة).
- أن يكون متجانس وخالي من الأتربة.
- أن يكون خالي من الشوائب... الخ

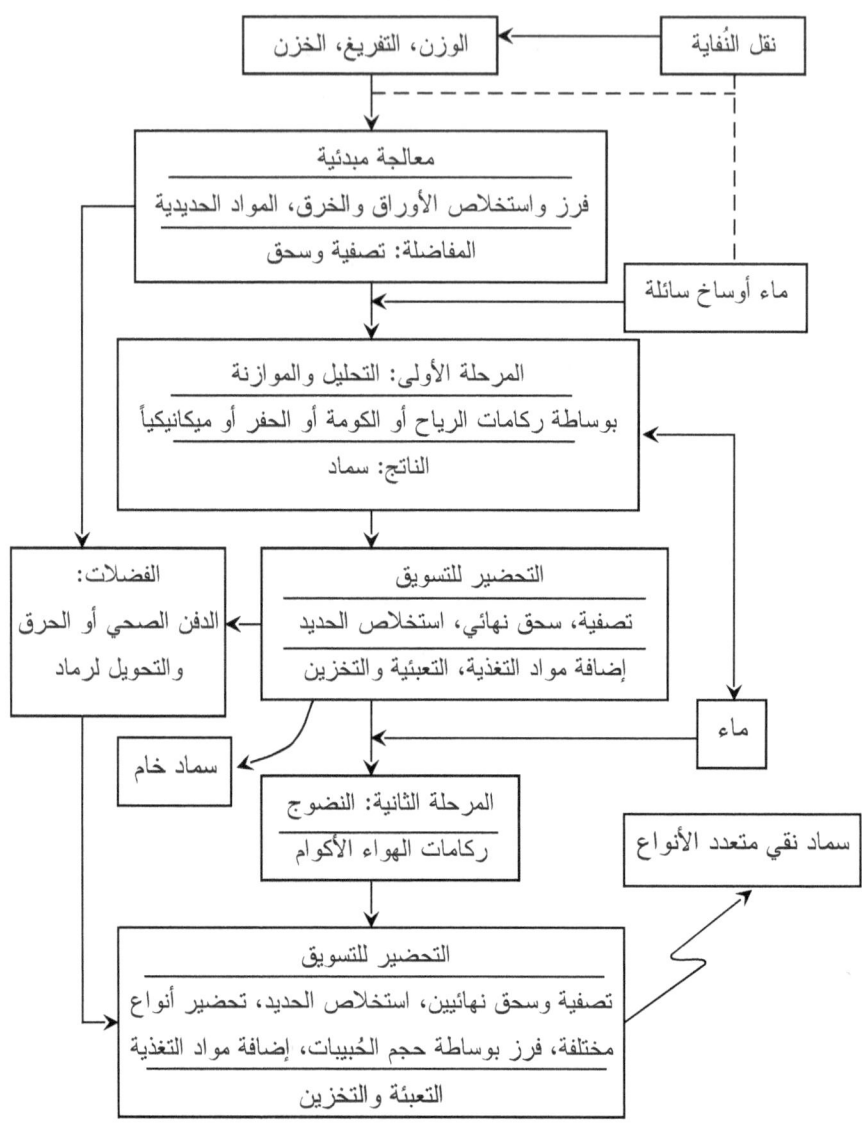

شكل 4-21 أسس طريقة التسميد

إذا استعصى بيع السماد الطبيعي وتسويقه ، أو انعدمت رغبة الجمهور في أخذه، فلابد من دفنه باستعمال طريقة الدفن الصحي، ويبين جدول 4-8 نموذج للنسب المئوية بالوزن

للمكونات التي توجد في الناتج من طريقة التحليل الاختزالي. إن السماد الناتج من النُفلية والقمامة البلدية يختلف عن السماد الناتج من الإنتاج الزراعي لعدة أسباب منها: {26}

1. يضم أنواعاً مختلفة من المواد المختارة من خط النُفاية.
2. عملية متحكم فيها وصُممت لإنتاج سماد نهائي في مدة زمنية قصيرة.
3. القيمة المعدنية للسماد قليلة مما يجعله محسن جيد للتربة، ورغماً عن أنه ليس بالسماد الغني بالمواد الغذائية مقارنة بالأسمدة الكيماوية، غير أنه مصدر للمعادن القيمة والمواد العضوية والنتروجين.
4. مفعول أداء الأحياء المجهرية متحكم فيه بالتهوية أو بالتقليب المنتظم.
5. عادة يُستخدم للنباتات لاحتوائه على مطلوبات دعم النباتات الصغيرة والغضة إذ يسمح بحفظ السماد الكيميائي في نسيج التربة دون أن يجرف خارجها مما يزيد من كفاءة استخدام السماد وتقليل المحسنات والإضافات له.

جدول 4 – 8 مكونات السماد من التحليل الاختزالي{10، 18}

المادة	النسبة المئوية بالوزن (%)
المواد العضوية	50 - 25
الكربون	50 – 8
النتروجين (N)	3.5 – 0.4
الفسفور (PO_4^{--})	3.5 – 0.3
البوتاسيوم (K_2O)	1.8 – 0.5
الرماد	65 – 20
الكالسيوم (CaO)	7 - 1.5

رغماً عن أن عملية التسميد سهلة وطبيعية غير أن بعض المشاكل قد تظهر حال وجود ظروف غير صحيحة. ومن ثم فإن المراقبة الدورية مهمة خاصة عند مزج مكونات مختلفة إليها. ويعطي جدول 4-9 إطار عام ومؤشر لنوع المراقبة التي ينبغي التفكر فيها لمشاكل واقعية {18}.

جدول 4-9 موجهات عامة لمراقبة عمليات التسميد {26}

المنشط	المراقبة المطلوبة	زمن المراقبة	الحالة والطريقة
المحتوى الرطوبي	التهوية	كلما تم التقليب	• أخذ عينة باليد وعصرها ليدل الانتفاخ البسيط في الكرة المتكونة في اليد على رطوبتها (مؤشرة إلى 50% رطوبة) • عند عصر كفة اليد الممتلئة تنبثق قطرات بسيطة من الماء.
درجة الحرارة	تهوية كافية	كل يوم	درجة الحرارة على عمق المتر الواحد لا تتجاوز 6 درجة مئوية أقل من عمق 0.3 متراً.
	نشاط التسميد	كل يوم أثناء فترة التسميد النشط	• يُستخدم قضيب خشبي أو معدني ويوضع داخل الكومة لمدة 15 دقيقة. • وتد من المعدن أو الخشب حوالي 300 إلى 600 ملم يُدخل في الكومة ويُترك لمدة 15 دقيقة. بعد ذلك الجزء المغمور من الوتد في الكومة يشعر بأنه ساخن جداً غير أنه يمكن إمساكه كما ويجب أن يظهر أنه رطب. • يٌستخدم ثيرمومتر كحولي مع ثيرمومتر زئبقي.
الأمونيا	تهوية كاملة	أثناء عملية التسميد	• وجود رائحة أمونية. • اكتشاف روائح كبريتية أو من مركبات كبريتية وغيرها من

			الروائح ذات الصلة بالرائحة المتعفنة في المراحل الأولى من التسميد تدل على فشل ابتدائي منه في استخدام التسخين الأمثل للنظام ويمكن التأكد منه باستخدام الثيرمومتر.
الجراثيم	سِجل درجة الحرارة	كل يوم	4 أيام لدرجة حرارة 65 درجة مئوية، أو 15 يوماً متتالية لدرجة حرارة 55 درجة مئوية.
	إدارة الإمداد والسماد	أثناء عمليات الشحن والمعالجة	تُستخدم أجهزة منفصلة، وأدوات نظيفة.
الحجم	مستوى التخمير	أثناء فترة التسميد النشط	قلة الحجم تدل على حدوث التخمير.
الذباب	نشاط التسميد	أثناء الفترة الأولى من التسميد النشط	يرقات الذباب يمكن أن تظهر في المناطق الباردة من كومة التسميد وعلى السطح في البداية.
اللون	تفتت المواد العضوية	أثناء عملية التسميد	• أصفر/بني: لم تتفتت بعد. • بني داكن: تفتت جزئي. • أسود بني داكن: مواد عضوية متفتتة.
استقرار السماد	سِجل درجة الحرارة	أثناء فترة النضج والمعالجة	تتناقص درجة الحرارة في كتلة التسميد إلى ما يقارب المستويات المحيطة.

168

4 – 3 – 2 إنتاج غاز الميثان من الهضم اللاهوائي

عند تفتت المواد العضوية من النُفاية والقمامة في بيئة لا هوائية[10] تحوي النواتج النهائية غازات مثل الميثان CH_4، وثاني أكسيد الكربون CO_2، وكميات قليلة من كبريتيد الهيدروجين H_2S، والأمونيا NH_3 وغيرها. من أفضل التقديرات للصيغة الكيميائية للنُفاية {11} $C_{99}H_{149}O_{59}N$. وهذه النواتج تحوي طاقة. أما الأحياء المجهرية المسئولة عن التفتت اللاهوائي فتضم مكونات الأحماض، ومكونات الميثان. تقوم مكونات الأحماض[11] بتخمير المركبات العضوية المعقدة إلى مواد عضوية أكثر بساطة مثل حمض الخليك acetic acid وحمض البروبونيك propionic. تضم عملية تكوين الأحماض الإنزيمات زائدة الخلايا extracelluar المنتجة بوساطة مكونات الأحماض التي تقوم بتفتيت الجزيئات الكربونية المعقدة، وعلى سبيل المثال إنزيم السيلوبياز cellobiase وإنزيم السيلولاز cellulase يفتتان السليلوز إلى جلوكوز، وإنزيم ليباز (خميرة حالة للدهن) lipase يفتت الدهون إلى أحماض دهنية ذات سلسلة قصيرة، وهذه العملية تستهلك طاقة. ثم تقوم بكتريا أخرى باستهلاك الجلوكوز والمكونات الأخرى إلى أحماض عضوية (أغلبها حمض الخليك وحمض البروبونيك)، وهذه الأحماض العضوية تخدم كغذاء طبقة سفلية لمكونات الميثان.

عند هضم النُفاية والقمامة البلدية تُفرز المواد العضوية من النُفاية وتختلط مع حمأة المياه العادمة أو أي سائل آخر مناسب ثم تُهضم في حوض ساخن ومغلق ليُحجز الغاز المتصاعد في غطاء عائم أو في حوض آخر، والأوساخ المتبقية من عملية الهضم داكنة اللون وذات رائحة كريهة مما يستوجب معه التخلص الأمثل منها. وتؤثر في عملية إنتاج الغاز: زمن المكث في الهاضم، ودرجة حرارة الهاضم، وترميم اللاحيوائية (حياة لاهوائية) الكلية anaerobiosis، والحفاظ على مستوى الرقم الهيدروجيني المتعادل (لا

---

[10] لا يوجد بها أكسجين حر أو متحد.

[11] يمكن أن تكون هذه الأحياء المجهرية لا هوائية أو اختيارية

يقل أبداً عن 6.2، إذ يقف إنتاج الميثان عند هذا الرقم)، ووجود المواد المغذية المناسبة، ووجود المواد السمية التي تمنع الهضم اللاهوائي.

4 – 3 – 3 إنتاج الجلوكوز بالأحماض وحلمأة الإنزيمات

يتواجد السيليلوز طبيعياً بكميات كبيرة جداً ويمثل ما لا يقل عن ثلثي كافة المواد الموجودة في النباتات في العالم، ويتجدد بصورة طبيعية. وبصيغة كيميائية افتراضية $C_6H_{10}O_5$ وبوزن جزيئي حوالي 500000، ومن خواص السيليلوز النقي أنه قليل الذوبلنية في الماء، وأن جزيئاته مرتبطة بصورة قوية مع بعضها بروابط وجسور هيدروجينية مكونة سلاسل[12]. وتحطم السيليلوز بوساطة الأحماض أو بحلمأة الإنزيمات يؤدي إلى تكوين الجلوكوز.

واحد كيلوجرام من السيليلوز يمكن تحويله إلى نصف كيلوجرام من الجلوكوز. تمثل المعادلة الكيميائية التالية حلمأة السيليلوز إلى جلوكوز. ويفيد استخلاص السيليلوز من النُفاية والقمامة، والذي يوجد في منتجات الورق وبكميات قليلة من الأخشاب والقطن:

$$C_6H_{10}O_5 + H_2O \longrightarrow C_6H_{12}O_6$$

سيليلوز جلوكوز

وهذا التفاعل يمكن الحصول عليه من عدة عمليات مثل إضافة الأحماض أو الإنزيمات تحت ظروف متحكم فيها حيث تقوم الأحماض المائية الخفيفة بتحطيم السيليلوز إلى جلوكوز في أجهزة تقاوم التآكل والتحات، وتؤدي درجات الحرارة العللية وقلة الرقم الهيدروجيني إلى تفتت السكريات الناتجة مما يساعد على توازن العملية.

تعمل الإنزيمات على حلمأة السيليلوز لإنتاج الجلوكوز بدرجات إنتاجية أعلى دون نولتج ثانوية. وتعتمد الطريقة على استخدام إنزيمات سيليلوزية منتجة من سلالات متحولة mutant strains من فطر *Trichodermaviride* أو غيرها من الأحياء المجهرية التي يمكنها حلمأة السيليلوز عديم الذوبانية. وتبدأ العملية بتربية الفطر في وسط غذائي من

---

[12] السيليلوز من عائلة المركبات العضوية متعددة السكريات polyscchorides، وهي بوليميرات لمركبات وحيدة السكريات مثل الجلوكوز.

سيليلوز نقي وعدة مواد غذائية أخرى. يُرشح الفطر ويحصل على الإنزيمات من الراشح ثم تُمزج النُفاية المحتوية على السيليلوز مع حساء الإنزيم في مفاعل على درجة حرارة 50 درجة مئوية ورقم هيدروجيني مضبوط إلى 4.8 ويعمل على ترشيح الجلوكوز المنتج في المفاعل. الإنزيمات التي تؤدي إلى حلمأة الجلوكوز هي سِلّولاز cellulases أو ما يُسمى كيمائياً β-1:4 glucanase في تفاعلات كيمائية معقدة جداً. ومن العوامل المؤثرة في هذه العملية: درجة التبلر، ووجود اللجنين lignin[13] وعلاقته مع الجلوكوز، ودرجة البلمرة للجلوكوز الخام.

يساعد تحويل السيليلوز إلى الجلوكوز في إنتاج منتجات أخرى مثل الإيثانول والأسيتون وغيرها من الكيماويات العضوية المفيدة.

4 – 4 **الحرق والترميد** (انظر شكل 4 – 13 وشكل 4–14 وشكل 4–15) **Incineration**

كثير من القمامة المنزلية قابلة للحرق مما يزيد من إمكانية تحطيمها بالحرارة للاستفادة من الطاقة المنتجة. ويمكن حرق النُفاية كما هي أو إضافة قيمة حرارية لها لتحسين حرقها بالمحرقة أو المرمد. تقدر القيمة الحرارية وكمية الطاقة في النُفلية بالتحليل المطلق ultimate analysis، والتحليل للمكونات، والتحليل التقديري، والمسعر calorimetry. في هذه الطريقة يُتحكم في طريقة الحرق لتقليل كمية المواد الصلبة والسائلة والغازية، وذلك بتحويلها إلي غاز ثاني أكسيد الكربون وغازات أخرى مع مواد غير قابلة للاحتراق نسبياً. وهذا الناتج غالباً يتخلص منه بالدفن الصحي بعد استخلاص أي مواد مفيدة منه. أما غاز ثاني أكسيد الكربون والغازات الأخرى الناتجة من الاحتراق فتجد طريقها للغلاف الجوي. هذه الطريقة للتخلص من المواد أو المخلفات الصلبة معقدة وتزداد تعقيداً بمتغيرات مواصفات وحجم النُفاية. وعليه فإن تصميم وأداء المرمد يجب أن يأخذ في الحسبان هذه التغيرات.

---

[13] وجود اللجنين يتداخل مع عمل الإنزيم لحلمأة السيليلوز (اللجنين أو الخشبين مادة عضوية تُشكل مع السيليلوز قوام النسيج الخشبي).

وطريقة تمركز المرمد كوسيلة للتخلص من القمامة والنُفاية لها محاسنها مثل: (جدول 4-10)

- ربما شكلت أرخص السبل في غياب الدفن الصحي والتسميد.
- يمكن وضع المرمد في المدينة وذلك بعد تصميمه جيداً ومراقبة عمله وتشغيله.
- الناتج من المرمد يحتوي عادة على كمية صغيرة من النُفاية ويحتوي على كمية لا تذكر من المواد القابلة للتفتيت.
- المرمد الجيد التصميم يمكنه مواكبة التذبذب في كمية النُفاية ومواصفاتها كما ولنه لا يتأثر بالتغير في الطقس والمناخ.
- يمكن استخلاص مواد المرمد كما يمكن إعادة استخدام الطاقة.
- أيضاً لهذه الطريقة بعض المساوئ منها:-
- باهظة التكاليف عند الإنشاء وتصميم المرمد.
- متطلبات التشغيل المادية عادة أغلى من متطلبات تشغيل الدفن الصحي المادية، وذلك لأن الأجهزة المتطلبة معقدة وتحتاج لعمال مهرة لتشغيل المرمد.
- هذه الطريقة لا تعتبر طريقة تخلص نهائية إذ أن هنالك فضالة من الخرق تحتاج إلى أن يتم التخلص منها.

عند تصميم المرمد لابد من أخذ عدة عوامل مؤثرة في الاعتبار ومنها علي سبيل المثال:-

- تحديد مواصفات المخلفات مع ذكر التغيرات التي قد تطرأ مستقبلاً.
- وضع تصور كامل للنظام وتحديد الأهداف العامة للتشغيل.
- تحديد الموازنات للمواد والطاقة.
- وضع إطار كامل لتصميم المرمد على ضوء المعلومات السالفة الذكر.
- تقويم ديناميكية المرمد المقترح.
- تطوير تصميم الأجهزة المساعدة.

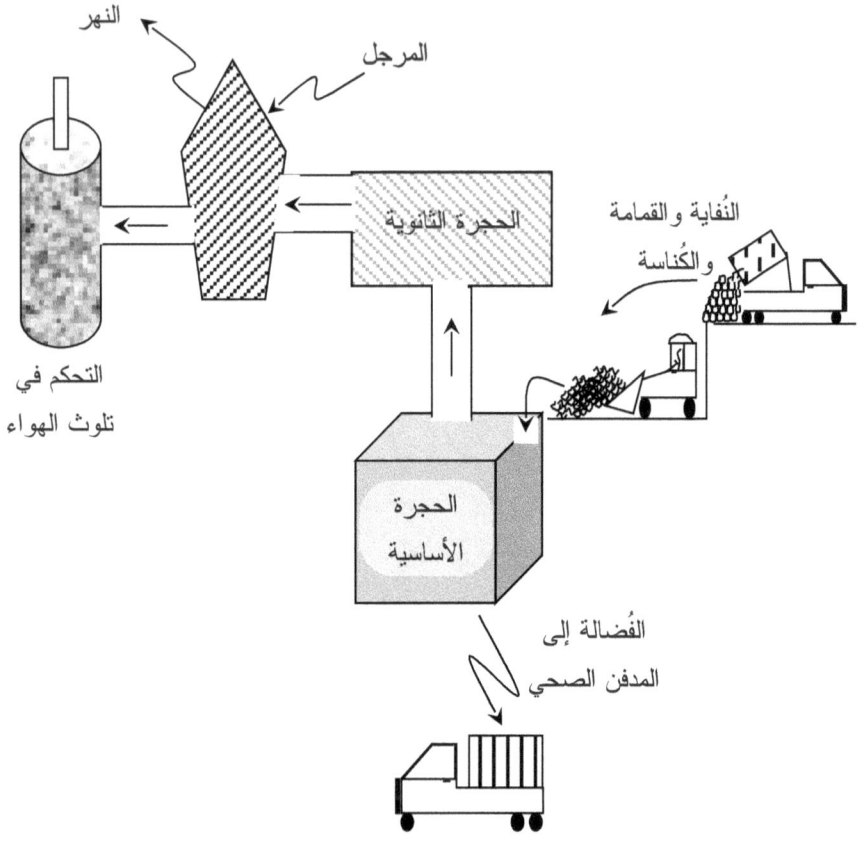

النهر

المرجل

النُفاية والقمامة
والكُناسة

الحجرة الثانوية

التحكم في
تلوث الهواء

الحجرة
الأساسية

الفُضالة إلى
المدفن الصحي

شكل 4   1 رسم تخطيطي لنظام المرمد

ما عادت تُستخدم طريقة حرق النُفاية في المرمد دون استعادة الطاقة نسبة للمشاكل الـــتي
واجهت عمل المرمد بسبب ضعف التصميم، والهندسة غير الملائمــة، والتشــغيل غيــر
الملائم inept-operation لإنتاج رماد تعلو فيه المواد العضوية، ولانبثاق الدخان حــتى
في زمن التحكم الضعيف للملوثات الهوائية من الصناعة مما أملى قفل المحارق والمرمد.
بدون استخلاص الطاقة فإن الغاز العادم الخارج من هذه الوحدات حار جداً، وقد اُستعملت
الفرازة المخروطية الجافة cyclone للتحكم في الحُبيبات الملوثـة للهــواء، وبزيــادة
متطلبات التحكم اُستخدمت المرسبات الإلكتروستانيكية للتحكم في الحُبيبات، غير أن الغاز

173

العادم تجاوز درجة حرارة المخرج المقبولة لهـذه المرسـبات الإلكتروسـتانيكية. وإذا أُستخدمت الفرازة المخروطية الرطبة قبيل المرسبات الإلكتروستانيكية لتبريد الغاز فـإن الرطوبة المنقولة تقود إلـى مشـاكل تآكـل وتحـات ضـخمة جـداً في المرسـبات الإلكتروستانيكية، ومن ثم أصبح من الصعوبة بمكان تطوير المرمد الشيء الذي أدى إلى التخلي عن هذه الطريقة.

تجمع المحارق الحديثة modern combustors بين حرق النُفاية واستخلاص الطاقة. ولهذه المحارق الوحدات التالية:

1. حُفر حفظ لحفظ النُفاية الداخلة وفرزها.
2. مِرفاع (ونش) لشحن صندوق الحرق.
3. غرفة حرق تتكون من شبكة قضبان حديدية grates سفلية تجري فيها عمليـات الحرق، وتصميم هذه الشبكات يحدد نجاح كافة العمليات، ومـن مهـام شـبكة القضبان الحديدية حدوث اضطراب يعمل على ضـمان حـرق كلفـة النُفليـة والقمامة، ويساعد في تحريك النُفاية والقمامة عبر غرفة الحرق بالإضافة إلـى عملها لتوفير هواء الحرق.
4. غرفة حرق ومحرقة مبطنة بطوب حراري مقاوم للحرارة.
5. نظام استخلاص الطاقة المكون من أنابيب تحول ما تحفظه من ماء إلى بخار,
6. نظام تعامل مع الرماد.
7. نظام تحكم في الملوثات الهوائية.

تعمل معظم محارق النُفاية على درجة حرارة في مدى 980 إلى 1090 درجـة مئويـة والتي تضمن الحرق الجيد، والتخلص من الروائح الكريهة، كما ويتضـمن هـذا المـدى للحرارة حماية مواد البطانة الحرارية داخل غرفة الحرق. درجة الحرارة داخـل غرفـة الحرق حرجة لنجاح العملية فإن كانت قليلة جداً مثلاً أقل من 770 درجة كمئويـة فـإن معظم المواد البلاستكية لا تحترق مما ينتج معه حرق ضعيف، وعلى درجة حرارة 1090 درجة مئوية فإن المواد الحرارية الصامدة للصهر داخل المحرقة لا يمكن أن تتحمل هـذه الحرارة، مما يحدد مدى التشغيل.

الأفران الدوارة (الأتون) Rotating kiln

تُعد الأفران الدوارة من تطورات غرفة الحرق حيث تتحرك النُفاية والقمامة في هذه الوحدة أسفل شبكة الإشعال ذات القضبان الحديدية ignition grate بالانسياب الذاتي إلى داخل الفرن المتحرك حيث يحصل الاحتراق. تبطن جدران المحارق الحديثة بأنابيب معدنية تدور بداخلها مياه. وتصبح هذه الجدران المائية جزء من السخان أو نظام استخلاص الطاقة (الحرارة). وتقوم أنابيب المياه بحماية مكان غرفة الحرق بنقل الحرارة للماء. يساعد إنتاج البخار المُحمى superheated (330 إلى 530 درجة مئوية) في استخدام مولدات العنفات ذات الكفاءة العالية. أما الغاز العادم من وحدات الحرق فما زال حاراً جداً عندما يصل إلى الأنابيب الشيء الذي يؤدي إلى تآكل الأنابيب وتحاتها.

المحرق المعدل المعوز للهواء Modular starved air combustor

تختص هذه الوحدات بأن لها نظام حرق من مرحلتين ، تعمل المرحلة الأولى في وضع خالي من الهواء starve air مما ينتج معه كميات كبيرة من الكربون العالي والذي ما يلبث أن يحترق باستخدام وقود أُحفوري fossil fuel في المرحلة الثانية. ومن أكثر استخدامات هذه الوحدات تحطيم المواد الخطرة مثل نُفلية المشافي والنُفلية الحيوية الخطرة.

من عيوب حرق النُفاية المنتجة للمحروقات الحرارة المتبددة (المهدرة) waste heat المنتجة من محطة الطاقة، والرماد الذي يحتاج إلى أن يُتخلص منه بطريقةٍ ما، والمواد التي تنفث من المداخن مسببة مشاكل التلوث الهوائي، وإنتاج غاز ثاني أكسيد الكربون:

1. الحرارة المتبددة waste heat: القمامة المنزلية من أنواع المحروقات ذات الجودة القليلة، وتُستخدم لإنتاج البخار الذي يمكن أن يُستخدم لعمل العنفات، غير أن المتبقي منه لا يُستخدم كثيراً في الصناعة، إلا إن كان بالقرب من المساكن حيث يُستخدم في عمليات التدفئة والتسخين، أما المتبقي من البخار فلابد من تكثيفه لماء، وينبغي تبريد الماء الذي ربما أُستخدم مرة أخرى في المحطة الحرارية، أو تُخلص منه في البيئة مما يولد مشاكل تلوث حراري.
2. الرماد ash: تنتج المحطات رماد السطح السفلي الحراري والرماد المتطاير fly ash. يُستخلص رماد السطح السفلي من غرف الحرق ويتكون من مواد

غير عضوية وبعض المواد العضوية غير المحترقة، بينما الرماد المتطاير يمثل الحُبيبات المزالة من نفث الغازات. إن وجود المعادن الثقيلة يشكل أكبر مشاكل الرماد الناتج من حرق القمامة البلدية. ويُتخلص من الرماد في مدافن خاصة، أو ربما يُتخلص منه في المدافن الصحية العامة. كما قد يُستخدم الرماد في رصف الطرق، أو الحشوات الإنشائية، وفي المصارف الصحية، وتغطية المناجم، وربما خلطه مع الأسمنت لصناعة طوب البناء، وفي بعض المناطق يُستخلص الحديد والألمونيوم من الرماد.

3. الملوثات الهوائية: من الملوثات الناتجة من حرق النُفاية والقمامة أكاسيد الكبريت، وتكوين الضباب الدخاني الضوئي الكيمائي، وأكاسيد النتروجين، والمعادن الثقيلة في غازات النفث، وغازات أخرى مثل الميثان وثاني أكسيد الكربون (غازات الاحتباس الحراري). وتسن التشريعات وجوب التحكم في الملوثات الغازية والحُبيبات ومن ثم تُستخدم أجهزة وطرق عديدة منها: غرف الترسيب، والأكياس المرشحة، ومغسلة الغازات scrubber، والترسيب الإلكتروستاتيكي. إنتاج الدايوكسين[14] السام Dioxin من حرق النُفاية والقمامة. وتتأتى هذه المركبات من الدايوكسين الموجود في النُفاية ولم يحترق في المحرقة أو من تكوينها أثناء عملية الحرق.

يُنتج حرق النُفاية والقمامة البلدية غازات ثاني أكسيد الكبريت SO_2، وثاني أكسيد النتروجين NO_2، وأول أكسيد الكربون CO، والرصاص Pb، وحُبيبات صلبة. ينتج ثاني أكسيد الكبريت من أكسدة الكبريت المتحد كيميائياً مع القمامة، إذ يتراوح الكبريت في النُفاية بين 0.2 إلى 0.4 بالمائة على أساس جاف {29}. وثاني أكسيد النتروجين NO ينتج من أكسدة أكسيد النتروجين والذي يتكون أثناء أكسدة النتروجين عند حرق النُفاية. أما أول أكسيد الكربون وثاني أكسيد الكربون فينتج من أكسدة المركبات المتحدة مع النُفاية. بخر الرصاص الموجود في النُفاية عند حرقها يزيد من تركيزه في الغاز الخارج من عملية

[14] الدايوكسين مجموعة من العناصر من عائلة مركبات عضوية (polychlorinated dibenzodioxins) والتي لها بنية حلقية مكونة من حلقات بنزين مرتبطة مع ذرتين أكسجين. يُستخدم بكثرة كمذيب ومثبت في المذيبات المكلورة، ويُعتبر مسرطن للبشر.

الحرق. تقود نهاية حرق النُفاية إلى إنتاج الرماد السفلي، أما الرماد المنتشر في المحرقة فيمثل الرماد المتطاير. تتضمن الغازات الحامضية المنتجة بعد حرق النُفلية كلوريد الهيدروجين HCl وفلوريد الهيدروجين HF (معظم الكلور الموجود في النُفاية من المواد البلاستيكية مثل كلوريد البوليفينيل PVC).

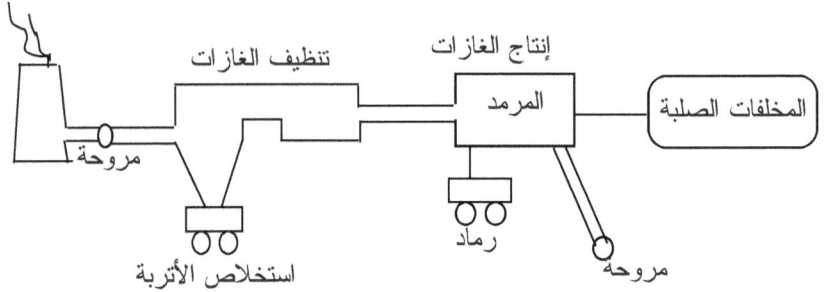

شكل 4-14 أهم أجزاء المرمد والتحكم في تلوث الغازات الناتجة { 81 }

4 - 5 الانحلال الحراري (التقطير التحطيمي) Pyrolysis or Distructive distillation

هي عملية تقطير تحطيمي، أو حرق في غياب الأكسجين للمواد العضوية غير المستقرة حرارياً لتنفصل عبر مجموعة من التكسير الحراري والتفاعلات التكثيفية إلى أجزاء غازية وسائلة وصلبة، والعملية ماصة للحرارة endothermic بصورة كبرى. وتضم نواتج العملية مواداً صلبةً (كربون)، وسائلة (ايثيلين)، وغازية (الميثان). وفي العملية الحقيقية تُضاف حرارة للمغذيات العضوية المعقدة ويُستفاد من النولتج. ومن أهم المتغيرات في هذه العملية معدلات التسخين، ودرجة الحرارة النهائية. وقادت تطورات الانحلال الحراري إلى التغويز gasification حيث تُضاف كميات قليلة من الأكسجين النقي إلى الهواء لتحول عملية الأكسدة الناتجة حرارة كافية لاستدامة النظام. وتعتبر هذه العملية نظيفة بيئياً، ويصدر منها القليل من الملوثات، كما وتنتج كثيراً من المحروقات المفيدة. وما زالت الطريقة نظرية أكثر منها عملية.

جدول 4-10 محاسن بعض طرق التخلص من المواد الصلبة ومساوئها {12، 17، 18}

الطريقة	المحاسن	المساوئ
التسميد	- تنتج سماد يساعد على زيادة إنتاجية التربة.	- يجب أن تحتوى على 70% من النُفاية المتعفنة والأوراق.
التحلل الإختزالي	- يمكن ان يتم يدوياً -لا يحتاج إلى مساحة كبيرة - يمكن أن تقتصر المسافة - يمكن إضافة مخلفات الإنسان والحيوان.	- لابد من فرز المواد غير القابلة للإحتراق. - لابد من وجود تسويق أو إستخدام للناتج - لابد من تقليب الركامات وترطيبها - تحتاج إلي أيدي عاملة كثيرة - توجد مخاطر تشغيلية - تحتاج إلي نسبة كربون إلي نتروجين 30: 1
الحرق	- يقلل الوزن بنسبة 60 - 75% كما ويقلل الحجم بنسبة 85-90% - الحرق والتحويل إلي رماد - يستبعد الحشرات والجرذان وغيرها	- تحتاج إلي 50% بالوزن من المواد القابلة للاحتراق - تحتاج إلي مرمد - الغازات والروائح غير المرشدة
الدفن الصحي	- رخيصة واقتصادية عند وجود الأرض - الاستثمار الأولى زهيد مقارنة بغيرها - طريقة تخلص نهائية - طريقة مرنة إذ أن زيادة كمية النُفاية يمكن التخلص منها بزيادة بسيطة في العمال	- ربما استعصى وجود الأرض عندما تكون الكثافة السكانية عالية أو مسافة الجر بعيدة وغير اقتصادية - لابد من الالتزام اليومي بالمعايير والمقاييس الموجودة للتشغيل - عندما توجد بالقرب من مناطق سكنية فإنها ربما تعارض من قبل الجمهور - لابد من تصميم خاص وتنفيذ للإنشاءات

	والأجهزة -يمكن الاستفادة من الأرض في المستقبل - يمكن أن يستقبل كافة أنواع النُفاية والقمامة الخام دون فرز - يمكن استعادة أرضها كملاعب أو مواقف سيارات أو مطارات ...	المراد وضعها في المنطقة مستقبلاً - غاز الميثان وغيره من الغازات المنبثقة ربما شكلت مخاطر أو مضايقة أو عاقت الاستخدام الأمثل لهذه الطريقة - يحتاج المدفن الصحي المكتمل إلى صيانة نسبة للهبوط فيه

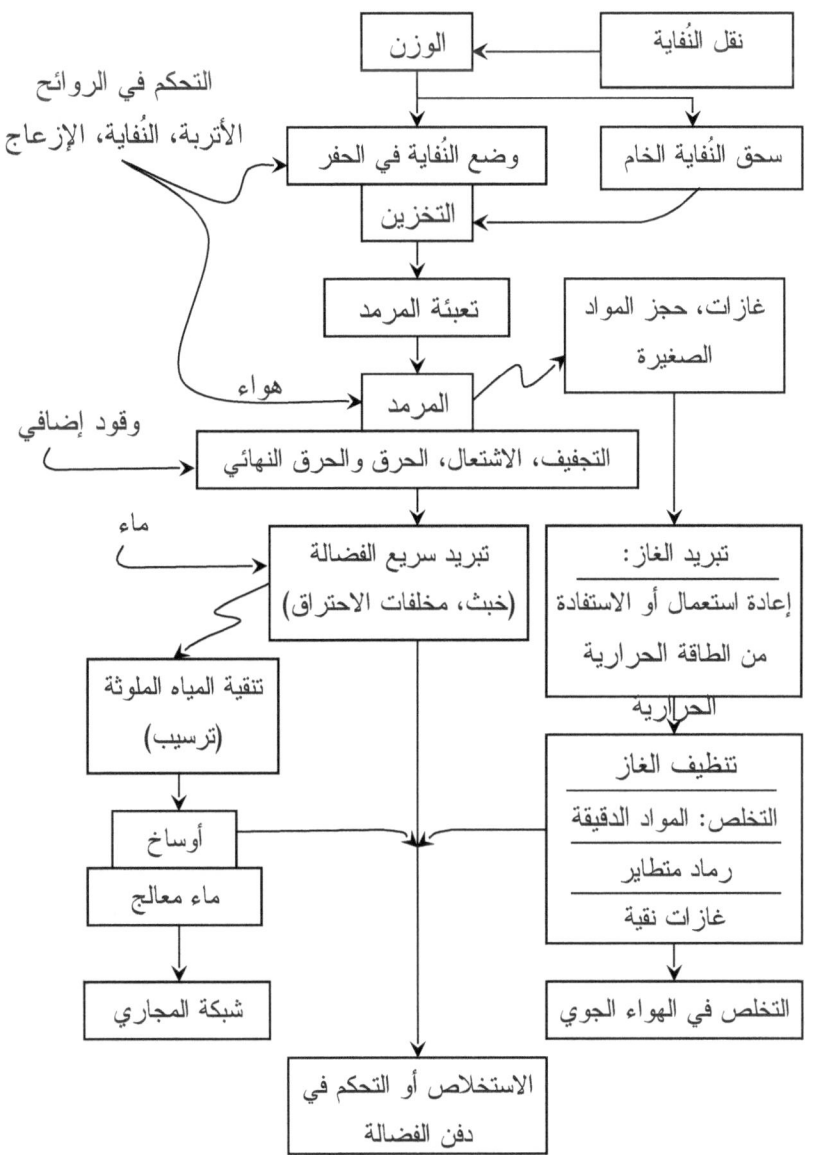

شكل 4-15 رسم تخطيطي لعملية الحرق أو الترميد {11، 22}

تعتمد عملية الانحلال الحراري على نوع المفاعل المستخدم ومن ثم فقد تتغيــر الأشكــال الفيزيائية للنُفاية والقمامة الواجب انحلالها حرارياً من المواد الخام المفتتة إلـــى الأجــزاء المطحونة الناعمة من النُفاية.

وتضم أهم الأجزاء والمكونات الناتجة من هذه العملية التالي: {12}

- مسار غازي يحتوي أساساً على الهيدروجين والميثــان وأول أكسـيد الكربــون وثاني أكسيد الكربون ومجموعة من غازات أخرى اعتماداً على خواص المــادة التي انحلت حرارياً.

- يتكون مسار سائل من القطران أو مسار زيتي على درجة حرارة الغرفة، وقـــد يضم مواد كيميائية مثل حمض الخليك والاسيتون والميثانول.

- فحم يتكون غالباً من كربون نقي مع بعض المواد الخاملة التي وجدت طريقهــا للعملية.

تمثل المعادلة الكيميائية التالية مقترح الانحلال الحراري لمادة السيللوز $C_6H_{10}O_5$

$$3 \ C_6H_{10}O_5 \longrightarrow 8H_2O + C_6H_8O + 2CO + 2CO_2 + CH_4 + H_2 + 7C$$

C_6H_8O: هو سائل القطران أو المركبات الزيتية.

4 – 6 تكنولوجيا مكافحة تلوث الهواء

يقصد بتلوث الهواء وجود ملوثات له في الغلاف الجوى (أوفـــي الهـــواء الخـــارجي) بتركيز معين، وبخواص محددة، ولفترة زمنية كافية، مما قد يُهدد أو يضر بحياة الإنسان وممتلكاته؛ أو يؤثر على ممالك الحيوان والنبات والأحياء المجهرية. وربما أضرت هذه الملوثات وأثرت كثيراً في الاستفادة من أساليب التقانة الحديثة المهمة والأساسية لتقــدم الشعوب ورقيها ونموها ورفاهتها، أو تتداخل في رفاهة الحياة والتمتع بها.

بعض الغازات والمركبات التي تُعد من الملوثات الهوائية (مثل: ثاني أكسـيد الكـبريت، وكبريتيد الهيدروجين، والكبريتات) قد توجد بنسب قليلة في الهــواء الجــوى. غيــر أن

المشاكل المترتبة على زيادة تراكيزها فيه تعمل على تلوث الهواء. وهـذه الزيـادة فـي تركيزها تتأتى من المناشط الصناعية وازدياد الكثافة السكانية، أو بسبب عمليـات حـرق النُفاية والكُناسة أو قد تزداد قيمها بصورة طبيعية (مثلاً بالتحلل الحيوي للمواد العضوية) اعتماداً على عدد من العوامل المتداخلة فيما بينها ومنها: العوامل المناخية السائدة (درجـة الحرارة، والرطوبة، والأمطار والبخر، وسرعة الرياح)، وتكدس الصـناعات وتعـددها، ومواصفات المداخن المستخدمة لنفث الملوثات (طول المدخنة، وسرعة تدفق الغازات منها ودرجة حرارتها)، وطبغرافية المنطقة، ونوع الملـوث وتركيـزه، والكثافـة السـكانية، والمتغيرات الثقافية والاجتماعية والبيئية والاقتصادية بالمنطقة، ومكونات النُفاية والقمامة المحترقة. ومن أهم الغازات والمواد الملوثة أكاسيد النتروجين والكربـون والكبـريت، والمواد العالقة.

ربما يترتب على تلوث الهواء أضرار صحية ونفسية أو خسارة اقتصادية أو بيئية، يمكـن إجمالها في التالي: {16}

(1) اتلاف الممتلكات: حيث تُلامس الملوثات الهوائية المباني والمنشآت وغيرها مـن الممتلكات مما يقود إلى تغيرات فيزيائية أو تفاعلات كيميائية حسب تكوين الملوث وخواصه، وتقود زيادة الرطوبة إلى زيادة هذه التفاعلات مما ينتج عنه تصدع في المباني وتشوهات أو تفتت للمواد والمنشآت. وتتفاوت الأضـرار حسـب نـوع الملوثات وخواصها وكميتها؛ فمثلاً الجسيمات الملوثة من الدخان والغبار والأبخرة والضباب تتراكم على الأسطح وتتلف الطلاء والملابس عبر مقدرتها الذاتية للتآكل أو بوجود مواد كيميائية أكالة ممتزة فيها أو عليها، والحُبيبـات الملوثـة الماصـة للرطوبة والمحتفظة بها (المسترطبة والمتميئة) hygroscopic تزيد من التآكـل خاصة في وجود مركبات كبريتية، ويفتت ثاني أكسيد الكـبريت (المؤكسـد فـي حُبيبات الماء) المباني والتماثيل المصنعة من الرخام والحجر الجيـري، وتتآكـل المعادن بفعل ثاني أكسيد الكبريت (مثل الحديد والنحـاس والخارصـين والحديـد الصلب)، ويتآكل الألمونيوم رغم مقاومته لثاني أكسيد الكـبريت تحـت ظـروف الرطوبة العالية. ويمتص الجلد بسهولة ثاني أكسيد الكبريت مما يفقده ترابطه ومن

ثم يتفكك في نهاية المطاف، ويزيل ثاني أكسيد الكبريت اللون عن للـــورق. أمـــا المواد المؤكسدة الكيميائية الضوئية فتزيد من التعرية.

(2) اتلاف النباتات: تؤدي الملوثات الهوائية إلى تغير محتويات الهواء مما قد يقود إلى ترسب الملوثات على أوراق النباتات والأشجار وتعمل على انسداد وقفل مساماتها الشيء الذي يحد من نمو النباتات. وعلى سبيل المثال ينفث الفلور مـــن عمليـــات الألمونيوم والزجاج والفوسفات والأسمدة وصناعة الطين بكميات كبيرة تؤثر على النباتات وتضر في ثمارها وأزهارها مما قد يقلل من قيمة النباتات؛ ويؤثر الفلـــور على النبات بدرجات تركيز أقل كثيراً من القيم الضارة بالإنسان.

(3) حجب الضوء: يؤدي التلوث الهوائي إلى تكوين الضباب والغيم والضبخان الشيء الذي يمنع الرؤية ويعيق الإبصار مما قد يؤثر على حركة المرور والنقل الشـــيء الذي قد يؤدي إلى الكوارث وزيادة حوادث حركة المرور.

(4) تفشي الأمراض: قد تؤدي الملوثات الهوائية إلى تفشي أمراض معينـــة للإنســـان والحيوان خاصة أمراض الجهاز التنفسي، بالإضافة إلى احتمالات التسمم بغازمـــا أو حُبيبات معينة.

(5) أمراض الحيوانات ونفوقها: تصل الملوثات للحيوانات عن طريق أكـــل النبلتـــات الملوثة، أو عبر التنفس، أو لحس الريش وتنظيف الجلد، أو بترسب الملوثات على الجلد أو العيون مما يؤدي إلى نقل الأمراض للجهاز التنفسي، والجلـــد والعيـــون، والإصابة بالأورام السرطانية. وقد يأتي الفلور بالدغموس fluorosis بـ درجات تركيز قليلة على الحيوانات التي تأكل الأعشاب والأشجار والحشائش التي تحـــوي الفلور.

يبين جدول 4-11 أمثلة لمصادر بعض الملوثات الغازية وخواصها.

أكاسيد النيتروجين Nitrogen oxides:

تُنتج أكاسيد النتروجين من محطات توليد الطاقة من احتراق الغـــازات داخـــل المصـــانع والوحدات التي تعمل بالنفط ومن الأكسدة الكهركيميائية. وينتج أكسيد النتروجين NO من

الأكسدة الحرارية لنيتروجين الهواء الجوي كما موضح في المعادلة التالية وللتي تعتمد على درجة الحرارة

$N_2 + O_2 = 2NO$

إن أكسيد النيتروجين غاز عديم اللون وغير مهيج، لكن يُمكن أكسدته إلي ثاني أكسيد النتروجين NO_2. أما أكاسيد النيتروجين الصادرة من محطات توليد الطاقة والمصانع فينتج عنها ثاني أكسيد النيتروجين NO_2 (ذي اللون البني إلي البرتقالي) والذي له آثار وخيمة على الصحة العامة حتى عند درجات التركيز القليلة، وربما أتلف الرئة، سيما وهو غاز سام تعادل سميته أربعة أضعاف سمية حامض النتريك، إذ تبدأ السمية على درجة تركيز 0.05 ملجم/لتر. كما ويحطم ثاني أكسيد النيتروجين الكلوروفيل (اليخضور) وعليه يُغير لون أوراق النبات من الأخضر إلي الأصفر أو الأبيض في درجات تركيز 2 إلي 3 ملجم/لتر، وربما يحد من نمو النبات {16}.

جدول 4-11 مصادر بعض الملوثات الغازية وخواصها {5، 16، 17، 18، 30 - 33}

الملوث	المصدر	أهم الخواص
ثاني أكسيد الكبريت SO_2	محطات توليد الكهرباء، ومصافي أو محطات تكرير النفط، وصناعات: الحديد والصلب والورق والكبريت، وحرق الفحم والنفط وزيت الوقود، وتنقية المعادن وصهرها وسباكتها، والنُفاية والقمامة والكُناسة.	غاز عديم اللون، له رائحة قوية نفاذة، وشديد الذوبانية في الماء ليكون حمض الكبريتوز H_2SO_3
ثالث أكسيد الكبريت SO_3	مصانع إنتاج حمض الكبريتيك، وإنتاج الطوب (الطابوق) الصناعي، وحرق الوقود.	يذوب في الماء ليكون حمض الكبريتيك
الكبريت والكبريتيد	محطات توليد الطاقة، وعمليات صهر المعادن وحرق القمامة.	
الدخان، الغبار،	صناعات الحديد، ومحطات توليد	

والأتربة	الكهرباء، والمسابك، وصناعة الأسمنت، وحرق النُفاية والقمامة والكُناسة.	
أول أكسيد الكربون CO	احتراق الوقود، وبخر أكاسيد المعادن، وسيارات الغازولين، وإنتاج الحديد الزهر، وحرق الوقود والنُفاية.	غاز عديم اللون وعديم الرائحة
ثاني أكسيد الكربون CO_2	احتراق الوقود والنُفاية والقمامة.	غاز عديم اللون وعديم الرائحة
أكاسيد النتروجين (الأزوت) NO_X	مصانع إنتاج حمض النتريك، وتوليد الكهرباء، والحديد والصلب، والأسمدة، والحرق تحت الحرارة العالية، وتنظيف المعادن، والمتفجرات، وإنتاج حمض الكبريتيك	أكسيد النتروز N_2O، وأكسيد النتريك NO غازات عديمة اللون، وغاز ثاني أكسيد النيتروجين NO_2 له لون بني إلى برتقالي .
الأمونيا (النشادر)	مصانع إنتاج النشادر والأسمدة.	
الهيدروكربونات المكلورة	محطات التنظيف والتجفيف.	
ميركبتانات	تكرير النفط وتصفيته.	
أكاسيد الخارصين	استخراج النحاس.	
هيدروجين الكلور، الكلور	مصانع إنتاج الكلور، وإنتاج الأمونيا، وإنتاج الكروم، ومحطات تنقية المياه ومحطات معالجة المياه العادمة.	
سيانيد الهيدروجين	طلاء المعادن، وأفران الصهر، وأعمال الصباغة.	
فلور الهيدروجين	تصفية النفط (عامل مساعد)، وصناعة الزجاج، واستخراج السيليكات، وناتج ثانوي عند الإنتاج الإلكتروليتي للألمونيوم.	غاز عديم اللون، غاز لاذع

كبريتيد الهيدروجين H_2S	مصانع الورق، ومحطات نظافة الغاز، ومحطات تكرير النفط، ومصانع إنتاج الألياف (مثل الرايون rayon).	غاز له رائحة البيض الفاسد في درجات التركيز القليلة، وعديم الرائحة في درجات التركيز العالية
المواد العضوية المتطايرة VOC	صناعات النفط والغاز الطبيعي، والطلاء والمنظفات، والبلاستيك واللدائن والمطاط وعمليات سفلة الطرق.	

أكاسيد النيتروجين والهيدروكربونات (الناتجة من احتراق الغازات داخل المركبات العاملة بالنفط) تتأكسد كيميائياً مع غازات الهواء عند وجود ضوء الشـمس لتكـون عـدداً مـن الملوثات الثانوية والمؤكسدة المختلفة (المؤكسدات الكيميائية الضوئية photochemical oxidants). وهذه الملوثات الثانوية هي الأكثر خطراً وضرراً على صحة الإنسان {34} (انظر جدول 4-12). وقد تؤدى هذه الملوثات إلى تكوين الضبخان smog، أو الحد من الرؤية، أو تهيج العيون، أو إلحاق أضرار بالجهاز التنفسي. أما الأكسدة الكهروكيميائيـة فينتج عنها غازات مثل: الأوزون وثاني أكسيد النتروجين والبيروكسي استيلنيتريت. ومن آثار هذه الملوثات: زيادة تكرار الإصابة بداء الربو، وتهيج العيون، وتقليل كفـاءة للفـرد الرياضية، وأمراض الرئة عند الأطفال، وربما تسببت في حــدوث بعـض الأمـراض المسرطنة {16، 18، 31، 32}.

جدول 4-12 أثر ثاني أكسيد الكبريت على الناس {16، 34}

التركيز (ملجم/لتر)	الأثر
0.2	أقل تركيز يؤدي لتجاوب من الناس
0.3	معيار التعرف على الطعم
0.5	معيار التعرف على الرائحة
1.6	معيار حاث لانقباض الشعب الهوائية عكسي على الأشخاص السويين

يؤدي للتهيج الفوري للحنجرة	8 إلى 12
يؤدي لتهيج العيون	10
يؤدي إلى الكحة الفورية	20

من أهم السبل للتحكم في أكاسيد النيتروجين المنفوثة من المصادر الثابتة تتعلـــق بتطـويـر ظروف التشغيل والتصميم. ومن الطرق التطبيقية لإزالة NO_x : الترسيب، والاختزال في العوامل المساعدة لأكسيد النيتروجين إلى N_2 و O_2 أو التفاعل مع غاز آخـر مثـل أول أكسيد الكربون، أو الغسيل بالامتصاص بالسوائل (مثل هيدروكسيد الصوديوم والكالسيوم) أو الامتزاز في المواد الصلبة (مثل الكربون النشط وجلي السيليكا ، والراتنجات بالتبـــادل الأيوني، وأكاسيد الحديد ... الخ).

المواد العالقة Suspended solids

تعمل شعيرات الأنف عادة على حجز معظم الحُبيبات العالقة المستنشقة (ذات القطر الذي يربو عن 10 ميكرومتر) وصدها من الدخول للجهاز التنفسي. بينما تجد الحُبيبــــات ذات الحجم الأصغر (تلك التي يقع قطرها بين 2 إلي 3 ميكرومتر) طريقهــا للرئــة، حيـــث تمتصها خلايا معينة وتعمل على حملها إلي الجهاز الليمفاوي. وتعتمد درجة ترسيب المواد العالقة في الجهاز التنفسي على حجم الحُبيبات وشكلها وكثافتها. ومـــن الآثـار الضـــارة للأتربة والحُبيبات الصغيرة الحجم: تسببها في داء الربو وللنـزلات الشــعبية ولأمـــراض الجهاز التنفسي، وقد تزيد من مخاطر التهابات الرئة، وتهيج العيون، وتحد من الرؤية في درجات تركيز 25 ملجم/لتر. كما وتؤثر درجات تركيز 200 ملجم/لــتر علــى صحـــة الإنسان {16، 18، 31 – 33}.

أكاسيد الكبريت Sulfur oxides

ثاني أكسيد الكبريت SO_2 غاز لا لون له، وله رائحة نفاذة، وسريع الذوبان ليكون حمض الكبريتيت Sulfurous acid H_2SO_3، وقد يجد طريقه بسهولة لدم الإنسان عند استنشاقه، ومن ثم يؤثر على الجهاز التنفسي ويهيجه حتى عند درجات للــتركيز القليلـــة. وربما أهلك هذا الغاز الشيوخ والأشخاص الذين يعانون من أمراض القلب أو التهلبـات

الرئة وأمراضها. وقد ينتج عن زيادة تركيز ثاني أكسيد الكبريت داء الربو والنـزلات الشعبية. كما وأن بعض المنسوجات تتأثر بالتلوث الهوائي (مثل تأثر النيلون عند تعرضه لغاز ثاني أكسيد الكبريت). أما أكاسيد الكبريت الأخرى فقد ينجم عنها أمـراض القلـب، والمشكلات النفسية لدى الأطفال، كما وأنها تتلف المحاصيل في درجـات تركيـز 0.03 ملجم/لتر. وثنائي كبريتيد الكربون سام للأعصاب، وقد تنتج منـه اضطرابات نفسـية، وخدر، وفقدان للوعي والشعور {11، 16، 18، 31، 34}.

كبريتيد الهيدروجين Hydrogen sulfide, H2S :

غاز كبريتيد الهيدروجين له رائحة البيض الفاسد على درجات التركيز القليلة، ولا رائحـة له في درجات التركيز العالية، وهو غاز مهيج حساس، وسام جداً وقاتل عند التعرض لـه في درجات تركيز عالية منه، ولا لون له، ويذوب في عدة سوائل مثـل: المـاء، والكحـول، والأيثر، والكربونات القلوية، والبيكربونات. ينتج غاز كبريتيد الهيدروجين بسبب التفتيت الحيوي للمواد العضوية (خاصة في محطات المعالجة)، وعند التنقيب عن الغاز الطـبيعي أو النفط. ويُستخدم غاز كبريتيد الهيدروجين في الصناعة مثلاً لإنتاج عنصر الكبريت، أو حمض الكبريتيك، أو لإنتاج الماء الثقيل (الذي يستخدم كمهدئ للنيوترونات في محطـات الطاقة النووية). وهذا الغاز ضار بالجهاز العصبى، ومهيج للجهاز التنفسي عند استنشاقه، ومهيج للعيون، كما ويُمتص بسهولة بوساطة الدم داخل الرئة. وفي بداية التعرض للغـاز تؤدى الكمية المستنشقة إلي سرعة التنفس Hyperpnoea، والتي يتبعها خمول وعـدم نشاط في الجهاز التنفسي Apnoea. أما في درجات التركيز العالية فقد يؤدى الغاز إلـي الشلل الفوري. وربما ترتب على استنشاق الغاز موت المصاب مـن جـراء الاختنـاق Asphyxia ما لم يُسعف عن طريق التنفس الصناعي وما فتئ القلب نابضاً. وربما أدى وجود غاز كبريتيد الهيدروجين إلي حدوث حالات من القيء والصداع وفقدان الشـهية والأرق عند تواجده بنسب بسيطة في البيئة المحيطة {10، 16، 17، 18، 32}.

تضم استراتيجيات التحكم في منفوثات ثاني أكسيد الكبريت SO2 من مصادر الاحـتراق الثابتة: إحلال الوقود، وإزالة الكبريت من الوقود، وإزالـة SO2 مـ ن مسـار الغـازات

الحارقة. ومن أهم الطرق المتبعة لإزالة SO_2: الامتصاص بالقواعد، والامتصاص بالمواد العضوية، والأكسدة أو الاختزال بالعوامل المساعدة، والامتزاز عبر المواد الصلبة، والحقن في الأفران.

(1) الامتصاص بالقواعد يُنزع SO_2 من مسار غاز الوقود ليتحد كيميائياً به؛ وفي مرحلة أخرى يُسترجع الكبريت. ومن العوامل المستخدمة: أكسيد المغنسيوم MgO، وهيدروكسيد الصوديوم $NaOH$ ، وكبريتيد الصوديوم Na_2SO_3 وكربونات المعادن، وثاني أكسيد المنجنيز MnO_2. بالإضافة إلى استخدام قواعد لا تستعاد مرة أخرى مثل الجير والحجر الجيري.

(2) الحقن بالفرن: حيث يُحقن الدولوميت الجاف $MgCO_3$ والحجر الجيري $CaCO_3$ في الفرن ليتفاعل الخليط مع SO_2 وتُزال الكبريتات والمواد غير المتفاعلة والرماد بالمجمعات والغسيل الرطب.

(3) الأكسدة بالعوامل المساعدة: باستخدام عوامل مساعدة لأكسدة SO_2 إلى SO_3 مثل خماسي أكسيد الفناديوم Vanadium pentoxide. أما الاختزال لغاز SO_2 بعامل مختزل مثل CH_4 وهيدروكربونات أخرى في وجود عامل مساعد فيتم لعنصر الكبريت.

$$2SO_2+CH_4 \xrightarrow[\text{عامل مساعد}]{\text{بوكسيت}} 2H_2O+CO_2+2S$$

(4) الامتزاز في مادة صلبة حيث يُمتز ثاني أكسيد الكبريت SO_2 في الفحم والكربون النشط.

أول أكسيد الكربون Carbon monoxide, CO :

غاز أول أكسيد الكربون سام، ولا لون له ولا رائحة، وهو نتاج لعمليات حرق غير مكتملة. تزداد كمية أول أكسيد الكربون في الجو نتيجة العمليات الصناعية أو بوساطة الطرق الطبيعية. ومن أمثلة الطرق الصناعية المنتجة لأول أكسيد الكربون: الاحتراق

غير الكامل للمواد النفطية (خاصة من عادم السيارات) ولحتراق المخلفات الصناعية والنُفاية. ومن أمثلة الطرق الطبيعية: البخار، وأكسدة غاز الميثان، والثورات البركانية، والحرائق، والعواصف الرعدية. ويزداد تركيز هذا الغاز في عادم السيارات خاصة عند ساعات الذروة. ومن العوامل المؤثرة في زيادة نسبه: طبغرافية المنطقة والمباني وحالة الطقس. وغاز أول أكسيد الكربون سام جداً نسبة لقابلية اتحاده مع هيمجلوبين للدم Hb مكوناً كربوكسي هيمجلوبين.

$$HbO_2 + CO \leftrightarrow HbCO + O_2$$

ومن المعلوم أن لهيمجلوبين الإنسان شره لأول أكسيد الكربون أكثر من الأكسجين بحوالي 210 مرة مما يعيق من نقل الأكسجين. وهذا المركب المتكون أكثر ثباتاً من الأكسي هيمجلوبين بما يربو عن المائتي ضعف، ويؤثر سلباً على الجزئيات والكُريات الحاملة للدم، وربما قاد إلي أضرار وخيمة طبقاً لحالة الإنسان الصحية، ومدة التعرض، ودرجة تركيز الغاز. وتكوين كربوكسي الهيمجلوبين HbCO يقلل فعلياً من كمية الهيمجلوبين المتاح لحمل الأكسجين لخلايا الجسم. أيضاً يقلل أول أكسيد الكربون من إطلاق الأكسجين للخلايا عبر منع تحلل الأكسي همجلوبين HbO_2 إلى هيمجلوبين Hb وأكسجين O_2 مما ينتج عنه نقص أكسجين الانسجة oxygen starvation, anoxia رغماً من حمل الدم لكميات كبيرة من الأكسجين ربما أكثر من احتياجاته {34}.

يبين جدول 4-13 ملخص المستويات التقريبية لكربوكسي هيمجلوبين HbCO (مقارنة مع الكربوكسي هيمجلوبين HbCO والأكسي هيمجلوبين HbO_2 الكلي) التي تحدث فيها أعراض مختلفة.

جدول 4-13: الآثار الصحية لمستويات الكربوكسي هيمجلوبين في الدم {16، 35}

الأثر	مستوى الكربوكسي هيمجلوبين في الدم HbCO (%)
لا يُلاحظ أعراض، هناك بعض التأكيد لحدوث ضغط نفسي	صفر إلى 10
الصعوبة في التنفس عند الإجهاد والعمل	10 إلى 20
الصداع	20 إلى 30
ضعف في العضلات وإغماء ودوخة	30 إلى 40
صعوبة في النطق وقابلية للانهيار	40 إلى 50
الاختلاجات	50 إلى 60
غيبوبة عميقة coma إذا طالت فترة التسمم	60 إلى 70
الوفاة الفورية	80

المتغير الوحيد الأكثر هيمنة لزيادة تركيز HbCO في الدم هو تدخين السـجائر. وتقـدر كمية CO الداخل للرئة من جراء تدخين السجائر حوالي 400 ملجم/لتر ورغماً عـن أن هذه المستويات لا تقود إلى أعراض إكلينيكية واضحة غير أن لها صلة بضرر أداء الدماغ وآثار على الإبصار وغيرها من المضار العملية {16}.

ومن الآثار الضارة للغاز: مخاطر لمرضى القلب عند درجات تركيز 30 ملجم/لتر، وتلف الجهاز العصبي الرئيس، وتقليل مقدرة الدم لحمل الأكسجين، وضغط الدم، والتأثير علـى المرأة الحامل (الشيء الذي ربما أنقص وزن الجنين وقلل من نمو المولـود) وربمـا أدى للوفاة بسبب انعدام الأكسجين. ويبين الجدول 4-14 بعض الآثار الفسيولوجية لأول أكسيد الكربون.

جدول 4-14 بعض الآثار الفسيولوجية لأول أكسيد الكربون{16، 18، 31 - 33}

درجة التركيز (ملجم/لتر)	الآثار والمخاطر المتوقعة
100	مسموح به لعدة ساعات
400 إلي 500	لا توجد مخاطر بعد مضى ساعة واحدة
600 إلي 700	بعض الأثر بعد مضى ساعة
1000 إلي 1200	آثار سيئة ولكن لا تنجم عنها أعراض خطرة بعد مضى ساعة
1500 إلي 2000	خطرة عند التعرض لمدة ساعة
4000 أو أكثر	شديدة الخطورة في مدة أقل من ساعة

يتكون أول أكسيد الكربون كنتاج للتفاعلات الكيميائية بين الوقود الكربوني والأكسجين بسبب غنى الخليط وعدم وجود أكسجين كافي للتفاعل، أو بسبب الاضطراب الضعيف للوقود والهواء في المفاعل، أو بسبب درجات الحرارة العالية في مناطق الحرق حيث يؤدي الاتزان الكيميائي إلى تحلل CO_2 إلى CO. ويصعب التخلص من CO بالتقانات العادية مما يوجب معه الاهتمام بمنع تكوينه. وأفضل السبل العملية لتقليل نفث CO من مصادر الاحتراق الثابتة هي: التصميم الجيد، والتشغيل الكفء، والصيانة الدورية لأجهزة الحرق.

ويمكن تلخيص الأضرار والمشاكل التي قد تحدث من جراء التلوث الهوائي في للتالي: {10، 16، 17، 18، 31، 36}:

1. مضايقات ومشاكل استساغة: مثل عدم وضوح الرؤيا، وانبعاث الروائح الكريهة.
2. مشاكل اقتصادية واجتماعية: مثل: زيادة معدل تلوث الملابس والأقمشة، وتلف الأثاثات والجسور وغيرها من المنشآت (مما ينتج عنه زيادة تكاليف الإصلاح والصيانة والإزالة)، أو تلف المحاصيل (طبقاً لدرجة تعرض النبات للتلوث،

وحساسية النبات، وخصائص الملوثات ودرجة التركيز وزمن التلوث)، ومرض أو نفوق الحيوانات النافعة والأليفة عند تعرضها لملوثات طبيعية أو مصنعة مثل ثاني أكسيد الكبريت والغازات الحمضية.

3. مخاطر أثرية: إذ قد يؤدى التلوث الهوائي إلي زيادة عوامل تعرية الحجارة في المنشآت، وتفتت المنشآت الأثرية والتاريخية والتراثية وتهديد استمرار بقاء التراث القومي.
4. أضرار أمنية: مثال لذلك الزيادة المطردة في معدلات حوادث السير وحركة المرور (البري والبحري والجوي) الناتجة بسبب عدم وضوح الرؤية (أو انعدامها) نتيجة للتلوث الهوائي.
5. مشاكل صحية: تتعلق بالأحياء (إنسان أو حيوان) على المدى القصير أو تظهر آثارها على المدى المتوسط أو الطويل.

ويبين جدول 4-15 المخاطر والآثار الصحية لبعض الملوثات والغازات.

للملوثات داخل المباني دور رئيس في كثير من المناطق. وقد تزداد تراكيز الملوثات داخل المباني إلي ضعف أو خمسة أضعاف درجات تراكيزها خارجها {37}. وتضم هذه الملوثات أول أكسيد الكربون وأكاسيد النتروجين وأكاسيد الكبريت والمواد الصلبة الصغيرة والأسبستس والأوزون والراديوم المشع. وتنتج هذه الملوثات من أجهزة الاحتراق، وتدخين السجائر والتبغ، ومواد البناء، والأثاثات البلاستيكية، والستائر، ومواد التبريد، والأصباغ، والمنظفات وغيرها من مستحدثات الصناعة ومبتكراتها.

جدول 4-15 الآثار الصحية لبعض الملوثات والغازات {16، 18، 31 - 33}

الغاز أو الملوث	المخاطر الصحية
الرصاص	يتراكم في الجسم، ربما أعاق مهمة هيمجلوبين الدم.
الهيدروكربونات	تولد الضباب الدخاني، والتأثير على الرؤية عند درجات تركيز 0.15 إلي 0.25 ملجم/لتر، وتعد مواد مسرطنة، وتبطئ من نمو النبات.
الأسبستس	يسبب مرض الأسبستس، وربما أتى ببعض الأمراض السرطانية.
البيريوليوم	يتلف الرئة، ويأتي بمرض البرليوسس عند درجات تركيز تزيد على 0.01 ملجم/لتر.
الأيثر	مخدر وسام وربما أتى ببعض الأمراض السرطانية.
الفلور	ينزع تكلس العظام، ومهيج للجزء العلوي من الجهاز التنفسي، ومهيج لقرنية العين، وصداع، وموت.
فلوريد الهيدروجين	تسمم الماشية بالفلور ومركباته، ومهيج قوى، ومضر لكل خلايا الجسم، ويضر الحمضيات والنباتات، ويؤثر على أسنان الحيوانات وعظامها.
الكلور	مهيج للعيون والجهاز التنفسي.
سيانيد الهيدروجين	يؤثر على الخلايا العصبية.
الجسيمات	زيادة التفاعلات الكيميائية، وانخفاض الرؤية ، وتؤثر على الجهاز التنفسي، وأمراض القلب، وتغيير نظم الجسم الدفاعية للمواد الغريبة، وضرر لخلايا الرئة، وسرطان، وأنفلونزا، وربو، وأوساخ.
ثاني أكسيد الكبريت	رائحة، ويغير اللون الفضي للأسود، ويضر النبات، ويؤدي إلى صعوبة في التنفس، وأمراض الجهاز التنفسي، وضرر للرئة، وموت، وتلف الألوان والأقمشة والورق والجلود.

الأوزون	يزيد من سرعة دمار المطاط والمواد المصنعة، والدموع، والكحة، ويزيل لون الأسطح العلوية من أوراق النبات والحشائش، ويتلف الأقمشة، ويسارع من تشقق المطاط.
أكاسيد النيتروجين NO, NO_2	مهيج للرئة، والتهاب الصدر، ويتلف أوراق النباتات، ومهيج للعيون والأنف، وتآكل المعادن.

بعض أمثلة الأمراض التنفسية ذات الصلة بالتلوث الهوائي مبينة في جدول 4-16.

جدول 4-16 أمراض تنفسية من التلوث الهوائي {16، 34}

المرض	العنصر المسبب له
التسمم السليكي (سُحار سيليكي)[15] Silicosis	التعامل مع الصخور، ومصانع الأسمنت
الجمرة[16] Anthrax	التعامل مع الجلود
سُحَار قطني Byssinosis	غبار القطن
داء الربو Asthama	ضبخان ودخان
تدرن، سل Tuberculosis	غبار الفحم
داء الأميانت (الأسبست) Asbestosis	غبار الأسبستس
حَدَدَ الرئة (حُداد)[17] Siderosis	غبار الحديد
التنحُّس Chalosis	حُبيبات الرصاص
التسمم بالرصاص Plumbosis	أبخرة الرصاص
مرض البقاس، Bagasosis	البقاس أو غبار قصب السكر

---

15 داء رئوي متميز بقصر النفس ناشئ عن تنشق متطاول لغبار السليكا

16 مرض مهلك من أمراض الماشية وقد يصاب به الإنسان

17 مرض يصيب الرئة من تنشق دقائق الحديد وما إليها

6. مخاطر نباتية: تتفاوت الآثار الناتجة من الملوثات الهوائية على النبلتات طبقاً لعوامل مختلفة ومتداخلة فيما بينها، مثل: نوع النبات وعمره ومدى تأثره بالملوثات، وتركيز الملوث والزمن اللازم لإحداث الأعطال. فمثلا إنتاج الأثلين - من عادم السيارات واحتراق الغازات الطبيعية وبعض الصناعات الكيميائية - يؤثر في أداء الهرمونات والإنزيمات النباتية، أو يحد من النمو، أو يغير فيه خاصة في الألياف والزهور، ومن أمثلة ذلك تلف الطماطم عند تعرضها للأثيلين لمدة 48 ساعة في درجة تركيز 0.1 ملجم/لتر. وكذلك تؤثر مبيدات الحشائش في إتلاف الأوراق كما يحدث عندما يتعرض القطن أو العنب لمبيد D-2,4 بتركيز يقارب جزء في المليون. ومن المعلوم أن حساسية النبات للملوثات الهوائية أكثر من تلك الموجودة عند الحيوان، مما حدا بجعلها معياراً للتكهن ومعرفة مدى التلوث وشدته. وتتفاوت حساسية النباتات للتلوث طبقاً لنوع النبات، فمثلاً ربما كان من الأجدى التحول من زراعة نبات الألفا ألفا (أبو سبعين) لزراعة القمح عند وجود كميات كبيرة من ثاني أكسيد الكبريت إلي نبات آخر يلائم التلوث الموجود أو يساعد على التخلص منه {16، 32}.

4 – 7 طرق مكافحة تلوث الهواء

تتعدد طرق مكافحة تلوث الهواء لتضم تغيير وحدات عمل المنشأة الملوثة، وتغيير الوقود المستخدم، والتشغيل الجيد. وفي حالة صعوبة تطبيق أي من هذه الطرق ينبغي التفكير في وقف الإنتاج وإغلاق المنشأة. أما سبل التحكم في التلوث الهوائي فتضم الاحتراق والإدمصاص والتكثيف. ويوجد عدد من الأجهزة التي تعمل في هذا الإطار العام لتحقيق التحكم والمكافحة المنشودة لما فيه المصلحة العامة. ويمكن تقسيم الطرق التقليدية المتبعة في برامج مكافحة تلوث الهواء إلى: طرق ضبط للملوثات الهوائية النابعة من المصادر الثابتة، وطرق ضبط لتلك الملوثات الناتجة من مصادر متحركة. كما ويمكن تقسيم طرق ضبط الملوثات الهوائية النابعة من المصادر الثابتة إلى قسمين آخرين يضمان: الطرق المتعلقة بمكافحة الملوثات الغازية، والطرق المتعلقة بمكافحة تلوث الجسيمات. ويعتمد هذا التقسيم على الفرق في مقاسات الملوثات، إذ أن جزيئات الغازات لها قطر يبلغ 0.1 نانومتر تقريباً،

أما أقطار الجسيمات فتبلغ 0.1 ميكرومتر أو أكثر. ويبين شكل 4-10 رسم تخطيطي لإحدى نظم التحكم في الملوثات المبتعثة..

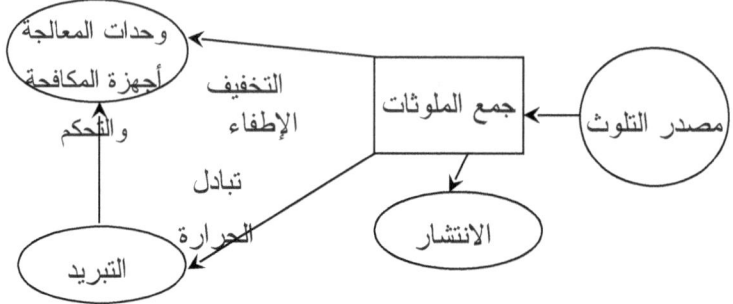

شكل 4 10 رسم تخطيطي لنظام تحكم في الملوثات المبتعثة { 61 13

تُوجد عدة أُطر تكنولوجية لمكافحة التلوث الهوائي الناجم من حرق النُفاية والقمامة البلدية وترميدها تضم التالي:

1. تطوير المحرقة وتشغيلها لتقليل إنتاج الملوثات الهوائية ونفثها (تحسين التصميم الهندسي).
2. استخدام أجهزة معينة للتحكم في الملوثات الهوائية بفصل الملوث وإزلته من تيار الغاز المتصاعد (مثل أجهزة غسل الغاز الرطبة، والترسيب الالكتروستاتيكي، والمرشحات النسيجية، ونظم الحقن الجاف).

4 - 8 طرق ضبط التلوث الهوائي للمصادر الثابتة

من أهم أقسام طرق ضبط التلوث الهوائي للمصادر الثابتة: الملوثات الغازية وملوثات الجسيمات. تحوي طرق التحكم في التلوث الهوائي من الملوثات الغازية: عمليات الإمتزاز وعمليات الامتصاص أو غسل الغاز. وتضم طرق التحكم في التلوث الهوائي من ملوثات الجسيمات: غرف الترسيب تحت الجاذبية، والمجمعات الطاردة المركزية (مثل الفرازات المخروطية والمرسبات الديناميكية)، والمرشحات النسيجية، والمجمعات الرطبة، والمرسبات الإلكتروستاتية.

4 – 8 – 1 الملوثات الغازية Gaseous pollutants

من أهم الملوثات الهوائية الغازية: أكاسيد الكبريت SO_x، وأكاسيد الكربون (خاصة أول أكسيد الكربون)، وأكاسيد النتروجين NO_x، والغازات الحمضية العضوية وغير العضوية، والهيدروكربونات{16، 31، 32}. ويمكن تخفيض درجات تركيز الغازات غير المطلوبة بإحدى أو كل من الطرق الآتية {5، 16، 31}:

- تقليل أو منع إنتاج الغاز الملوث.

- استخدام مواد تتفاعل مع الغازات الملوثة لإنتاج مواد أخرى غير ضارة ولا تشكل خطورة.

- الإزالة المنتقاة للملوثات من نظام الغاز بوساطة الامتصاص (أي نقل جزيئات الغاز إلى السائل).

- الإزالة المنتقاة للغاز الملوث بالإمتزاز (أي ترسيب جزيئات الغاز في سطح صلب).

أ) عمليات الإمتزاز Adsorption processes

تمتز هذه الأجهزة الغاز الملوث في مفارش أو مواد مازة صلبة بتمرير الغاز عليها إذ تُختار المادة المازة اعتماداً على قابليتها لتجميع الغاز المطلوب {10، 16، 32}. إن عملية الإمتزاز من العمليات الكيميائية الحرارية المعقدة. فعندما يترسب الغاز على سطح المادة المازة تنطلق حرارة تقود إلى تسخين المادة الصلبة. وفي بعض الحـالات تـؤدي هـذه الحرارة لاشتعال مفرش الكربون. ولهذا السبب ما زال تصميم المفارش المـازة عمليـة افتراضية حيث تقوم كل شركة مصنعة بتطوير صناعتها وفق ظروف محددة، وخليط من الغازات، ونوعية غاز معين؛ بالإضافة إلى عوامل التصميم الأخرى المتعلقة بالمادة المازة وخصائصها، وظروف التشغيل، ومعدل الدفق. أما الكمية التي يمكن امتزازهـا بالمـادة المازة فتعتمد على الخواص الطبيعية والكيميائية للمادة الصلبة، ومسـاحة سـطح المـادة المازة ومساميتها، والضغط المؤثر. ويستخدم الكربون النشط والألمونيا النشـطة كمـواد عازلة لكثير من الغازات؛ ويستخدم جلي السيليكا لامتزاز بخار الماء وبعـض الغـازات المنتقاة. يبين جدول 4-17 بعض الأمثلة للمواد المازة المستخدمة.

أما المواد الصلبة التي يفضل استخدامها كمواد مازة فيجب أن تكون {16، 32، 37}: عالية المسامية، ولها نسبة مساحة إلى حجم عالية، وذات بنية تسمح بحشوها في الأبراج، وتقاوم الكسر، ويمكن تجديدها وإعادة استخدامها بعد تشبعها بجزيئات الغاز.

ب) عمليات الامتصاص (غسل الغاز Absorption devices, Scrubbing)

تتعلق عملية الامتصاص بنقل الكتلة المذاب فيها الغاز إلى المحلول. وربما تبعت عملية الإذابة تفاعلات مع بعض العناصر في المحلول. وما نقل الكتلة إلا عملية انتشار يتحرك فيها الغاز الملوث من نقاط ذات تركيز عالي إلى نقاط ذات تركيز أقل {38} لتُمتص الغازات الملوثة باستخدام محلول مختار في مغسلة رطبة، أوبرج محشو، أوبرج فقاعات. وعادة تضم الغازات (التي يُتحكم فيها بعملية الامتصاص) ثاني أكسيد الكبريت، وكبريتيد وكلوريد الهيدروجين، والكلور، والأمونيا، وأكاسيد النتروجين، والهيدروكربونات ذات درجة الغليان المنخفضة {35}.

جدول 4-17 أمثلة لمواد مازة مختارة {5، 10، 16، 31، 32، 35}

نوع المادة المازة	أهم الاستخدامات
الكربون النشط	إزالة جزيئات الهيدروكربونات الخفيفة (لإزالة الرائحة)، وتنقية الغازات، واسترجاع المذيبات.
الألمونيا النشطة	تجفيف الغازات والهواء والسوائل.
بوكسيت (Bauxite صخر يستخرج منه الألمونيوم)	معالجة أجزاء النفط، وتجفيف الغازات والسوائل.
عظم الفحم Bone char	إزالة لون محلول السكر.
تراب قصار Fuller's earth	تصفية الزيوت الحيوانية، وزيوت التزليق، والزيوت النباتية، والدهون والشمع.
الماغنيسيا	معالجة الغازولين والمذيبات، وإزالة الشوائب المعدنية من المذيبات الكاوية.

جل (هلام) السليكا	تجفيف وتنقية الغازات، وإزالة بخار الماء، وإزالة بعض الغازات القطبية.
سلفات الاسترونيوم	إزالة الحديد من المحاليل الحارقة

من المواصفات المطلوبة للمواد الماصة أو المذيبة أن يكون {10، 16، 31، 35}: لها ضغط بخار قليل (لتخفيض الفاقد)، ولها درجة تجمد منخفضة، وغير طيارة نسبياً، ومتواجدة بسهولة، وغير أكالة (لتقليل تصليح الجهاز وتقليل تكلفة الصيانة)، وغير باهظة الثمن، وغير سامة، وغير قابلة للاشتعال، ومأمونة كيميائياً.

يبين جدول 4–18 بعض الأمثلة لمذيبات تستخدم في نظافة الغازات وغسيلها.

جدول 4-18 أمثلة للمذيبات المنظفة للغازات {10، 16، 31، 32}

المذيب	الاستخدام
الماء	يزيل ثاني أكسيد الكربون، والكلور، وكلوريد الهيدروجين، وفلوريد الهيدروجين
أمونيا وأمينات (زيلين، وثاني ميثيل أنيلين)	إزالة ثاني أكسيد الكبريت، SO_2
ثاني إيثانولمين	إزالة كبريتيد الهيدروجين
الغازولين السائل	إزالة بخار الهيدروكربونات الخفيفة

ج) المجفف الرشاش Spray dryer (انظر شكل 4–17)

يعمل المجفف الرشاش على تجميع الغازات الحمضية وثاني أكسيد الكبريت حيث يقوم الجهاز المرذاذ atomizer برش خليط من الجير والماء حيث يتفاعل مع الملوثات الغازية في مسار غاز المداخن، ويسمح تشغيل الجهاز بتبخر كل الماء المتصل بالخليط. يُحتاج

إلى جهاز تحكم في الحُبيبات مثل المرشح النسيجي لإزالة حُبيبات المواد من غاز المداخن قبل نفث الغازات العادمة إلى الغلاف الجوي.

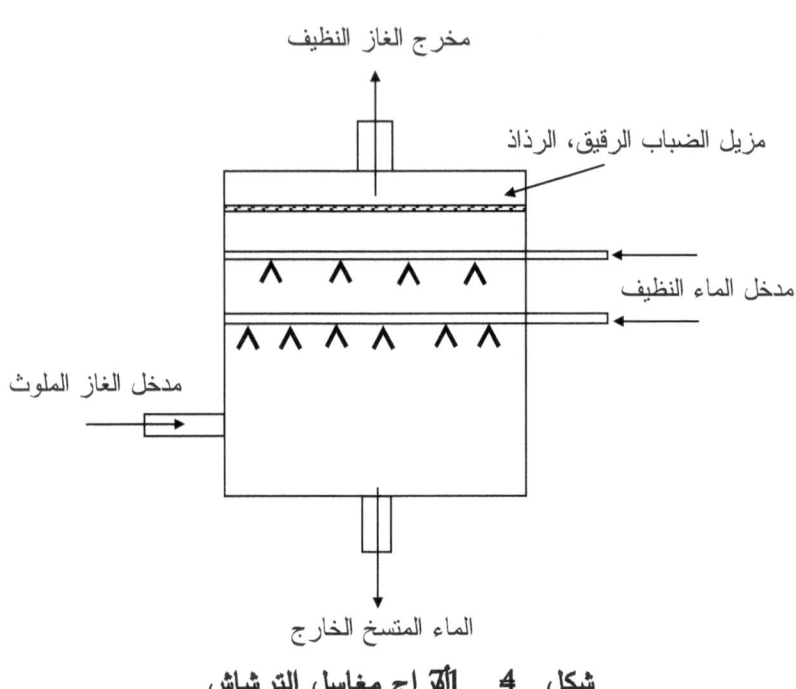

شكل 4 17 أبراج مغاسل الترشاش

د) أجهزة غسل الغاز الجافة (أو الحقن الجاف) Dry injection, Dry scrubbers(انظر شكل 4-18)

يعمل جهاز غسل الغاز الجاف على التحكم في الملوثات عبر تفاعلها كيميائياً. ويُستخدم للتحكم في الغازات الحمضية وثاني أكسيد الكبريت في غاز المداخن حيث تُحقن مادة قاعدية جافة (مثل هيدروكسيد الكالسيوم) في غاز المداخن أدنى تيار غرفة الاحتراق. تقوم المادة الممتزة بالتفاعل مع الغازات الحمضية وثاني أكسيد الكبريت قبل فصل حُبيبات المواد وإزالتها من مسار الغاز عبر مرشح نسيجي.

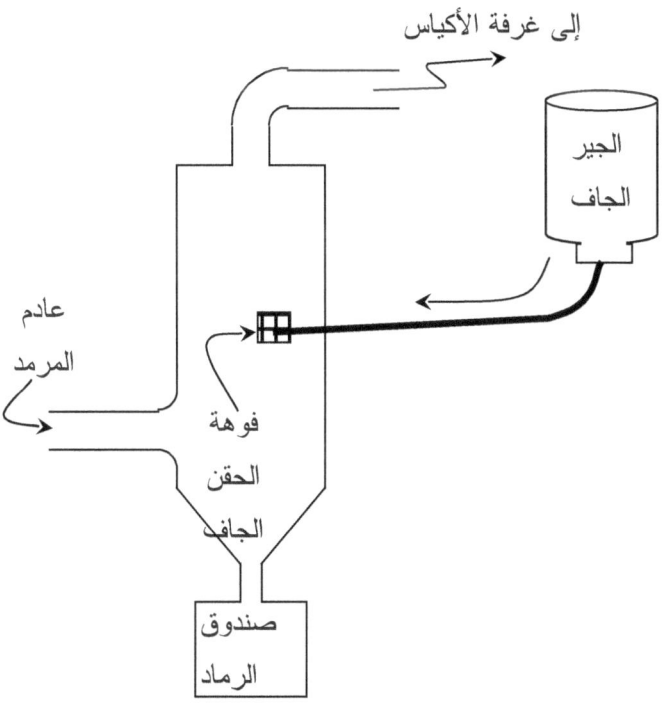

إلى غرفة الأكياس

الجير الجاف

عادم المرمد

فوهة الحقن الجاف

صندوق الرماد

شكل 4 لـ8 لـ غسلة الغاز الجافة

هـ) الاحتراق أو الترميد Combustion, Incineration

تهدف عملية الاحتراق إلى تحويل الملوثات الهوائية الصناعية (غالباً الهيــدروكربونات أو أول أكسيد الكربون) إلى ثاني أكسيد الكربون غير الضار والماء. ولتحقيق أكــبر كفــاءة احتراق (إنتاج أقل مركبات غير محترقة) فينبغي الحصول علــى مجموعــة العناصــر الأساسية للاحتراق والتي تضم: الأكسجين، ودرجة الحرارة، والاضطراب، والزمن {16، 31، 32}. إذ لتحقيق احتراق كامل للملوثات الغازية يجب وضع الغاز علــى درجــات حرارة عالية (375 إلى 825°م) لفترة زمنية مناسبة (0.2 إلـــى 0.5 ثانيــة) وتحــت ظروف اضطراب معقول (سرعة غاز تتراوح بين 4.5 إلى 7.5 متر على الثانية).

يمكن تقسيم الاحتراق طبقاً لنوع المواد الملوثة المطلوب أكسدتها إلى التالي {16، 32}:

(ا) احتراق اللهب المباشر Direct flame combustion : حيث تحترق الغازات الملوثة مباشرة في جهاز احتراق بإضافة (أو بدون إضافة) وقود مساعد. وتُستخدم هذه الطريقة في محطات إنتاج النفط وتكريره.

(ب) الاحتراق الحراري (أو ما بعد الحرق Thermal combustion, after burner). يُسخن فيه الغاز الملوث مسبقاً. وعادة تتم عملية الاحتراق باستخدام مبادل حراري. ومن ثم يدخل الغاز المسخن مسبقاً إلى منطقة الاحتراق التي يوجد بها موقد مزود بالوقود الملحق.

(ج) (ج) الاحتراق المحفز: Catalytic combustion يُستخدم فيه العامل المساعد ليزيد من معدل الأكسدة دون دخوله في التغير الكيميائى، مما يخفف من زمن المكث المطلوب للترميد.

و) التكثيف Condensation

يُكثف ملوث ما (على درجة حرارة معينة) عند زيادة ضغطه الجزئي إلى أن يساوي (أو يفوق) ضغط بخاره على درجة الحرارة المعنية. كما ويحدث التكثيف عند تخفيض درجة حرارة خليط من الغازات إلى درجة حرارة التشبع ليتساوى ضغط بخاره مع ضغطه الجزئي {10، 16}.

من أسباب استخدام المكثفات في مكافحة الملوثات الغازية: الاسترجاع الاقتصادي للنواتج المفيدة، وإزالة الأجزاء التي يمكن أن تكون أكالة أو ضارة لأجزاء أخرى في النظام، وتقليل حجم الغاز الخارج {37}.

4 - 9 التحكم في حُبيبات المواد (ملوثات الجسيمات) Particulate contaminants

يمكن التحكم في حُبيبات المواد الناتجة من حرق النُفاية والقمامة البلدية بالحرق والترميد باستخدام المرشحات النسيجية والترسيب الالكتروستاتيكي.

وهذه الطرق المتبعة لضبط التلوث الهوائي النابع من المصادر الثابتة النافثة للجسيمات يمكن تقسيمها إلى: غرف ترسيب تحت الجاذبية، ومجمعات طاردة مركزية (مثل: الفرازات المخروطية والمرسبات الديناميكية)، ومرشحات النسيج، والمجمعات الرطبة، والمرسبات الإلكتروستاتية.

أ) غرف الترسيب بالراحة Gravitational settling chambers(انظر شكل 4-19)

غرف الترسيب بالراحة (الجاذبية الأرضية) بسطية في تصميمها وإنشائها وأدائها، كما وأنها نظم تجميع رخيصة تُستخدم فيها قوى الجاذبية الأرضية لترسيب الحُبيبات في حركتها الرأسية {5، 16، 32}. عادة في هذه الغرف يعمل على تخفيض السرعة الأفقية للحُبيبات لمنحها الزمن الكافي لتترسب تحت الجاذبية. وعادة تستخدم هذه الطرق كمرحلة تنظيف أولية لحماية الأجهزة الأخرى التي تأتى بعدها من المواد الحارة والخشنة والأكالة {16، 30، 33}. غير أن كفاءة الغرف قليلة لإزالة الحُبيبات الصغيرة {10، 16، 32}.ويمكن بوساطة غرف الترسيب إزالة الحُبيبات الكبيرة التي يزيد قطرها عن 100 ميكرومتر {16، 30، 32}. ويبين شكل 4-19 رسم تخطيطي لغرف الترسيب المبسطة تحت الجاذبية.

يمكن تقدير كفاءة غرف الترسيب تحت الجاذبية {5، 16، 32}. من معادلة الكفاءة النظرية المبينة في المعادلة 4-18.

$$E = 100\left[1 - \exp\left[-\frac{g d_P^2 \rho_P L}{18 \mu u h}\right]\right] \qquad 4\text{-}18$$

حيث:

E = كفاءة الإزالة (%).

g = عجلة الجاذبية الأرضية (م/ث ^{2}).

dp = قطر الحبيبة، (م).

ρp = كثافة الحبيبة (كجم/ م ^{3}).

L = طول المجمع (م).

µ = درجة لزوجة الغاز الديناميكية (نيوتن×ث/م^2).

u = السرعة الأفقية للغاز والحبيبة عبر المجمع (م/ث).

h = ارتفاع المجمع (م).

عادة لا يُعول على هذه الغرف لحل مشاكل الملوثات الهوائية نسبة لأن معظــم الحُبيبــات الملوثة لها قطر أقل من 50 ميكرومتر. ومن ثم تُستغل هذه الغرف كمنظفات أولية لإزالة الحُبيبات الكبرى والمواد الأكالة قبل تمرير ماء الغاز لأجهزة تجميع أخــرى {16، 31، 32}.

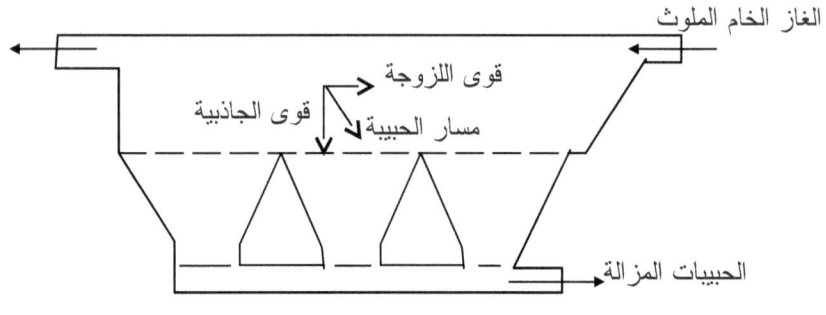

شكل   4-   19رسم تخطيطي لغرف الترسيب بالراحة،   61 73

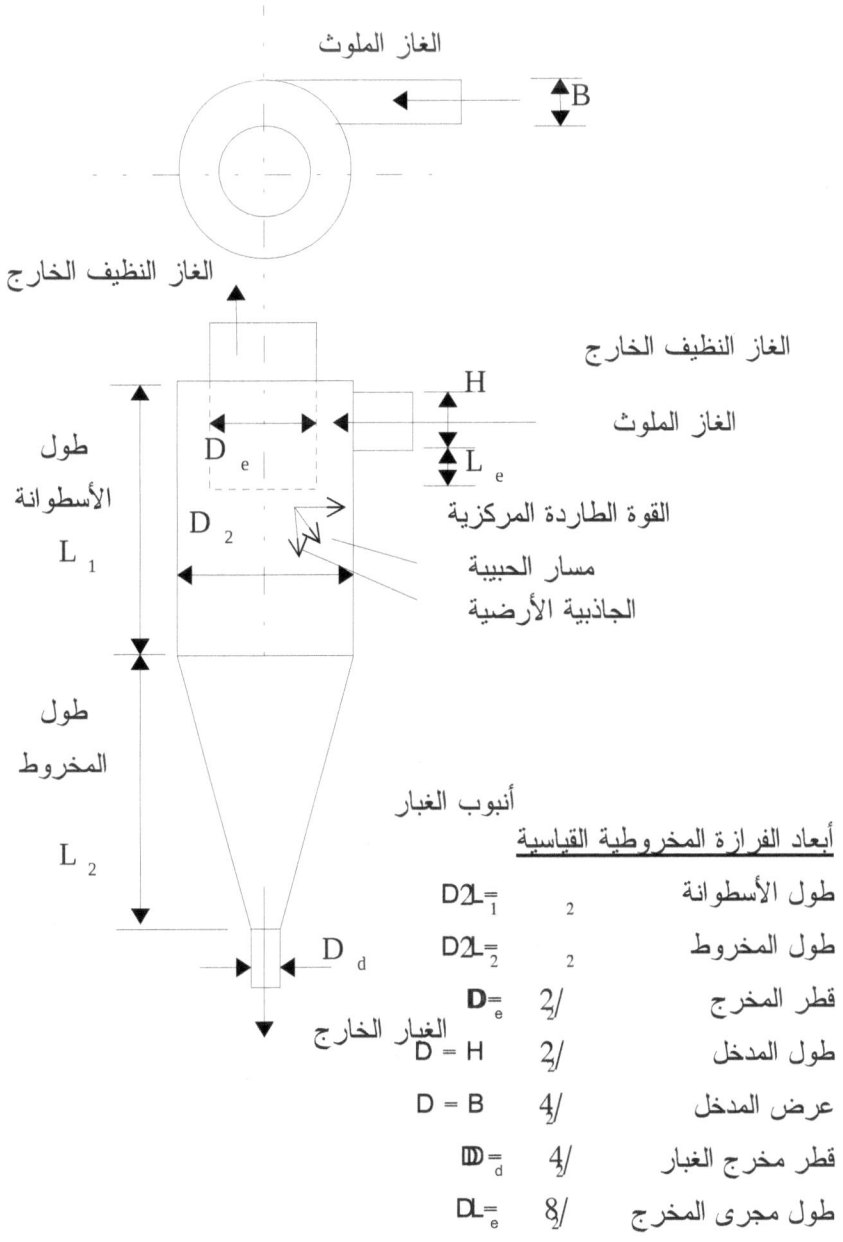

<u>أبعاد الفرازة المخروطية القياسية</u>

طول الأسطوانة	$L_1 = 2D$
طول المخروط	$L_2 = 2D$
قطر المخرج	$D_e = D/2$
طول المدخل	$H = D/2$
عرض المدخل	$B = D/4$
قطر مخرج الغبار	$D_d = D/4$
طول مجرى المخرج	$L_e = D/8$

شكل 4-20 رسم تخطيطي للفرازة المخروطية

d/d50	E
0.1	0.990099
0.3	8.256881
1	50
2	80
3	90
4	94.11765
5	96.15385
6	97.2973
7	98
8	98.46154
9	98.78049
10	99.0099

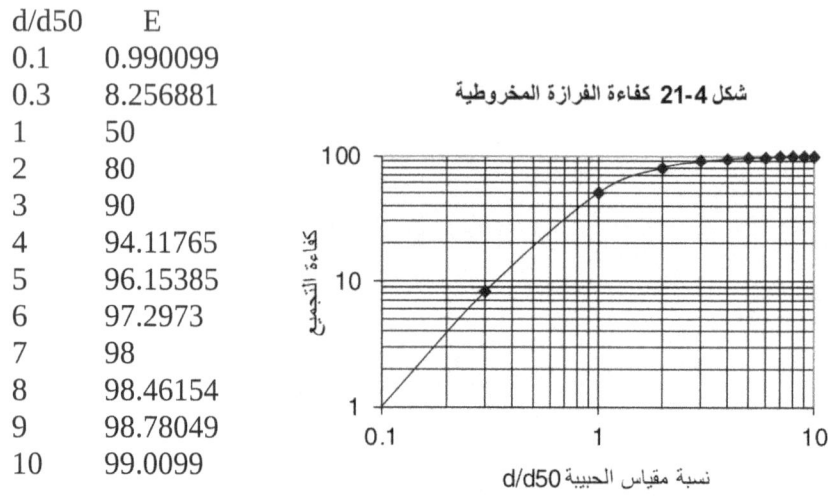

شكل 4-21 كفاءة الفرازة المخروطية

مثال 4-7

جد قطر الجسيمات العالقة في المسار الهوائي لملوث تحت الضغط الجوي حسب البيانات التالية:

المنشط	القيمة
درجة حرارة المسار الهوائي الملوث	160 ^{o}م
سرعة تحرك الهواء الملوث عبر غرفة ترسيب	30 م/دقيقة
كفاءة إزالة الحُبيبات بواسطة غرفة الترسيب	70 بالمائة
كثافة الحُبيبات	1800 كجم/ م^{3}
طول غرفة الترسيب	2.5 م
ارتفاع غرفة الترسيب	1.2 م

الحل

1- المعطيات $T = 160\ ^{o}$م، $u = 30$ م/دقيقة (= 30÷60 = 0.5 م/ث)،، $E = 70\%$
$\rho_p = 1800$ كجم/ م^3، $L = 2.5$ م، $h = 1.2$ م.

2- جد درجة لزوجة الهواء طبقا لدرجة الحرارة 160 ^{o}م ، من جدول خواص الهـــواء على الضغط الجوي القياسي $\mu = 2.34\times10^{-5}$ نيوتن×ث/ م^2.

3- جد قطر الحُبيبات من معادلة الكفاءة:

$$E = 100\left[1 - \exp\left[-\frac{g d_P^2 \rho_P L}{18 \mu u h}\right]\right]$$

$$70 = 100\left[1 - \exp\left[-\frac{9.81 d_P^2\, 1800 \times 2.5}{18 \times 2.42 \times 10^{-5} \times \frac{30}{60} \times 1.2}\right]\right]$$

وعليه $d_p = 84$ ميكرومتر.

برنامج 4-7:

```
Public Class Form1

    '*******************************
    'Fill combobox with air temp
    'from Appendix 3.
    '*******************************
    Private Sub fill_combo()
        ComboBox1.Items.Clear()

        ComboBox1.Items.Add("-50")
        ComboBox1.Items.Add("-40")
        ComboBox1.Items.Add("-20")
        ComboBox1.Items.Add("-10")
        ComboBox1.Items.Add("0")
        ComboBox1.Items.Add("5")
        ComboBox1.Items.Add("10")
        ComboBox1.Items.Add("15")
        ComboBox1.Items.Add("20")
        ComboBox1.Items.Add("25")
        ComboBox1.Items.Add("30")
        ComboBox1.Items.Add("35")
```

```
    ComboBox1.Items.Add("40")
    ComboBox1.Items.Add("50")
    ComboBox1.Items.Add("60")
    ComboBox1.Items.Add("70")
    ComboBox1.Items.Add("80")
    ComboBox1.Items.Add("90")
    ComboBox1.Items.Add("100")
    ComboBox1.Items.Add("120")
    ComboBox1.Items.Add("140")
    ComboBox1.Items.Add("160")
    ComboBox1.Items.Add("180")
    ComboBox1.Items.Add("200")
    ComboBox1.Items.Add("220")
    ComboBox1.Items.Add("240")
    ComboBox1.Items.Add("260")
    ComboBox1.Items.Add("280")
    ComboBox1.Items.Add("300")
    ComboBox1.Items.Add("400")
    ComboBox1.Items.Add("500")
    ComboBox1.Items.Add("600")
    ComboBox1.Items.Add("700")
End Sub

Private Function find_viscosity() As Double
    Select Case ComboBox1.SelectedIndex
        Case 0 : Return 1.57
        Case 1 : Return 1.54
        Case 2 : Return 1.61
        Case 3 : Return 1.67
        Case 4 : Return 1.71
        Case 5 : Return 1.73
        Case 6 : Return 1.176
        Case 7 : Return 1.8
        Case 8 : Return 1.82
        Case 9 : Return 1.85
        Case 10 : Return 1.86
        Case 11 : Return 1.88
        Case 12 : Return 1.91
        Case 13 : Return 1.95
        Case 14 : Return 2
        Case 15 : Return 2.04
        Case 16 : Return 2.09
        Case 17 : Return 2.13
        Case 18 : Return 2.17
        Case 19 : Return 2.26
        Case 20 : Return 2.34
        Case 21 : Return 2.42
        Case 22 : Return 2.5
```

```
            Case 23 : Return 2.51
            Case 24 : Return 2.61
            Case 25 : Return 2.7
            Case 26 : Return 2.72
            Case 27 : Return 2.82
            Case 28 : Return 2.98
            Case 29 : Return 3.32
            Case 30 : Return 3.64
            Case 31 : Return 3.9
            Case 32 : Return 4.21
        End Select
        'no item selected?
        Return 0
    End Function

    Private Sub Form1_Load(ByVal sender As System.Object,
      ByVal e As System.EventArgs) Handles MyBase.Load
        Label1.Text = "سرعة تحرك الهواء-م/د"
        Label2.Text = "كفاءة ازالة الحبيبات-بالمائة"
        Label3.Text = "كقافة الحبيبات-كجم/م3"
        Label4.Text = "طول الغرفة-م"
        Label5.Text = "ارتفاع الغرفة-م"
        Label6.Text = "درجة الحرارة-مئوية"
        Label7.Text = "قطر الحبيبات-ميكرومتر"
        Button1.Text = "احسب قطر الحبيبات"
        Me.Text = "مثال 7-4"
        Me.FormBorderStyle =
            Windows.Forms.FormBorderStyle.FixedSingle
        fill_combo()
    End Sub

    Private Sub Button1_Click(ByVal sender As
      System.Object, ByVal e As System.EventArgs)
      Handles Button1.Click
        Dim u, Ep, rho, L, h, mu, dp As Double
        Const g = 9.81

        u = Val(TextBox1.Text) / 60
        Ep = Val(TextBox2.Text)
        rho = Val(TextBox3.Text)
        L = Val(TextBox4.Text)
        h = Val(TextBox5.Text)
        mu = find_viscosity()
        If mu = 0 Then
            MsgBox("الرجاء اختيار درجة الحرارة.",
                   MsgBoxStyle.OkOnly)
            Exit Sub
        End If
```

```
        Dim a, b, c, d As Double
        a = Math.Log(1 - (Ep / 100))
        b = Math.Log(Math.E)
        c = a / b
        d = (-(g * rho * L) / (18 * mu * u * h / 100000))
        dp = c / d
        dp = Math.Sqrt(dp)
        'çonvert to micrometer
        dp *= 1000000
        TextBox6.Text = FormatNumber(dp, 2)
    End Sub
End Class
```

ب) المجمعات الطاردة المركزية Centrifugal collectors

تُستخدم مجمعات القوى الطاردة المركزية لفصل الحُبيبات من نظام الغاز. عــادة تضــم المجمعات الطاردة المركزية المستخدمة: الفرازة المخروطية والمرسبات الديناميكيــة{5، 10، 16}.

ج) الفرازات المخروطية Cyclone (انظر شكل 4-20)

تُستخدم أنظمة الفرازات المخروطية بكثرة لإزالة المواد الصغيرة من مسار الغــاز لعــدم احتوائها على أجزاء متحركة ولرخص تكلفة تشغيلها {16}. تعمل الفرازات المخروطيــة على تجميع الحُبيبات ذات القطر الأكبر من 10 ميكرومتر. والفرازة المخروطيــة هــي مجمع ذو قصور ذاتي خالي من الأجزاء المتحركة، حيث يتسارع الغاز الحامل للجسيمات الملوثة عبر حركة حلزونية تولد قوى طرد مركزية على الحبيبة. ومن ثم تندفع الحُبيبات خارج الغاز الدائر وترتطم بجدار أسطوانة الفرازة، إلى أن تنزلــق الحبيبــة إلــى قعــر المخروط لتُزال عبر نظام صمام محكم. ويبين شكل 4-20 أبعاد الفــرازة المخروطيــة القياسية وحيدة الأسطوانة Standard single barrel cyclone.

أما كفاءة الفرازة المخروطية فيمكن تقديرها باستخدام{5، 10، 16، 30، 32، 38} معادلة 4-19.

211

$$d_{50}=\left[\frac{9\mu B}{2\pi N u_i[\rho_P-\rho_g]}\right]^{1/2} \qquad 4\text{-}19$$

حيث:

d_{50} = قطر القطع 50 بالمائة (قطر الحبيبة الذي تعادل كفاءة التجميع عنده 50 بالمائة) (م).

μ = اللزوجة الديناميكية للغاز (باسكال×ث).

B = عرض مدخل الفرازة المخروطية (م).

N = عدد اللفات الخارجية الفعالة في الفرازة المخروطية (لفة).

u_i = سرعة الغاز الداخل (م/ث).

ρ_p = كثافة الجسيمات الملوثة (كجم/م ^{3}).

ρ_g = كثافة الغاز (كجم/ م ^{3}) (عادة تفترض مساوية للصفر لقلنها مقارنة بكثافة الجسيمات الملوثة {16، 30}.

عادة تؤخذ عدد اللفات الفعالة {16، 39} لتساوى 4 أو يمكن إيجادها من المعادلة 4−20.

$$N = (\pi/H)*(2L_1 + L_2) \qquad 4\text{-}20$$

حيث:

N = العدد الفعال للفات الموجودة مستعرضاً في الفرازة المخروطية (لفة)

H = طول المدخل (م)

L_1 = طول الأسطوانة (م)

L_2 = طول المخروط (م)

أما كفاءة الفرازة المخروطية لإزالة الجسيمات التي تكون أكبر من أو أصغر من قطر القطع 50 بالمائة (d_{50}) فيمكن إيجادها من شكل 4−21، أو يمكن تقديرها من المعادلة 4−21.

$$E = \frac{100}{1 + \left[\dfrac{d_{50}}{d}\right]^2}$$ 4-21

حيث:

E = كفاءة تجميع الجسيمات بالفرازة المخروطية، (%).

d_{50} = قطر القطع 50 بالمائة (قطر الحُبيبة الذي تساوي كفاءة التجميع عنده 50 بالمائة) (م).

d = قطر الجسيمات ذات المقاس المعين (ميكرومتر).

أما فقد الضغط عبر الفرازة المخروطية فيمكن تقديره من المعادلة 4-22.

$$\Delta P = 3950 * K * Q^2 * P * \rho / T$$ 4-22

حيث:

ΔP = فقد الضغط عبر الفرازة المخروطية (متر ماء).

K = ثابت يعتمد على قطر الفرازة.

P = الضغط (جو).

ρ = كثافة الغاز (كجم/م^3).

T = درجة الحرارة (كلفن).

مثال 4-8

فرازة مخروطية عرضها الداخلي 0.3 م بها 4 لفات فعالة، استخدمت لإزالة جسيمات صلبة متوسط قطرها 25 ميكرومتر وكثافتها 1200 كجم/م^3. علما بأن مسار الهواء يتحرك بسرعة 300 م/دقيقة ودرجة حرارته 280° م، جد كفاءة الفرازة المخروطية لإزالة الجسيمات.

الحل

1- المعطيات: $B = 0.3$ م، $N = 4$ لفات، $d = 25$ ميكرومتر، $\rho_p = 1200$ كجم/م^3، $u_i = 300$ م/دقيقة (= 300÷60 = 5 م/ث)، $T = 280$° م.

2- جد من جدول خواص الهواء درجتي اللزوجة والكثافة المرادفين لدرجة حرارة 280°

م: $\mu = 2.82\times 10^{-5}$ نيوتن.ث/م²، والكثافة تساوي = $\rho g = 0.64$ كجم/م³.

3- جد d_{50} من المعادلة:

$$d_{50}=\left[\frac{9\mu B}{2\pi Nu_i[\rho_P-\rho_g]}\right]^{1/2}$$

$$d_{50}=\left[\frac{9\times 2.82\times 10^{-5}\times 0.3}{2\pi\times 4\times\frac{300}{60}[1200-0.64]}\right]^{1/2}=22.5\mu m$$

4- جد نسبة $d_{50} \div d$ ميكرومتر = 25 ÷ 22.5 ميكرومتر = 1.11

5- جد كفاءة الفرازة المخروطية لإزالة الجسيمات E من شكل 4-20 طبقاً لنسبة d ÷ d_{50} = = 1.11

وعليه E = 45 %

6- كما يمكن إيجاد كفاءة الفرازة المخروطية لإزالة الجسيمات من المعادلة:

$$E=\frac{100}{1+\left[\frac{d_{50}}{d}\right]^2}$$

$$E=\frac{100}{1+\left[\frac{25}{22.5}\right]^2}=45\%$$

برنامج 4-8:

```
Public Class Form1

    '*******************************
    'Fill combobox with air temp
    'from Appendix 3.
    '*******************************
    Private Sub fill_combo()
        ComboBox1.Items.Clear()

        ComboBox1.Items.Add("-50")
        ComboBox1.Items.Add("-40")
        ComboBox1.Items.Add("-20")
```

```
    ComboBox1.Items.Add("-10")
    ComboBox1.Items.Add("0")
    ComboBox1.Items.Add("5")
    ComboBox1.Items.Add("10")
    ComboBox1.Items.Add("15")
    ComboBox1.Items.Add("20")
    ComboBox1.Items.Add("25")
    ComboBox1.Items.Add("30")
    ComboBox1.Items.Add("35")
    ComboBox1.Items.Add("40")
    ComboBox1.Items.Add("50")
    ComboBox1.Items.Add("60")
    ComboBox1.Items.Add("70")
    ComboBox1.Items.Add("80")
    ComboBox1.Items.Add("90")
    ComboBox1.Items.Add("100")
    ComboBox1.Items.Add("120")
    ComboBox1.Items.Add("140")
    ComboBox1.Items.Add("160")
    ComboBox1.Items.Add("180")
    ComboBox1.Items.Add("200")
    ComboBox1.Items.Add("220")
    ComboBox1.Items.Add("240")
    ComboBox1.Items.Add("260")
    ComboBox1.Items.Add("280")
    ComboBox1.Items.Add("300")
    ComboBox1.Items.Add("400")
    ComboBox1.Items.Add("500")
    ComboBox1.Items.Add("600")
    ComboBox1.Items.Add("700")
End Sub

Private Function find_viscosity() As Double
    Select Case ComboBox1.SelectedIndex
        Case 0 : Return 1.57
        Case 1 : Return 1.54
        Case 2 : Return 1.61
        Case 3 : Return 1.67
        Case 4 : Return 1.71
        Case 5 : Return 1.73
        Case 6 : Return 1.176
        Case 7 : Return 1.8
        Case 8 : Return 1.82
        Case 9 : Return 1.85
        Case 10 : Return 1.86
        Case 11 : Return 1.88
        Case 12 : Return 1.91
        Case 13 : Return 1.95
```

```
        Case 14 : Return 2
        Case 15 : Return 2.04
        Case 16 : Return 2.09
        Case 17 : Return 2.13
        Case 18 : Return 2.17
        Case 19 : Return 2.26
        Case 20 : Return 2.34
        Case 21 : Return 2.42
        Case 22 : Return 2.5
        Case 23 : Return 2.51
        Case 24 : Return 2.61
        Case 25 : Return 2.7
        Case 26 : Return 2.72
        Case 27 : Return 2.82
        Case 28 : Return 2.98
        Case 29 : Return 3.32
        Case 30 : Return 3.64
        Case 31 : Return 3.9
        Case 32 : Return 4.21
    End Select
    'no item selected?
    Return 0
End Function

Private Function find_density() As Double
    Select Case ComboBox1.SelectedIndex
        Case 0 : Return 1.58
        Case 1 : Return 1.51
        Case 2 : Return 1.4
        Case 3 : Return 1.34
        Case 4 : Return 1.29
        Case 5 : Return 1.27
        Case 6 : Return 1.25
        Case 7 : Return 1.23
        Case 8 : Return 1.2
        Case 9 : Return 1.18
        Case 10 : Return 1.17
        Case 11 : Return 1.14
        Case 12 : Return 1.13
        Case 13 : Return 1.11
        Case 14 : Return 1.06
        Case 15 : Return 1.03
        Case 16 : Return 1
        Case 17 : Return 0.97
        Case 18 : Return 0.95
        Case 19 : Return 0.9
        Case 20 : Return 0.85
        Case 21 : Return 0.81
```

```
            Case 22 : Return 0.78
            Case 23 : Return 0.75
            Case 24 : Return 0.72
            Case 25 : Return 0.69
            Case 26 : Return 0.66
            Case 27 : Return 0.64
            Case 28 : Return 0.62
            Case 29 : Return 0.52
            Case 30 : Return 0.46
            Case 31 : Return 0.4
            Case 32 : Return 0.36
        End Select
        'no item selected?
        Return 0
    End Function

    Private Sub Form1_Load(ByVal sender As System.Object,
       ByVal e As System.EventArgs) Handles MyBase.Load
        Label1.Text = "عرض الفرازة-م"
        Label2.Text = "عدد اللفات"
        Label3.Text = "قطر الجسيمات-ميكرومتر"
        Label4.Text = "كثافة الجسيمات-كجم/م3"
        Label5.Text = "سرعة الهواء"
        Label6.Text = "درجة الحرارة"
        Label7.Text = "كفاءة الفرازة"
        Button1.Text = "احسب الكفاءة"
        Me.Text = "مثال 8-4"
        Me.FormBorderStyle =
            Windows.Forms.FormBorderStyle.FixedSingle
        fill_combo()
    End Sub

    Private Sub Button1_Click(ByVal sender As
       System.Object, ByVal e As System.EventArgs)
       Handles Button1.Click
        Dim B, N, d, rho_p, ui, rho_g, mu As Double
        Dim d50, Ee As Double

        B = Val(TextBox1.Text)
        N = Val(TextBox2.Text)
        d = Val(TextBox3.Text)
        rho_p = Val(TextBox4.Text)
        ui = Val(TextBox5.Text)

        rho_g = find_density()
        mu = find_viscosity()
        If rho_g = 0 Or mu = 0 Then
            MsgBox("الرجاء ادخال درجة الحرارة.",
```

```
                MsgBoxStyle.Critical Or
                MsgBoxStyle.OkOnly)
        Exit Sub
    End If

    d50 = Math.Sqrt((9 * mu / 100000 * B) / (2 *
        Math.PI * N * (ui / 60) * (rho_p - rho_g)))
    'çonvert to micrometer
    d50 *= 1000000
    Dim a As Double
    a = (d50 / d) ^ 2
    Ee = 100 / (1 + a)

    TextBox6.Text = FormatNumber(Ee, 1)
    End Sub
End Class
```

د) المرسبات الديناميكية Dynamic precipitators

تعمل وحدات المرسبات الديناميكية على أسس الطرد المركزي بوساطة ريش دوارة لإزالة الملوثات الهوائية. ولهذه الوحدات كفاءة أعلى من كفاءة الفـــرازة المخروطيــة. وعنـــد التشغيل يفضل تجنب وضع مواد ذات ألياف رطبة بها لأنها تعـــوق أداء المرســبات{10، 16، 32}.

هـ) المرشحات (مجمعات النسيج والحصيرة الليفيـــة أو مرشـــحات الكيـــس أو المرشحات النسيجية) Filters (Fabric and fibrous mat collectors or Baghouse filters) (انظر شكل 4-22)

تقوم أجهزة الترشيح النسيجية بالتحكم في الملوثات بتمرير غاز المداخن عبر مجموعة من أكياس الترشيح النسيجية الأنبوبية حيث تُوضع الأكياس مع بعضها البعض في صـــفوف تمر من خلالها الحُبيبات وتُصاد. تُزال الحُبيبات التي صِيدت من الأكياس بعـــدة طـــرق ميكانيكية بما فيها عكس تيار الغاز أو إرغام هواء خلال الأكياس. وتقوم بإزالة حُبيبـــات المواد وفصلها عبر ترشيحها في نسيج من مسار الغاز، ثم يُنظف النسيج دورياً بعكس تيار هواء أو محرك نفاث نبضي أو أجهزة نظافة هزازة. وللمرشحات كفاءة عالية (أكثر مـــن 99%) لإزالة حُبيبات المواد.

218

يُماثل عمل مرشحات النسيج أداء منظفات شفط الأوساخ المنزلية Vacuum cleaners. تُستخدم المرشحات لإزالة الجوامد الجافة العالقة من مسار الغاز الجاف والذي على درجة حرارة قليلة تتفاوت بين صفر و 275°م {5، 16، 32}. وتُصنع مرشحات النسيج من قماش منسوج أو من لباد أو من قطن أو ألياف زجاجية مصنعة (انظر شكل 4-22). ويعتمد النسيج الذي تُصنع منه مرشحات النسيج على العوامل التشغيلية (مثل الضغط ودرجة الحرارة)، والتآكل الكيميائي والطبيعي، والعمر الافتراضي وتكلفته{35}. غير أن ملاءمة كل منها تختلف طبقاً لنوع الغاز، ودرجة حرارة الجسيمات، والخواص الكيميائية والفيزيائية. ويمكن بفضل هذه المرشحات إزالة 99 بالمئة من المواد التي يصل قطرها إلى 0.3 ميكرومتر.

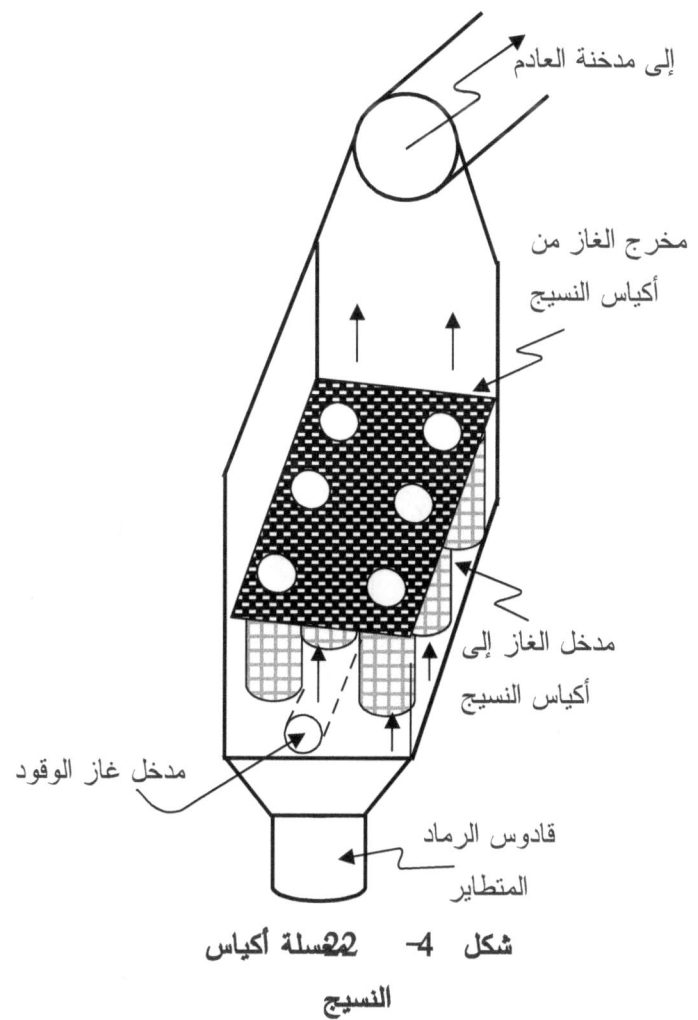

إلى مدخنة العادم
مخرج الغاز من
أكياس النسيج
مدخل الغاز إلى
أكياس النسيج
مدخل غاز الوقود
قادوس الرماد
المتطاير

شكل 4-22 مغسلة أكياس النسيج

ز) المجمعات الرطبة (مغسلة الغازات الرطبة Wet collectors, Scrubbers)) (انظر شكل 4-23)

أجهزة غسل الغاز هي أجهزة تحكم في الملوثات تعمل على إزالتها بإدخالها في سائل أو مادة صلبة. ومنها أجهزة غسل الغاز الرطبة، وأجهزة غسل الغاز الجافة.

يمكن إزالة الملوثات القابلة للذوبان في الماء من مسار الغاز بالادمصاص في أجهزة غسل الغاز الرطبة المائية. حيث تتفاعل الملوثات الغازية مع سائل قاعدي في وسط جهاز غسل

الغاز الرطب. ومن المواد القاعدية الماصة لثاني أكسيد الكبريت، وكبريتيد الهيدروجين، وكلوريد الهيدروجين تضم هيدروكسيد الكالسيوم $Ca(OH)_2$، وكربونات الكالسيوم $CaCO_3$، وهيدروكسيد الصوديوم NaOH، وكربونات الصوديوم Na_2CO_3.

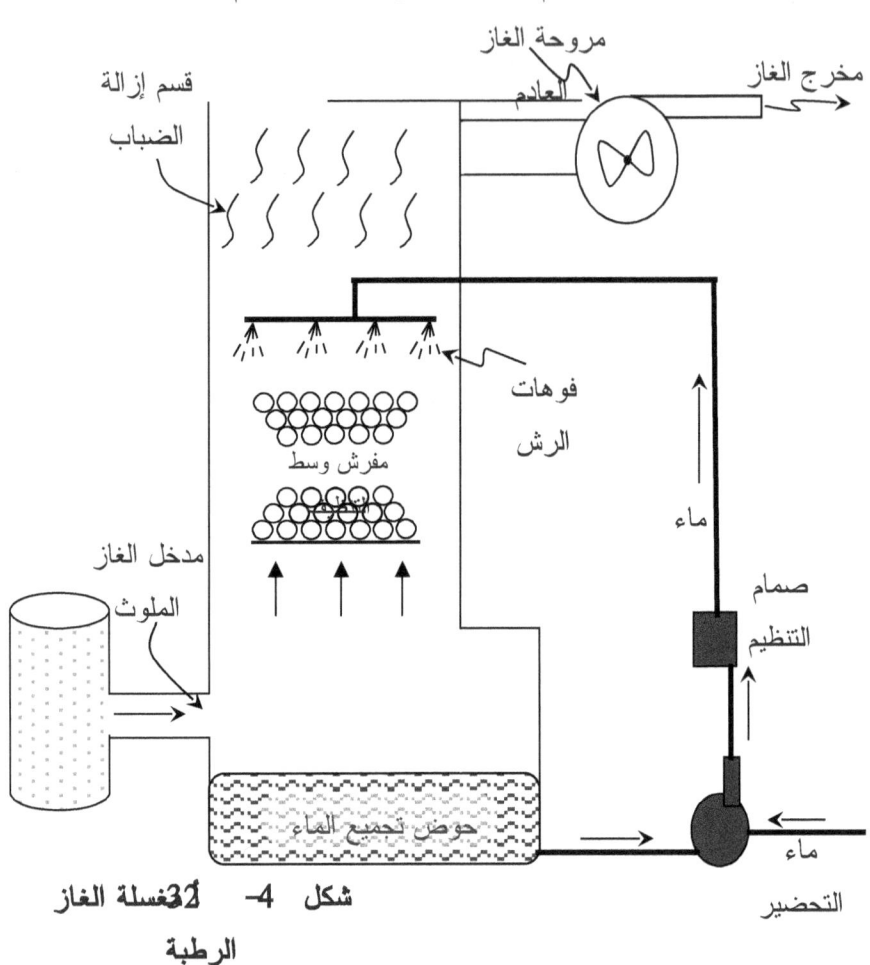

شكل 4–32 مغسلة الغاز الرطبة

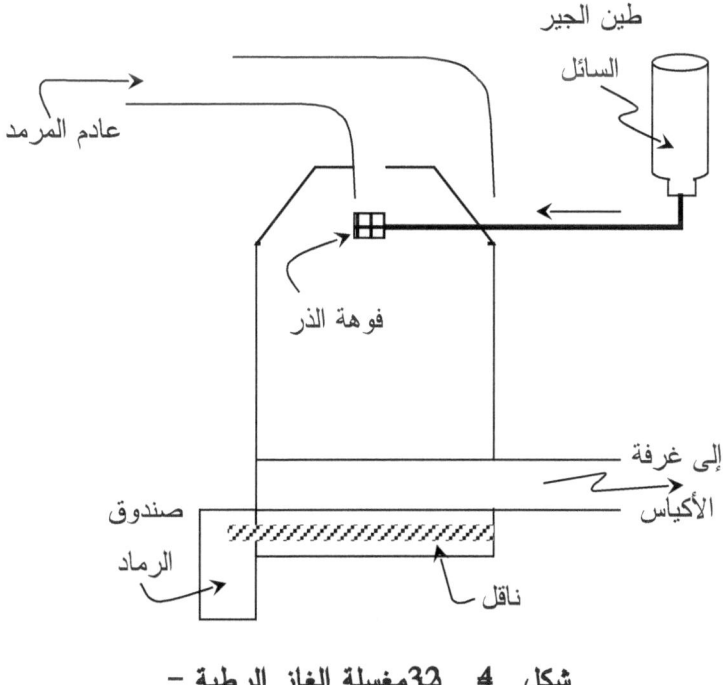

شكل 4   32مغسلة الغاز الرطبة – الجافة

تُصمم المجمعات الرطبة بغية زيادة مقاس الحبيبة الملوثة باستخدام الماء أو حُبيبات الطين السائل Slurry لسهولة إزالة الحُبيبات كبيرة الحجم. بإمكان المجمعات الرطبة تجميع حُبيبات صلبة أو سائلة. وتُصمم لتقاوم التآكل، كما يمكن تشغيلها على درجات حـرارة عالية ما دام السائل المستخدم لا يغلي عند إمكانية منع فواقد البخر الكبيرة. وتوجد أنمـاط وتصاميم وأشكال مختلفة للمجمعات الرطبة، منها النظم التقليدية والفنتشورية (أنظر شكل 4-24) والمغاسل الطاردة المركزية، وأبراج الرش (أنظر شكل 4- 16)، والأبراج المحشية. وتزيد مغاسل الغاز ذات الكفاءة العالية من تلامس الماء والهواء بفضل حركـة عنيفة في مقطع ذي عنق ضيق يسمح بمرور الماء من خلاله. عادة تزيد كفاءة مغسلة الغاز كلما زادت تصادمات الغاز والماء، وكلما قلت فقاعات الغاز أو نقيطات الماء {16، 30}. أما في مغسلة الفنتشوري فيصمم دفق الماء عبر مقطع عنق الفنتشوري، ويـدخل الماء تحت مسار ضغط عالي في اتجاه عمودي على اتجاه دفق الغاز. ومـن ثـم تتمكن

مغسلة الفنتشوري من إزالة الجسيمات التي يزيد مقاسها عن 5 ميكرومـــتر {16،   30، 32}. ويعتمد أداء مغسلة الفنتشوري على سرعة مسار الغاز، والخواص الكيميائية للغــاز والحُبيبات. ومن ثم ينبغي تشغيل المغسلة على دفق منتظم للغاز للحصول على أداء متصل لحُبيبات معينة بتركيز محدد في مسار الغاز.

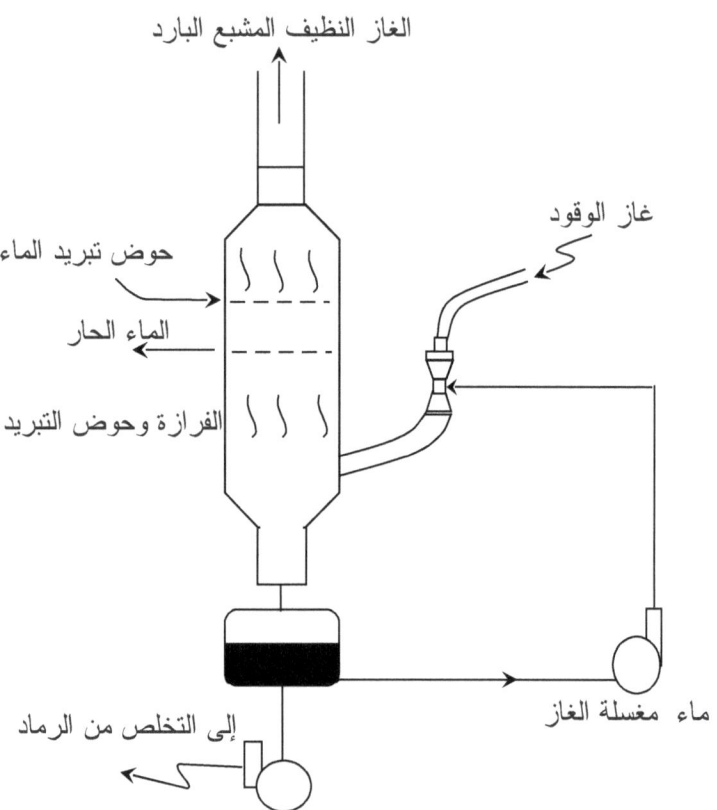

شكل   4   42مغسلة الغاز الفينتورية

ح) المرسبات الإلكتروستاتية Electrostatic precipitators, ESP (انظر شكل 4-25)

يُستخدم الترسيب الالكتروستاتيكي لجمع حُبيبات المواد من مسار الغاز وذلك بشحن حُبيبات المواد كهربائياً بوساطة تفريغ هالي corona discharge، ثم تمرر الحُبيبات المشحونة عبر حقل كهربائي يعمل على هجرة الحُبيبات لتصطدم بألواح وتلتصق بها. ثم تُزال الحُبيبات بالطرق الميكانيكية من الألواح المجمِعة بوساطة مطارق لها كفاءة عالية لإزالة هذه الحُبيبات. تتأثر كفاءة الترسيب الالكتروستاتيكي بعدة عوامل منها: مساحة الصفيحة المجمِعة، وسرعة الغاز خلال المجمِع، وتوزيع حجم الحُبيبات ومقاومتها الكهربائية، وقوة الحقل الكهربائي، ودرجة حرارة الغاز والرطوبة.

تُصمم المرسبات الإلكتروستاتية من صفائح وأسلاك بالتناوب. ويثبت تيار كبير مباشر (يتراوح بين 30 إلى 100 كيلوفولت) بين الأسلاك والصفائح {16، 37}. وهذه الحالة تنتج حقل أيوني بين السلك والصفيحة، وعند مرور مسار الغاز - المحمل بالجسيمات والملوثات - بين السلك والصفيحة تعلق الأيونات بالجسيمات، مما يجعلها تحمل شحنة كهربائية سالبة. ومن ثم ترتحل الجسيمات نحو الصفيحة الموجبة الشحنة لتلتصق بها. وتطرق الصفائح على فترات متكررة ليسمح بسقوط شريحة الجسيمات الملبدة إلى قادوس معين. للمرسبات الإلكتروستاتية كفاءة عالية، وفقد ضغط قليل، وتُستخدم لتجميع الحُبيبات الجافة والأحماض الأكالة من مسار غاز ساخن (يمكنها تحمل غازات على درجة حرارة 815 $^\circ$م {16، 37}). ومن المستحب أن تكون سرعة الغاز خلال المرسب أقل من 1.5 متر على الثانية ليسمح برحيل الحُبيبات وهجرتها. ومن ثم تسمح سرعة الترسيب الإنتهائية بحمل الشريحة إلى القادوس قبل خروجها من المرسب {16، 31، 38}. ويبين شكل 4-25 رسم تخطيطي لمرسب الكتروستاتي.

تتبع علاقة الكفاءة ومقاس الحبيبة في المرسب الإلكتروستاتي دالة خطية المنحنى تماثل تلك الموضحة للفرازة المخروطية كما مبين في المعادلة 4-23.

$$E = 100\left[1 - e^{-\frac{AW}{Q}}\right] \qquad 4\text{-}23$$

حيث:

E = كفاءة المرسب الإلكتروستاتي (%)

A = مساحة صفائح التجميع (م^2)

w = سرعة انسياق Drift velocity الحُبيبات المشحونة نحو قطب المجمع (سرعة هجرة أو رحيل الحُبيبات)، (م/ث)

Q = معدل دفق مسار الغاز (م^3/ث)

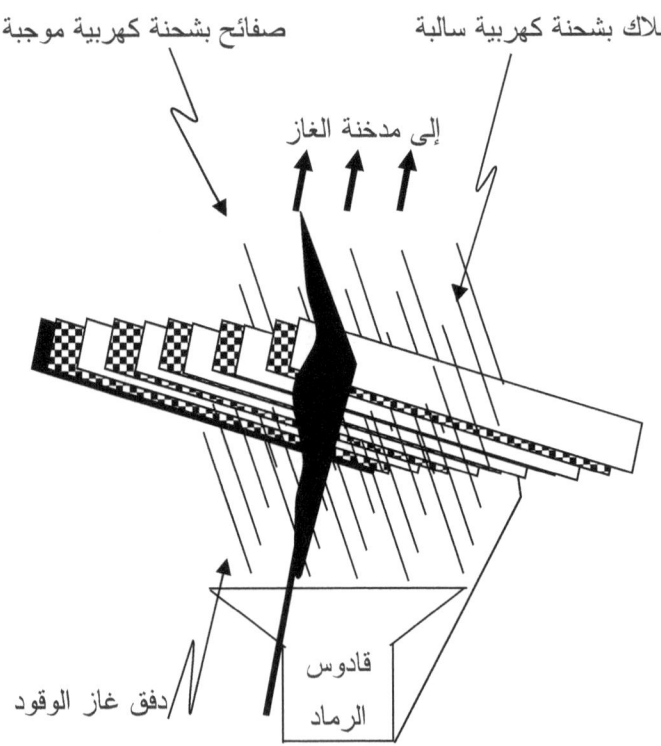

أسلاك بشحنة كهربية سالبة
صفائح بشحنة كهربية موجبة
إلى مدخنة الغاز
قادوس
الرماد
دفق غاز الوقود

شكل 4 52المرسب الالكتروستاتيكي

ويمكن إيجاد سرعة الانسياق من المعادلة 4-24.

$$w = a*d_p \qquad 4\text{-}24$$

حيث:

w = سرعة الانسياق (م/ث).

d_p = مقاس الحبيبة (م).

a = ثابت.

عادة تكون سرعة انسياق الحُبيبات المشحونة نحو قطب المجمع في حدود 0.03 إلى 0.2 م/ث{16، 32، 37، 38}.

مثال 4-9

أُستخدم مرسب إلكتروستاتي لإزالة جسيمات من مدخنة تنفث غازات بمعدل 5 م^3/ث. سرعة انسياق الحُبيبات المشحونة نحو قطب المجمع تساوى 0.2 م/ث، وقطر الحبيبة المتوسط 0.4 ميكرومتر. جد مساحة الصفيحة اللازمة لإزالة 99 بالمائة من الحُبيبات.

الحل

1- المعطيات: Q = 5 م^3/ث، w = 0.2 م/ث، dp = 0.4 ميكرومتر، E = 99%.

2- جد مساحة الصفيحة اللازمة لإتمام إزالة الجسيمات من المعادلة: $E = 100(1 - e^{-Aw/Q})$

$$99 = 100\left[1 - e^{-\frac{0.2A}{5}}\right]$$

ومن ثم يمكن إيجاد المساحة: A = 115 م^2.

برنامج 4-9:

```
Public Class Form1

    Private Sub Form1_Load(ByVal sender As System.Object,
            ByVal e As System.EventArgs) Handles MyBase.Load
        Label1.Text = "معدل النفث م3/ث"
```

```
        Label2.Text = "سرعة الحبيبات-م/ث"
        Label3.Text = "قطر الحبيبات-ميكرومتر"
        Label4.Text = "نسبة الإزالة-بالمائة"
        Label5.Text = "2 مساحة الصفيحة-م"
        Button1.Text = "احسب المساحة"
        Me.Text = "9-4 مثال"
        Me.FormBorderStyle =
                 Windows.Forms.FormBorderStyle.FixedSingle
    End Sub

    Private Sub Button1_Click(ByVal sender As System.Object,
        ByVal e As System.EventArgs) Handles Button1.Click
        Dim Q, w, dp, Ee, A As Double
        Q = Val(TextBox1.Text)
        w = Val(TextBox2.Text)
        dp = Val(TextBox3.Text)
        Ee = Val(TextBox4.Text)

        Dim b, c, f As Double
        b = 1 - (Ee / 100)
        c = Math.Log(b)
        f = -w / Q
        A = c / f
        TextBox5.Text = FormatNumber(A, 2)
    End Sub
End Class
```

يجب العمل على رفع الوعي البيئي بمخاطر الملوثات الهوائية عند الجمهور المثقف والعامة على حد سواء بُغية حماية البيئة ونظافتها. وعادة تحتوى الإستراتيجية القومية للدولة برامج تثقيفية تقوم باستحداثها وتطبيقها الوزارات والمؤسسات والبلديات والمنظمات وجهات الاختصاص. ثم تُسلط الأضواء عليها عبر أجهزة الأعلام (مثل الصحف السيارة والتلفاز والمذياع والمسرح وغيرها من وسائل الإعلام والاتصال الجماهيري المرئية والمسموعة والمقروءة) في تكامل ومساندة مدروسة وواضحة المعالم بين الوحدات المختلفة، من خلال أُطر ومشاريع وبرامج تخاطب الوعي البيئي. تركز هذه البرامج في – حملتها الإعلامية والدعائية – على المدارس والشباب والمرأة والمزارع والصناعي والعامل والسياسي في المؤسسات المختلفة عبر نشر المفاهيم البيئية الجيدة والتكنولوجيا

الملائمة ومعايير التشريع ...الخ، وذلك بالأستفادة من كل السبل والإمكانيات والموارد المتاحة: من اجتماعية ودينية وثقافية واقتصادية وتعليمية وعقائدية .. الخ {16، 31}.

جدول 4-19 محاسن نظم إزالة حُبيبات المواد ومساوئها {16، 17، 19}

الطريقة	المحاسن	المساوئ
المرسبات الالكتروستاتيكية	• تحتاج إلى طاقة أقل • احتمالات الحريق فيها أقل	• لا تجمع الغازات
أجهزة غسل الغاز الجافة أو الحقن الجاف، Dry scrubber	• رأس مال أقل نسبة لإزالة حُبيبات المواد وثاني أكسيد الكبريت في ذات الجهاز • إزالة الغازات دون الحوجة لتقليل درجة حرارة غاز المدفن. • صيانة أقل بوساطة الجهاز • تتواجد بكثرة • توفير في الطاقة مقارنة بالأجهزة الرطبة • توفير في استهلاك الماء مقارنة بالأجهزة الرطبة • إنتاج مواد صلبة فقط	• التكلفة العالية للمفاعل. • مشاكل الحصول على إمداد مستمر من المادة الماصة. • متطلبات التخلص من المادة الماصة المستخدمة. • ذات كفاءة قليلة لإزالة الغازات الحمضية وثاني أكسيد الكبريت.
المرشح النسيجي (Fabric filtration bag (house	• كفاءة عالية لإزالة الحُبيبات الملوثة • يتحمل الاندفاع المفاجئ في معدل انسياب حُبيبات المواد دون زيادة ملحوظة في نفثها • يجمع الحُبيبات الصغيرة بصورة أفضل	• لا تجمع الغازات • تتلف الأكياس وتتآكل بسرعة كبيرة • مخاطر الحريق والانفجار • الانسداد عند زيادة الرطوبة

		• مشاكل الاعتمادية
أجهزة غسل الغاز الرطبة (Wet scrubber)	كفاءة جمع الملوثات عالية لكلوريد الهيدروجين، وفلوريد الهيدروجين، وثاني أكسيد الكبريت	• الهبوط الكبير نسبياً في الضغط عبر الجهاز • إنتاج سائل خارج يحتاج لمعالجة قبل التخلص النهائي • الكفاءة المتدنية لجمع أكاسيد النتروجين بسبب قلة ذوبانيتها في الماء
المجفف الرشاش (Spray dryer)	• لا يحتاج إلى جهاز إضافي ثانوي لمعالجة مسار الأوساخ السائلة إذ تتبخر كغاز مداخن. • كفاءة عالية لجمع كلوريد الهيدروجين، وفلوريد الهيدروجين	• قليلة الكفاءة لجمع ثاني أكسيد الكبريت • تنتج كميات كبيرة من حُبيبات المواد في مسار الغاز

جدول 4-20 أمثلة لبعض نظم التحكم في الملوثات الهوائية الصناعية وخواصها{16، 32، 34}

الصناعة	مصدر النفث	الجسيمات والمواد	نظم التحكم
صناعة الحديد	أفران الصهر	أكسيد الحديد، وغبار، ودخان	فرازة مخروطية، ومرشح، وترسيب إلكتروستاتيكي، ومغسلة غازات
التعدين غير الحديدي	أفران الصهر	دخان، وأبخرة معدنية، وزيوت، وشحوم ودهون	ترسيب إلكتروستاتيكي، ومرشحات نسيجية
تكرير النفط	منتجات العوامل المساعدة، وترميد الحمأة	غبار العوامل المساعدة، ورماد من الحمأة	فرازة مخروطية، وترسيب إلكتروستاتيكي، ومغسلة، ومرشح
الأسمنت البورتلاندي	كمائن، ومجففات، ونظم نقل المواد	غبار الصناعة، وقواعد	مرشح نسيجي، وتجميع ميكانيكي
الأوراق	أفران تجميع، وكمائن الجير، وأحواض الصهر	غبار كيميائي	ترسيب إلكتروستاتيكي، ومغسلة فنتشوري
إنتاج الأحماض	عمليات حرارية، وطحن، واستحماض الصخور	ضباب حمضي، وغبار	ترسيب إلكتروستاتيكي
إنتاج الفحم الحجري	عمليات الحرق، والتعامل مع مواد	غبار الفحم، وقطران الفحم	

	الإطفاء		
الزجاج والألياف الزجاجية	أفران، وعمليات التشكيل والمعالجة	ضباب حمضي، وأكاسيد قاعدية، غبار، هباب	مرشح نسيجي، ومحارق

4 – 10 تمارين عامة

4 – 10 – 1 تمارين نظرية

1. ما نظم المعالجة الأولية للنُفاية والقمامة؟
2. ما الفرق بين الناقلات ذات القواديس و اللولبية؟
3. ما الفرق بين دمك القمامة وتفتتها؟
4. كيف تفصل المواد المكونة للنُفاية والقمامة من بعضها البعض؟
5. ما فائدة الغربلة لفرز النُفاية والقمامة؟ وما العوامل المؤثرة في اختيار الغربال الجيد؟
6. بين الفرق بين الردم العشوائي والدفن الصحي والموجّه للنُفاية.
7. ما العوامل المؤثرة في الدفن الصحي للقمامة الخطرة؟
8. كيف يمكن تقدير الغاز المنبثق من المدفن الصحي؟
9. ما العوامل التي تتحكم في تشغيل المدفن الصحي؟
10. قارن بين طريقة المدفن الصحي، والترميد، والحرق الكامل. أي طريقة تُفضل للتخلص من النُفاية والقمامة في منطقتك؟ وضح أسباب التفضيل.
11. كيف يمكن تحويل النُفاية البلدية إلى سماد طبيعي؟
12. ما العوامل المؤثرة في تسويق السماد الطبيعي محلياً وإقليمياً وعالمياً؟
13. بيِّن كيفية إنتاج غاز الميثان بعملية الهضم اللاهوائي للأحياء المجهرية.
14. ما عيوب حرق النُفاية في العراء؟
15. كيف يُنتج الجلوكوز؟
16. ما مشاكل الترميد؟
17. ما الفرق بين نظم التحول الاختزالي، والحرق، والدفن الصحي؟

4 – 10 – 2 تمارين عملية

18. جد سعة أسطوانة تكسير علماً بأن سرعة الأسطوانة 50 دورة في الدقيقة، وقطرها 25 سم، وطولها 0.5 متراً، وبأخذ كثافة المــادة 2.5 جـم/سـم^3، والمسافة الفاصلة بين الأسطوانتين 5 ملم.

19. فاصل ثنائي يعمل بمعدل تغذية 1 طن/ساعة، شُغل بحيث أن الناتج في كل ساعة حوالي 600 كجم من المسار الأول (1) و 300 كجم من المســار رقـم (2)، مقدار العنصر x من كتلة 600 كيلوجرام حوالي 500 كجم بينما 50 كجم من العنصر x تجد طريقها مع المنتج في المسار الثاني. جد الاستخلاص وكفـاءة الفصل باستخدام معادلات مختلفة.

20. جد نفاذ المياه عبر مدفن صحي بافتراض مقدار التساقط 2300 ملم في العـــام، والنتح 600 ملم/سنة . بافتراض معامل جريان سطحي 0.11.

21. مدفن صحي مفتوح لمدة خمس سنوات ويستقبل حوالي 600000 طن (1طن = 1000 كجم) من القمامة في السنة. جد الإنتاج الأقصى لغاز الميثان المنبثق من المدفن علماً بأن ثابت النفث يساوي 0.03 على السنة، ومقدرة إنتاج غاز الميثان تعادل 150 مترً مكعباً على الطن.

22. جد أقصى عمق تصميمي أعلى البطانة علماً بأن المسافة بين أنابيب جمع ســائل المدفن 15 متراً. باستخدام مادة تصريف خشنة وبافتراض أن مياه الأمطار من 30 سنة والعاصفة الداخلة لنظام تصريف سائل المدفن لمدة 24 ساعة، العاصفة التصميمية (الدفق الرأسي) = 0.0004 ســم/ث، والموصـــلية الهيدروليكيــة 0.015 سم/ث، وميل التصريف 2 بالمائة.

23. خليط من الأوراق والصحف ومواد قابلة للتسميد كتلتها 10 طن، مقدار المحتوى الرطوبي بها 6 بالمائة، والمطلوب عمل خليط لعملية التسميد محتواه الرطــوبي 55 بالمائة رطوبة. جد كمية المياه العادمة الواجب إضافتها لجوامد هذه النُفليــة للحصول على درجة تركيز محتوى الرطوبة المطلوب في كومة التسميد لبـدء عملية التسميد.

الباب الخامس
إدارة النُفاية والقمامة

5 –1 مقدمة

يُعد جمع النُفاية والقمامة من الخدمات العامة المهمة والتي تُعد من مسئولية الحكومة وقد يتحكم فيها القطاع العام أو تُطرح للقطاع الخاص. ومن منظور القطاع العام تُعد الخدمة أقل كلفة لأنها لا تدفع ضرائب ولا تسعى إلى ربحية وتتفاعل مع طلبات الجمهور وتطلعاته وتمنح رواتب للعمال، ويدعي القطاع الخاص أنه أكثر كفاءة وأقل مخلفات وأكثر دافعياً. ومن ثم تُطرح قضايا خصخصة جمع النُفاية، أو خدمة تصريف تنافسية أو منح الخدمة بالمنافسة ليعمل عليها القطاعان العام والخاص. ومن ثم يمكن أن يتملك أي من القطاعين عمليات جمع النُفاية وتهيئتها ومعالجتها والتخلص النهائي منها. ويحاول المالك تقليل التكلفة لمستوى معين من الخدمات لا سيما وهذه النظم تٌعد من نظم الاستثمار طويل الأجل ومن ثم تتضح أهمية قيمة المال مع الزمن وتؤثر الاقتصاديات الهندسية في تحديد نوع المنشأة الواجب تنفيذها.

لإدارة النُفاية والقمامة في أي مجتمع ومدينة علاقة وثيقة بالنواحي الاقتصادية والاجتماعية والصحية والثقافة في حياة المجتمع ومجتمع المدن. وتقود الإدارة الضعيفة وغير المرشدة إلى تدني جهود التنمية الاقتصادية، وتفشي الأمراض، وازدياد القلق وانعدام الراحة والإزعاج. بينما الإدارة الجيدة للنفايات ونشاط التدوير وإعادة الاستخدام مصدر فخر للسكان وموظفي البلدية، ومعين لتطور الحياة العامة، وتساعد في مكافحة مشاكل الفقر، وتقود إلى إصلاح البيئة وتحسين الحياة الصحية للفرد، وتُمثل نموذجاً جيداً للحكم الرشيد وإدارة النُفاية الكفوءة {40}. ومن المعلوم أن إدارة نُفاية البلدية يقع على عاتق الحكومات المحلية في الدول النامية، وتستهلك بين 20 إلى 50 بالمائة من موازنة البلدية {27}.

من نظم الإدارة المتقدمة الإدارة المتكاملة والمستدامة للنفايات والتي تـوفر عمـق حـول القضايا البيئية، والثقافية، والسياسية، والاجتماعية، والقانونية، والشركاء وملتقطي النُفاية، والقطاع الخاص، والشركات العاملة في المجال، والجندرة، والعوامل الفنيـة والتطبيقيـة لنظم إدارة النُفاية بما فيها منع إنتاج النُفاية أو إعادة دورانها وإعادة اسـتخدامها. وتعتمـد نظم الإدارة المتكاملة والمستدامة للنفايات على محاور المشاركين وعناصر نظـم النُفايـة وقضايا الاستدامة {41}.

تعتمد الطريقة التي تُدار بها الخدمة على خواص النُفاية وخدمتها والعلاقة بين الخـواص الفيزيائية للخدمة وطريقة النظام الإداري بالإضافة إلى الرؤى الآيدولوجيـة والسياسـية والثقافية والاجتماعية لإدارتها. تُعتبر إدارة النُفاية ميزة حسنة إذ أن لها خارجانيات موجبة ومهمة يعتقد المجتمع وجوب حصول كل فرد عليها مثل التحسن في الصحة العمومية.

5 – 2 أهمية إدارة النُفاية والقمامة (انظر شكل 5-1)

تتعلق منظومة إدارة النُفاية والقمامة بالتحكم في إنتاج النُفاية، وخزنها، وجمعها، ونقلهـا، وتحريكها، ومعالجتها، والتخلص النهائي منها في إطار أفضل مبادئ الصحة العموميـة، والاقتصاد، والهندسة، والمحافظة، والأخلاق، والأطر البيئية المقبولة. {12}

إن إدارة النُفاية لها علاقة عالمية مع قضايا أساسية مثل:

- التمدن.
- تسهيل الدخول لمياه الشرب النظيفة والمأمونة.
- هدر الموارد الطبيعية.
- استتباب التنمية المستدامة.
- موجهات التجارة العالمية للنفايات.
- صحة المجتمع.
- استقطاب الموارد مما يزيد من رفاه الفرد ورخاء معيشته.
- تحسين أخلاقيات المهنة.
- التخلص من مشاكل ردم المصارف الصحية.
- البيئة.

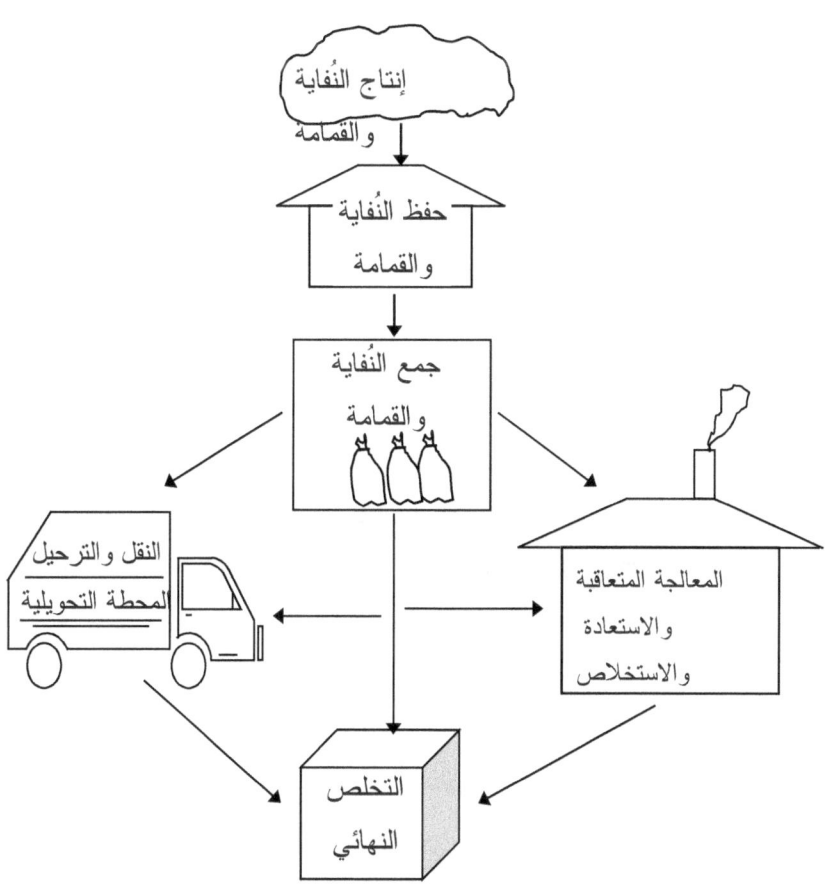

شكل 5 1 العناصر المؤثرة في إدارة النُفاية والقمامة { 9 1 21 71}

من أهم أجندة 21 لريوديجانيرو والمتعلقة بقضايا النُفاية التالي: {9}

1. وضع خطة شاملة للعمل تأخذ بها المنظمات العالمية والمحلية للأمم المتحدة، والحكومات، والمجموعات الكبرى في كل المساحات التي تؤثر على البيئة والتي تتأتى من قبل الإنسان.
2. صحة المجتمع والبيئة ومن أهم محاورها

- الجمع الواعي للنفايات والقمامة على المستويات المحلية والإقليمية والعالمية.

- التخلص السليم من النُفاية.
3. البيئة المحلية والموارد الطبيعية.
- تقليل النُفاية.
- إعادة الاستعمال ودوران النُفاية.

من أهم أهداف إدارة النُفاية والقمامة التالي {9}:

- مساعدة الكفاءة الاقتصادية والإنتاجية.
- حماية الصحة العمومية.
- منع إنتاج النُفاية والقمامة.
- تقليل السمية والخواص الخطرة للنُفاية.
- إعادة استخدام النواتج في شكلها الراهن.
- استعادة المواد كمدخل لصناعات أخرى مثل الزجاج والمعادن والورق.
- استعادة المواد بتسميد المواد العضوية.
- استعادة المواد لأغراض أخرى مفيدة مثل استخدام أنقاض المباني في تشــييد الطرق.
- استعادة الطاقة عبر الحرق والترميد أو الهضم اللاهوائي.
- تقليل حجم النُفاية قبل التخلص منها بالحرق والترميد.
- التخلص من النُفاية المستنبطة بطريقة صديقة للبيئة.
- إيجاد وظائف جديدة وعمالة وزيادة دخل.
- رؤية ومنظور إدارة النُفاية والقمامة يضم نظم التخطيــط والإدارة، عمليــات إنتاج القمامة، أطر التنظيم وتسهيلات التعامل مع النُفاية.

5 - 3 أهميّة التخطيط الإستراتيجي الوطني والإقليمي

إن عملية التخطيط مهمة وحرجة لجمع الشركاء والعاملين في المجال، ولتجاوز أسلوب إدارة الأزمات في الدول النامية وذات الدخل القليل والمحدود. والمقصود بعملية التخطيط تطوير خطط وبرامج بديلة وعملية لإيجاد حلول مناسبة لمشاكل النُفاية والقمامة. وتُرفع هذه الخطط والبرامج للجمهور ولمتخذي القرار للنظر فيها والمفاضلة بينها وقبولها والإشراف على تنفيذها لما فيه المنفعة العامة، ومن ثم ينبغي عمل التالي:

1. وضع الإطار العام لرؤى الخطة الاستراتيجية لكيفية إدارة النُفاية في المستقبل وكيفية الوصول إلي ذلك.
2. تتضح الرؤى بصورة أكبر في الإستراتيجية طويلة الأجل بينما الخطوات الأولي تتضح في خطط العمل.
3. ينبغي لعملية التخطيط أن تأخذ خطوة تكاملية للإدارة المستدامة للنفايات.
4. وجوب الاتصال العام في كل المساهمين في كل مراحل العملية الإدارية والإجرائية يعد مفتاح النجاح للتنفيذ.
5. أهمية الالتزام السياسي والدعم الفاعل لتحسين إدارة النُفلية والقملمةفي المدينة المعينة عبر خطة استراتيجية واضحة الرؤى للعمل..

5 - 4 فوائد التخطيط الإستراتيجي

التخطيط يأخذ بُعد أكبر لقضية إدارة النُفاية أكثر منه تركيز يومي على إطفاء الحريق والتخلص الوقتي من المشكلة المؤرقة لمضجع مسئولي البلدية وعمال النُفاية وجهات الاختصاص. ومن ثم فإن الفعالية والكفاءة تأخذ اهتمام أعمق لوضع الأهداف والآمال للخدمات عبر خطة قومية مدعومة بقانون وتشريع مٌلزم. يتبع ذلك وضع التصميم للتشغيل، وتمويل المؤسسة والنظام وللإطار للعمل لقطاع النُفاية الشيء الذي يؤدي إلى توازن ديناميكي بين طلب الخدمات وإمدادها مما يسهل التمدد المنظم للخدمات لتأخذ التغيرات في الطلبات. وعليه لا بد من تحديد الطلبات وتوفير أطر المعلومات للجمهور والبرامج التعليمية.

من الأهمية أن تأخذ خطة إدارة النُفاية التالي:

- المرجع الأساسي هو الإطار العام للخطة الوطنية.
- طريقة الخطوة خطوة مهمة (الرؤى طويلة الأجل، والإستراتيجية، وخطة العمل قصيرة الأجل، وخطة التشغيل التفصيلية للتنفيذ).
- الرؤى موضحة للخمسة عشر سنة القادمة وتم تحضيرها في الإستراتيجية.
- خطة العمل التفصيلية محضرة للسنوات الخمس القادمة.
- تحتاج خطة الإدارة المتكاملة للنفايات لقبول واسع متفق عليـــه مـــن قبـــل كـــل المهتمين بالأهداف المطروحة.

هذه الأهداف توضح بجلاء تطلعات الخطة، وتساعد في وضع الأولويات للعمل، وتـــوفر الأهداف التي يمكن أن يقاس عليها النجاح.

5 – 5 فوائد الإدارة المتكاملة المستدامة للنفايات {11، 41}، (انظر شكل 5-2)

تفيد الإدارة المتكاملة المستدامة للنُفاية للبيئة المحلية فيما يتعلق بالعوامل المـــؤثرة علـــى الاستدامة والمتمثلة في:

- البيئة بما فيها التكنولوجيا المختارة للتطبيق، والمجتمع بما فيهم النظم المؤسسية والقضايا السياسية، والاقتصاد. ومن المتوقع أن يستمر هذا النمط مـــن الإدارة لحقبة طويلة من الزمن دون إتلاف أو ضغط على الموارد التي تحتاج إليها.
- وضع استراتيجية إدارة النُفاية.
- تحسين صحة المجتمع وصحة البيئة بما فيها التخلص من النُفاية.
- زيادة فعالية التغطية خاصة لمناطق الدخل القليل وللمناطق التي يصعب الدخول إليها. وتحسين خدمات النُفاية (جمعها، ومعالجتها، والتخلص النهائي منها).
- احتواء التكاليف، ورفع العوائد وإيجاد هامش تمويل للتحسن المنتظم في تغطيـــة الخدمات ونوعيتها .
- زيادة العون الذاتي المجتمعي.

- تصميم نظام إداري للمناطق التي لا يوجد بها.
- اختيار التكنولوجيا الملائمة لإدارة النُفاية والمفاضلة بين التكنولوجيا المتاحة.
- إدخال القطاع الخاص في الإدارة المتكاملة والمستدامة للنفايات والقمامة.

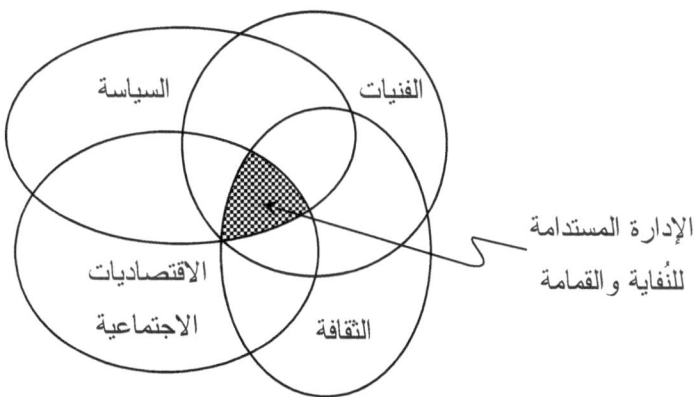

شكل 5 2 إدارة النُفاية المستدامة

الشروط الراهنة المؤثرة على الخطة الاستراتيجية لإدارة النُفاية:

من الأهمية النظر في كل من المؤثرات التالية:

- القوى الراهنة وكيفية استخدامها.
- تكاليف العمالة ووجود رأسمال (مقارنة التكنولوجيا العليا مع التكنولوجيا المنخفضة)، واستعادة التكلفة.
- تيار النُفاية تتمركز فيه المواد العضوية والترميد والردم الصحي بالمقارنة مع التسميد.
- خلط النُفاية الخطرة والاهتمام بالصحة مع النُفاية وتحديد الأولويات.
- تقوية المؤسسات العامة الحكومية، ومدى تنفيذ القانون والتفكر في الخصخصة ومراحلها المستقبلة.
- مستوى التدريب والتعليم.
- وجود قطاع غير رسمي للدخول في الاستثمار في الجمع والفرز والدوران.
- ملاءمة البني الفيزيائية (مثلاً الطرق لمواقع الردم الصحي) وتقويتها.

كيفية التخطيط:

تأخذ عملية التخطيط وصفها في عدة خطوات منتظمة للوصول إلى نظام مستدام لإدارة النُفاية:-

1. تحضير وتنظيم دراسة الخطة في إطار المشاركة مع الآخرين (منتجو النُفاية وجامعيها والقائمين على قضايا إعادة لستخدامها ودورانها والمشترين ...الخ).

2. تعريف المشكلة قيد البحث وتحليل الوضع المتعلق بإنتاج النُفاية ومصيرها ونشر نتائج التحليل.

3. وضع إطار تخطيطي (لحدود المنظومة).

4. تكوين وتقويم الخيارات.

5. تكوين الإستراتيجية.

6. وضع خطة العمل الأولي مع ميزانيتها ونظم تحصيل التكلفة.

7. تنفيذ الخطة ومتابعة النتائج وتفعيل المجتمع في هذا الإطار.

وفيما يلي تفصيل لهذه الخطوات لكيفية التخطيط:

أ) تهيئة الخطة وتنظيمها

- تحديد أسباب الخطة.
- استقطاب الدعم السياسي والتعهد والإيمان بها.
- الاستشارة بإدخال كافة المساهمين والمؤثرين من كل من: البلدية ومنتجو النُفاية (المنزلية والتجارية والصناعية....الخ)، ومقدمو الخدمة من القطاع الخاص، ومنظمات المجتمع المدني والمنظمات غير الحكومية، والقطاع الحكومي، والقطاع غير النظامي وغير المنظم، وتشكيل لجنة تسيير لملاحظة العملية، وتنظيم العمل وتشكيل مجموعة العمل التي تقوم بالتنفيذ وتحدد الوصف الوظيفي TOR وتأتي بالموارد والتمويل.

ب) تعريف المشكلة:

- تحديد الوضع الراهن.

- التكهن بمطلوبات المستقبل .
- تحيد المشاكل فيما يتعلق بالمحددات والفرص للتحسين عبر التحليل المناسب.
- تحديد كميات النُفاية ومكوناتها.
- النظر في الإمكانيات الراهنة لإدارة النُفاية.
- تقدير الإمكانيات المستقبلية المطلوبة.
- تحليل المشكلة وتعريفها.

ج) تحديد إطار الخطة ومداها:

- اختيار مساحة الخطة وفترتها الزمنية.
- اختيار أنواع النُفاية الواجب النظر فيها عبر الخطة.
- تعريف مستوي الخدمات (مثلاً التغطية ونوع الخدمة التي يهدف إليها النظام).
- وضع الأهداف وموجهات الخطة.

د) تشكيل وتقويم المختارات (البدائل): (انظر شكل 5-3)

- هذه المرحلة تشكل قلب عملية التخطيط.
- حسب مخرجات المراحل السابقة يمكن تحديد المختارات والبدائل لكل محور بالإضافة إلي عناصر تشغيل النظام.
- من ثم تقوم المختارات والبدائل بالمقارنة مع عدد من الموجهات التي تغطي كافة المحاور الاستراتيجية لإدارة النُفاية.
- المفاضلة بين المختارات واختيار أفضل بديل لكل محور وكل منظومة تشغيلية منبثقة من النظام (العنصر).

هـ) تشكيل الإستراتيجية:

- ينبغي تكامل النتائج السابقة في إستراتيجية متماسكة ومنظمة وملاءمة لتنمية نظام إدارة النُفاية لفترة الخمسة عشر سنة القادمة.
- التحديد المنظم وتقديم عدد قليل من الإستراتيجيات البديلة.

و) تشكيل خطوة العمل:

- تبيان الأفعال التفصيلية المحددة المطلوب عملها لتنفيذ المكونات الضرورية لكافة الاستراتيجية.

- تحديد المسئول عن هذه الأعمال وتحديد فترتها.

- تحديد السعة المؤسسية.

- موجهات مهمة:

o التخطيط التمويلي والتقويم لخطة العمل.

o تحديد أولويات المشاريع الاستثمارية (الاحتياج إلي دراسة جدوى).

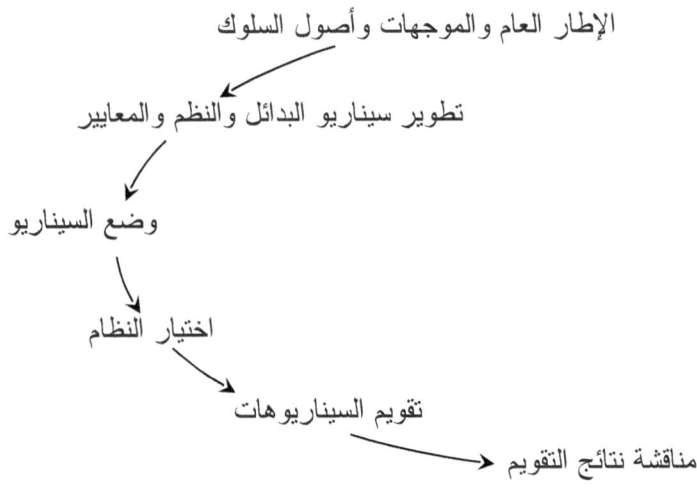

الإطار العام والموجهات وأصول السلوك

تطوير سيناريو البدائل والنظم والمعايير

وضع السيناريو

اختيار النظام

تقويم السيناريوهات

مناقشة نتائج التقويم

شكل 5 3طريقة التقويم البيئي الاستراتيجي، { 3}

ز) التنفيذ والمتابعة:

ينبغي الحصول على الموافقات المطلوبة للتخطيط الاستراتيجي والبدء في خطة العمل، ثم الاتصال في الجمهور لرفع الوعي، والتعليم المطلوب لنجاح عملية التنفيذ. ومن الأجــدر وضع نظام لمتابعة الأداء وإدارة المعلومات والمراجعة الدورية.

- أخذ الموافقة المطلوبة من الخطة الإستراتيجية.

- البدء مباشرة في الخطة التنفيذية.

- الاتصال في الجمهور ورفع الوعي والمقاييس التعليمية المطلوبة للتنفيذ الناجح.
- وضع النظام لمتابعة الأداء وإدارة المعلومات.
- إبراز اعتمادية الجودة عبر التقيد بالعمل وتنفيذ التحسينات عالية الأولوية.
- المراجعة والتحديث الدوري والمستمر للخطة.

تعني خطة إدارة النُفاية والقمامة فهم مؤثرات العمل الراهن للنفايات، وتحديد مطلوبات إدارة النُفاية، ووضع الأولويات لما ينبغي عمله، وتحديد الميزانية المطلوبة، والفـرص المتاحة للاستفادة عبر التنسيق والتعامل مع المساهمين والشركاء. يساعد قيـاس التقـدم وتقويمه نحو تحقيق الأهداف في إعادة صياغة الأولويات وتطوير الخطة.

وفي إطار تحقيق مراحل الخطة الفاعلة لإدارة النُفاية ينبغي العمل على التعلم من خبـرات الآخرين والاستفادة منها لا سيما وتوجد معرفة وخبرة كافية في للـوقت الحاضـر فـي مجالات إدارة النُفاية وهندستها. ومن ثم فإن معرفة هذه المعارف والخبرات يقود إلي آفاق أوسع للتخلص من النُفاية بالاستفادة من الخطط العالمية والوطنية الموثقة في الكم الهائـل من الوثائق المدونة لكثير من الدول. وينبغي الأخذ في الحسبان أن التقليد الأعمى لحلـول الآخرين ليس هو السبيل الصحيح لكل المشاكل دون إضافة الظروف المحلية الأساسيـة وأخذها في الحسبان.

5 – 6 التمويل لإدارة النُفاية

تمويل عمليات النُفاية والقمامة تُماثل تمويل غيرها من الخدمات مثل الماء والمياه العادمة. وتضم الموازنة مكونات التكاليف والعوائد والتي تتغير حسب مواصـفات نظـم النُفليـة، والملكية، وضوابط العقود واللوائح المالية السارية.

تشغيل نظم النُفاية يأتي بعائد من التالي:

- عائد من مبيعات الخدمات والسلع.
- فاتورة النُفاية من المنازل والمكاتب وغيرها.
- رسوم الردم والتقليب في المدافن الصحية.

- بيع المواد التي يُعاد استخدامها ودورانها.
- مبيعات الكهرباء والغاز الناتج من المدفن الصحي.

تضم تكلفة الإنشاء والتشغيل لمنشأة النُفاية والقمامة التالي:

1. رأس المال: وهو استثمار لمرة واحدة قد يُدفع من المالك أو بالاســتفادة مـن القروض والهبات وغيرها من أوجه استقطاب الدعم والتمويل لتشييد المنشأة، والبدء في المشروع، وتقديم الخدمات.

2. تكلفة الصيانة والتشغيل والتي تضم الأجـور والرولتـب، وقطـع الغيـار، والخدمات، والمحروقات، وغيرها من المتطلبات التشغيلية، ولدواعي الصيانة والترميم على أساس يومي.

3. تكلفة التسهيلات الخارجية لإدارة العملية.

4. رسوم المتخصصين والمستشارين.

5. رسوم التدريب وبناء القدرات والتنمية البشرية.

6. تكاليف البحث العلمي في مشاريع إدارة النُفاية والقمامة.

7. تكاليف الاهتمام بالوحدات، ومناطق التخلص النهائي، والصــحة العموميــة، وفوائد ما بعد الخدمة وغيرها.

8. الخارجانيات والتكاليف البيئية والاجتماعية.

يدفع الناس والمنظمات ومنتجي النُفاية والقمامة لإدارتها للتالي:

- للجهة التي تجمعها من المساكن والمتاجر والمصانع حيث أُنتجــت تلــك النفليــة والقمامة.
- لجهة توفر نقاط تراكمها وعزلها.
- لجهة أو شخص ما يقوم بنظافة المنطقة والشوارع والحواري والأزقة.

وربما كان من الواجب على البلدية أو الحكومة الإقليمية التالي:

1. وضع القوانين والتشريعات واللوائح التي تحد من إنتـاج بعـض المنتجـات والمواد الضارة والخطرة.

245

2. وضع الموجهات والمؤشرات لاستهلاك الطاقة.
3. سن التشريعات المتعلقة بالتغليف، وتصميم المنتج، تنظيم المواد البلاستيكية وتشفيرها.
4. نشر معلومات وبيانات عن المنتج بالتوجيه، ووضع رقعة توضح المعلومات على المنتج ثم ترك المستهلك لاتخاذ القرار، وعبر بث الإعلانات في وسائل الإعلام المختلفة من مقروءة ومسموعة ومشاهدة ومرئية.
5. إجبار المنتج والمصنِّع إرجاع نواتج النُفاية بعد استخدام منتجه.
6. الحوافز المالية مثل فرض ضريبة تأمين levy deposit بأخذ مبلغ ضمان لحث الزبون لإرجاع المنتج، أو تخفيض الضرائب على المنتجات الصديقة للبيئة.
7. دمغ السلع، أو وضع رمز ولفظ على المنتج لتمكين الزبون من التعرف على المنتجات الخضراء بيئياً، والحيوية، والعضوية، والطبيعية...الخ.
8. القيام بالحملات التعليمية والتثقيفية والتنويرية والإرشادية.
9. دراسة خطوط النُفاية، والأسواق، والممارسات الراهنة.
10. دعم شبكات نقاط فرز المصدر، والاستعادة، والتجارة في النُفاية.
11. تسهيل المشاركة ودعمها.
12. تحسين وضع عمال لاقطي النُفاية.
13. تشجيع انتقاء التشريع للتغليف، وتصميم المنتج، وتقنين للبلاستيك وتشفيره.
14. تطوير إبداعات وابتكارات الاستخدام الجديد للمواد والبضائع وتشجيعها.
15. التعاون مع وسائل الإعلام المختلفة للتوعية والتثقيف في مجالات النُفاية المختلفة.

وينبغي أن يدفع الجمهور بالإضافة للدولة للتخلص من النُفاية والقمامة سيما وإن لم يدفع أي أحد فلا تُزال النُفاية والقمامة ولا يُتخلص منها، مما يؤثر سلباً على المجموعة السكنية بطريقة مباشرة أو غير مباشرة (خرجانيات سالبة). ومن الملاحظ أن الجمهور الفقير يدفع هذه الخرجانيات السالبة عبر {15}:

- وجود مناطق الردم والدفن الصحي بالقرب من منازلهم.
- رعي حيواناتهم في أرض النُفاية الملوثة.
- الحصول على احتياجاتهم المائية من مصادر ملوثة.
- اعتمادهم على مراحيض الحفر للتخلص من البراز والبول بدلاً عن المصارف الصحية اللائقة أسوة بغيرهم من أصحاب المناطق الراقية.

وقد أفاد وجود البسطاء (الزبالين) والفقراء حول أماكن التخلص من النُفاية لاستخلاص المواد النافعة أو تلك التي يمكن تدويرها وإعادة استخدامها وإيجاد ثمن لها مما يعود عليهم بالفائدة، ويقلل من الكمية الواجب التعامل معها والتخلص منها. وفي هذا محافظة على قيمة مضافة على منتج ما، بمعنى أنه عند التخلص من شيء ما ورميه في سلة المهملات فإنه يفقد فقط قيمته الحاضرة غير أن فائدته لأمر آخر يُستخدم فيه فما تزال في الانتظار لحين التقاطه، مثلاً تفقد القارورة الزجاجية قيمتها للتعبئة غير أن قيمتها كزجاجة حافظة لسوائل أخرى ما تزال ماثلة، وبالتالي القيمة المضافة لها كمنتج لاستثمار معين عند نفخه ما تزال محفوظة فيها. وإن تهشمت تفقد القيمة المضافة كحافظة غير أن الأجزاء المهشمة ما زالت زجاج تم الحصول عليه عبر عمليات معقدة جداً من مزج الرمل ورماد الصودا والجير وتنقيتهم، وتستمر هذه القطع المهشمة من الزجاج لها قيمة يمكن أن تُسترد عند جمع هذه القطع وإزالة ما عليها من ملوثات وإدخالها في عملية إعادة استخدام الزجاج ودورانه {15}.

وعلى هذا القياس هناك قيمة للمنتج، والأجزاء، وإعادة استخدام المادة، والمادة، والسلع والقيمة الظاهرية، والطاقة. فقيمة المنتج تتجلى للأشياء التي تحطمت جزئياً أو بليت لكن يمكن استخدامها لأسباب صنعها مثل الأحذية، والعلب، والطاجن، والصحون، والملابس، والأثاثات، والأدوات، والقوارير الزجاجية. وقيمة الأجزاء تظل مع الوحدات التي لا تعمل مرة واحدة. غير أن الأجزاء يمكن استخدامها أو بيعها مثل عجلات الدراجات، وأجزاء السيارات، والإطارات، وهياكل الأثاث.

قيمة إعادة استخدام المادة لصناعة منتجات أخرى ليس لها علاقة بالاستخدام الأصلي مثل استخدام العلب المعدنية الحافظة للزيت في صناعة الأفران المنزلية، والمصابيح لأنها

مصنعة من سبائك لألواح الألمونيوم الطرية التي يسهل قطعها واستخدامها في تطبيقات أخرى لمقاومتها للحرارة.

تعتمد قيمة المادة على طبيعتها، فمثلاً النُفاية العضوية لها قيمة كخليط كربون ونتروجين يمكن تحويله إلى سماد عضوي وهكذا. أما قيمة البضاعة والسلعة أو مخزون التغذية الصناعية فتعين على إعادة دوران المادة لتنتج منتجاً آخراً ربما بنوعية أقل. مثل إعادة دوران الصحف والورق. كما تفيد جُل القيمة الظاهرية لأشياء تفيد مثلاً استخدام الرماد في بناء الطرق والتحكم في التعرية وتجميل المنطقة. قيمة الطاقة تتأتى عند : إطلاق الطاقة مثلاً عند حرق النُفاية وترميدها. ومن ثم يُعنى العاملون في قطاع جمع النُفلية والقمامة وإعادة استخدامها ودورانها على الحصول على مواد تأتي بإحدى القيم المذكورة آنفاً.

تضم أنواع استعادة الموارد التالي {9}:

<u>إعادة استخدام المنتج:</u>

- المنتج غير المرغوب فيه يمكن صيانته وتصليحه لإعادة الاستخدام لنفس أغراض استخدامه الأصلية.
- تعظيم استخدام الطاقة والمواد المستخدمة لإنتاج المنتج.
- يحتاج إلى طاقة أقل ومواد أقل للصيانة والتصليح.

<u>استعادة المادة:</u>

- يمكن استخدام مادة المنتج المستهلك لتصنيع منتج جديد.
- يسهل تفكيك المنتج الأصلي، أو تدميره، أو تمزيقه.

<u>استعادة الطاقة:</u>

- إطلاق الطاقة بحرق المنتج.

5 – 7 العاملون في إعادة دوران النُفاية وإعادة استخدامها

يعمل في هذا القطاع مجموعات متفردة من العمال تضم التالي:

أ) لاقطو النُفاية: يتخصص هؤلاء العمال في استخلاص قيمة السلعة من المواد في النُفاية بطريقة غير رسمية وذلك بالحصول على القيمة المضافة للمواد بغرض استعادة قيمة السلعة، ومنهم:

- لاقط النُفاية من المنازل والمباني والشقق حيث يعيش جمهور المتخلصين من النُفاية بالقرب من المدافن الصحية أو مواقع الردم أو في المحطات التحويلية في تخيره للمواد ذات الفائدة من خليط النُفاية الملقاة من صاحبها (قيمة صفرية أو سالبة)، ويستثمر العامل ما يملك من جهد ووقت عبر أفراد أو عائلة لفرز المواد وحفظها.
- مشتري القمامة in inerrant waste buyer، عادة يمثل شخصاً يجوب الشوارع والمنازل واحداً تلو الآخر لشراء مواد بعينها، إذ يستثمر جهده وبعض المال وربما رأسمال معين يتمثل في عربة جر (كارو) أو حمار (دابة) أو غيرها من سبل النقل، ويدفع قدراً بسيطاً من المال للحصول على مواد معدنية، أو أوراق وصحف، وكرتون، وزجاجات فارغة، وملابس أو منسوجات، وبطاريات سيارات (مراكم)، والعلب الفارغة البلاستيكية والمعدنية ..الخ. يقوم لاقط النُفاية والمشتري من المنازل بفرز المواد، وحرق الملصقات، وإزالة الأغطية، وتصليح العلب (أي إصلاح حال البضاعة) وبالتالي إضافة قيمة للمواد بجمعها لحين الحصول على كميات مناسبة للاتجار ليقوما ببيعها إلى محل الخردة أو غيره ممن يتمكن من إدخالها في السوق العام.
- عمال جمع النُفاية: أثناء جمع النُفاية يقوم العامل بفرز المواد القابلة لإعادة الاستخدام والتدوير لصالحه.

ب) محل الخردة: يُعتبر من الأعمال الصغيرة والمتوسطة. يقوم صاحب المحل بشراء السلع والمواد المستعملة والملتقطة والمشتراة من اللاقطين وجمعها ومن ثم إضافة قيمة لها ولمسة فنية لتصبح بضاعة لها مواصفات مقبولة في صناعة صغيرة يمتلكها،

مثل استخدام بعض المواد لصناعة اللعب أو الفوانيس أو الحشوات والأطواق المانعــة للتسرب، أو قطع غيار السيارات ... الخ.

ج) العملاء الوسيطون والسماسرة: يقوم الفرد أو المجموعة بإنتاج أطناناً من النُفاية المعاد استخدامها حيث تُستقبل المواد وتُشرى من محلات الخردة أو مباشرةمـن الوحدات الصناعية والتجارية والمؤسسية الكبرى، وتواكب عملية الجمع والفرز نشاط السمسرة والتصدير حيث يقوم السمسار بالمتاجرة في المواد عبر الهاتف أو الفاكس أو الإنترنت دون أن يُحضر المواد إلى موقعه، إذ يتم الشراء ويُرتب لنقلها لموقع آخر تُباع. أمـــا المُصَدِر فبالإضافة إلى عمل السمسار يقوم بنقل المواد عبر الحـــدود. وتتـــأثر هـــذه الأنواع من التجارة بتغيرات السوق العالمي وأسعار الصناعة.

د) المستخدمون النهائيون وتسعير المنتج: المصانع والمنظمات الصناعية وشركات إعادة الاستخدام والصناعات المنتجة التي تعيد استخدام المواد وتعمل على إعـــادة دورانهـــا داخل الصناعة كمخزون تغذية صناعية.

هـ) سوق النُفاية والسوق العالمي للبضائع: يحدد السوق العالمي أسعار البضائع المستفاد منها مما هو مستخلص ومعاد من النُفاية والقمامة. وأحياناً تُمرر المعلومات الكترونياً أو عبر شبكات النقاط التجارية عبر قوائم الأسعار بين التجار.

مراحل استعادة الموارد عبر عملية الإنتاج والاستهلاك تضم:
<u>مرحلة الإنتاج</u>: وفي هذه المرحلة من الواجب التفكر في الإنتاج الأنظف بغرض:
- تقليل أو الابتعاد عن استخدام الموارد الطبيعية. (من طلقـــة ومـــواد) خاصـــة الخطرة منها.
- تصميم المنتج لإعادة الاستخدام والدوران والصيانة (التصميم البيئي).
- تطوير مواد متينة ومتحملة.
- المكافآت للابتكار الصناعي.
- السياسات والتشريع لدعم استعادة الموارد.
- تطوير الأجهزة والمعدات لقياس آثار المنتج على البيئة.
- مشاركة المساهمين والمستفيدين في تطوير السياسات.

- تقليل أو الابتعاد عن التبديد والإسراف.
- إيجاد وضع لإعادة الاستخدام وإعادة الدوران.

مرحلة الاستهلاك

- توفير معلومات الأسعار ومكافآتها لتمكين انتقاء الاختيار للمستهلك.
- إضافة كلفة مرحلة ما بعد الاستهلاك في السعر والثمن لإعانة التخلص النهائي من النُفاية.
- إدخال سياسات تشجيعية للمنتجات قليلة النُفاية.
- تزكية التغليف في عبوات أكبر لتقليل نسبة التغليف للمنتج وبالتالي تقليل النُفاية المنتجة.

مرحلة ما بعد الاستهلاك:

- إعادة استخدام المنتج.
- استعادة المواد لإعادة الاستخدام والتسميد والتطبيقات الأخرى المفيدة.
- استعادة الطاقة.
- يمكن الدخول السهل لمراكز رمي النُفاية في الجوار.
- إدخال رسوم جمع النُفاية بناءً على نوعية النُفاية المنتجة.
- تزكية إمداد قطع الغيار والمنتجات المستعملة في متاجر إعادة الاستخدام.

5 - 8 تكلفة النُفاية وتكلفة الاستخلاص

تحديد تكلفة الخدمة أو استخلاص المواد وإعادة دورانها مهمة للاقتصاد السليم والتشغيل الأمثل لنشاط هذه الخدمة وجودة أدائها. ومن الملاحظ أن كثيراً من الوحدات (العلمة والخاصة) لا تحدد التكلفة ابتداءً، وربما باشرت أعمالها بقبول الأسعار والرسوم المحددة من قِبل حكومة المدينة، أو بقبول الرسوم السائدة دون دراسة جدوى، ودرلسة سوق، ومعرفة مردود هذه الرسوم على الأسعار والتكلفة الكاملة التي تحتاجها الخدمة مع هامش الربح والطوارئ واستعادة كل التكلفة من العملاء ومستقبلي الخدمة من الجمهور والقطاعين العام والخاص. وتحوي مركبات التكلفة التالي:

1. التكلفة الثابتة: لجمع النُفاية (سيارة النُفاية والمحروقات)، ونظافة الشوارع، وللمدفن الصحي (سعر الأرض، وتشييد المباني، وتعبيد الطرق لمنطقة الردم)، والتسوير، والمكاتب، والسجلات، والأجور والرولتب، ورسوم للتراخيص ...الخ.
2. رأس المال: لشراء الأجهزة الرأسمالية، والأجهزة، والأرض، والمباني، والتكنولوجيا المطلوبة للشروع في العمل، والتصميمات الهندسية والعمارة، والرسوم الرسمية...
3. استهلاك الدين ونقص القيمة نتيجة للاستعمال: نشر تكلفة الاستبدال على العمر المفيد المتوقع للسيارات، والمركبات، والأجهزة، والمدفن الصحي.
4. التكلفة المالية: تكلفة رأس المال فيما يتعلق بفقدان أو ربح قيمة الأجهزة بسبب معدل الربح أو الدين.
5. التكلفة المتغيرة: ذات علاقة مباشرة بالعمل الفعلي المبذول، وتكلفة وضع أي وزن نفايات في الشاحنة، وتكلفة الوقوف لتحميل النُفاية من كل منزل، وتكلفة كل سلة وزكيبة.
6. التكلفة الهامشية: تكلفة إضافة عنصر آخر زيادة في النظام. والتكلفة الهامشية مهمة عند محاولة إضافة عمل لنفس التكلفة أو عند ممارسة الضغط لتنزيل الأسعار.
7. تكلفة التشغيل: تضم العناصر الثابتة والمتغيرة، وهي تمثل غير رأس المال، وتكون مستمرة ومترددة، وتضم رواتب العمال، والإيجار، والخدمات (الماء، والكهرباء، والانترنت، والمؤتمرات المتلفزة، وتشابك النقاط التجارية، والحاضنات، والملكية الفكرية والصناعية، وتكنولوجيا النانو ...)، والتحويلات، والإعلان، والمحروقات، والمواد المستهلكة، والصيانة الوقائية، والتصليح، والرسوم العدلية ...
8. التكلفة غير المباشرة والمخفية: تؤثر التكلفة غير المباشرة على إعادة للدوران والاستخدام، أو خدمات النشاط ذات الأثر غير المباشر به. أما التكلفة المستترة

والمخفية فتتعلق بالتكلفة لأداء العمل دون أن يكون واضحاً غير أنه لا يمكن العمل بدونه.

5 – 9 المشاركة الشعبية في إدارة النُفاية

تفيد المشاركة الشعبية والجماهيرية في الإدارة في إعطاء فرصة للإداريين للتبيان وتوجيه الجمهور والعامة، وتشكل سبيل اتصال وتواصل ليتمكن الجمهور من توصيل احتياجاته وإبداء رغباته للإداري والقائد وهذه الفرصة ذات الاتجاهين مهمة لإدارة مناشط النُفاية والقمامة وتحقيق أهدافها بعد فهم الناس لها. وتوجد عدة طرق لتوصيل المفاهيم والآراء الفنية المتعلقة بنظم الإدارة المتكاملة للنُفاية والقمامة للعامة في وسائل جذابة عبر فني الإعلام المقروء والمسموع والمشاهد والمحسوس في دور العبادة والتعليم والصحة والمرافق العامة وغيرها من المؤسسات التربوية والتعليمية والثقافية والاجتماعية عند توفير اللوازم المالية واللوجستية والفنية لها.

5 – 10 مقترحات بحثية وعملية

أ) مقترحات بحثية:

1. قيام لجنة استشارية لمراجعة وتحديد أولويات البحث العلمي والدراسات المتعلقة بالنُفاية وإدارتها.
2. تقويم الوضع الراهن القومي لإدارة النُفاية والقمامة والكُناسة، وتبيان الكميات والنوعيات، والخواص، وأُطر الجمع، وطرق التخلص النهائي.
3. تبيان المستحدث في النظم الإدارية للنُفاية على المستوى للقومي والعالمي، ووضع استراتيجية، وخطط، وبرامج، ومشاريع نقل هذه التكنولوجيا وتوطينها، ثم تطويرها.
4. تقويم الآثار الصحية، والبيئية لإدارة النُفاية والقمامة والكُناسة.
5. جمع الدراسات والبحوث التي أُجريت حول قضايا النُفاية والقمامة والكُناسة ومشاكلها وحلولها في مؤسسات التعليم العالي والمؤسسات البحثية والمنظمات المحلية ذات الصلة.

6. تقويم نظم جمع النُفاية الخطرة ومعالجتها والتخلص منها، بالتركيز على نُفاية المشافي والعيادات والمعامل الطبية والمؤسسات ذات الصلة خاصة تلك التي توجد داخل الأحياء السكنية.
7. وضع البرمجيات المفيدة لأتمتة مسارات جمع النُفاية وحوسبتها.
8. البحوث المشجعة لزيادة الإنتاجية الصناعية، وتقليل النُفاية والقمامة في كافة مراحل الصناعة.
9. دراسات خيارات إعادة الاستخدام وإعادة الدوران لتغطية القطاعات الصناعية والاقتصادية.

ب) مقترحات عملية

1. وضع الخطة القومية للإدارة المستدامة للنُفاية والقمامة وتبيان أوجه تنفيذها وتطبيقها لفائدة الجمهور والعامة، والاقتصاد الوطني. ومن ثم تسليط الضوء على أهمية التخطيط الاستراتيجي واختيار التقانات الملائمة والترتيب المؤسسي والنظم المالية لمخاطبة قضايا النفايات في المنطقة بصورة مثل
2. أهمية أن توجد بالدولة استراتيجية تخطيطية لإدارة النفايات مع الجهات المسئولة الحكومية منها والخاصة عبر شراكة مفيدة لكليهما لتعني بالتالي:

- جمع النفايات ونقلها والتخلص النهائي منها وإعادة دورانها والاستفادة منها وفق منظور إدارية محددة وفق استراتيجية خطة متكاملة لإدارة النفايات.
- وضع الإطار الوطني القانوني لإدارة النفايات بالإضافة إلي اللوائح والضوابط الحاكمة للتمويل وفنيات العمل والإدارة... الخ.
- وضع منظومة مناسبة لرفع الوعي بأهمية التخلص الصحي من النفايات عبر شبكة من التخصصات ذات الصلة.
- أهمية التركيز على نقل التكنولوجيا المناسبة والملاءمة للأجهزة والوحدات للنقل والجمع والتخلص من النفايات للريف، والحضر، وضواحي المدن والتخلص من النفايات الخطرة، سيما ومن المتوقع دخول الشركات متعددة الجنسية في هذا النوع من الاستثمار.

- وضع الضوابط المناسبة لمجابهة العولمة والتجارة الدولية سيما ولم توافق كثير من الدول على حظر نقل النفايات الخطرة عبر الحدود. وتوحيد للقوانين الضابطة للنفاية عبر الخطة الاستراتيجية المتكاملة.
- أهمية قياس الأثر البيئي EIA لمكبات النفايات ووحدات معالجتها والتخلص منها قبل إدارتها وتنظيمها وتشغيلها والتخلص منها.
- أهمية استخدام منظومة متكاملة للتخلص من النفايات من ترميد وتسميد ودفن صحي وهضم لاهوائي وفرز وإعادة لستخدام..للخ مع توخي اختيار التكنولوجيا المناسبة لأجزاء المدينة المختلفة في مفاضلة واضحة المعالم.
- أهمية التنسيق بين الوحدات المتعاملة مع النفليات من المؤسسات البحثية والإدارات الحاكمة والمؤسسات التشريعية والتنفيذية.
- لابد من التفكر في محطات تحويلية لنقل النفايات بالمدينة لتسهيل النقل والفرز... الخ.
- إشراك المواطنين في القرارات المتعلقة بنقل النفايات وجمعها ومعالجتها والاستفادة منها والتخلص النهائي منها.
- رفع الوعي بثقافة استخدام أكياس غير بلاستيكية ربما من ولقع البيئة وسط الجمهور والبائعين وغيرهم.
- استخدام البرامج الحاسوبية الجاهزة أو المعدة خصيصاً لذلك للاستخدام الأمثل للأجهزة والآليات ونظم العمل لزيادة الكفاءة والإنتاجية في نظم إدارة النفايات.

3. وضع المعايير والمقاييس والتشريعات المناسبة للإدارة المستدامة النُفلية والقملمة والكُناسة.
4. وضع أولويات رفع الوعي للجمهور واحتياجاته، وتفعيل المشاركة الشعبية والعون الذاتي في تكنولوجيا التخلص السليم من النُفاية والقمامة والكُناسة.
5. اتخاذ القرارات الصائبة والمفيدة للتعاون والتنسيق بين والوحدات والكيانات العامة والخاصة العاملة في مجال النُفاية والقمامة والكُناسة بغرض توحيد الجهود، وتعزيز الاستفادة القصوى من الموارد، والإمكانيات، والمعينات البحثية، والتعليمية، والإرشادية، والتربوية، والثقافية، والمجتمعية، والعقائدية... الخ.

6. إنشاء الحاضنات الصناعية، وحاضنات الأعمال لازدهار الصناعات الصغيرة المبنية على إعادة استخدام النُفاية والقمامة وإعادة دورانها.
7. حث القطاع الخاص والصناعي للدخول في الاستثمار في مجال التخلص من النُفلية والقمامة، ومشاريع إعادة الاستخدام وإعادة التدوير.
8. التدريب المستمر والتدريب أثناء العمل للعاملين والموظفين ذوي الصلة بالنفليات لرفع القدرات والتنمية البشرية في مجال إدارة النُفاية والقمامة وهندستها، وطرق الوسائل لبناء القدرات والمشاريع البحثية المشتركة عبر الشركاء محلياً واقليمياً وعالمياً.
9. المراقبة الدورية والمسح الواقعي الدوري للنُفاية والقمامة المنتجة من مصادرها المختلفة وأوجه التصرف فيها من الجانب العام والقطاع الخاص.
10. استقطاب الدعم والتمويل لتطوير إدارة النُفاية والقمامة وفق الخطة القومية المعدَّة حولها.
11. وضع البرامج المفيدة لرفع الوعي بأهمية التخلص السليم من النفايات وسط العاملين والجمهور والمستفيدين، والإرشاد المجتمعي والوعظ الديني حول قضايا النُفلية والقمامة، وتقليل مخاطرها. والاستفادة القصوى من معينات الإعلام المرئي والمسموع والمقروء والمحسوس، وإدخال هذه النظم في المناهج التعليمية والتربوية والإرشادية والتوجيهية.
12. تفعيل قيام الجمعيات والمنظمات المجتمعية لحماية البيئة وحماية المستهلك والجمهور وللمشاركة في المعارف التكنولوجية في مجالات حفظ النفايات وجمعها ونقلها وإعادة دورانها لمجموعة من المواد من النفايات بما فيها النفايات العضوية والمخاطر البيئية.
13. إجراء البحوث والاستفادة من الخبرات والتجارب المقومة لتجويد الأداء فيما يتعلق بإدارة النفايات وأنواعها وخواصها وكيفية الاستفادة منها.
14. ابتكار النظم الجيدة للتعاون والتنسيق والتكامل والاستغلال الأمثل للموارد المتاحة بين كافة الجهات والمنظمات والمؤسسات العامة والخاصة في مجال النُفلية والقملة. (انظر شكل 5-4). والعمل على تبادل المعرفة والخبرة عبر الآليات المؤسسية والعمليات التنظيمية والنواحي الاقتصادية المطلوبة للخدمات الكفؤة والفعالة.

15. التفكر في تعميم تقانة الجمع بالطلب Collection on demand، ومبدأ أن يدفع المنتج {36} Producer pay principle. عبر إجراء التقويم الدوري والمستمر للأداء والإدارة والنظم المتبعة في جمع النفليات وتحريكها ونقلها ومعالجتها والتخلص النهائي منها وربما دورانها وإعادة استعمالها.
16. من المقترح إنشاء مجلس قومي لإدارة النفايات يتبع ربما لوزارة الشئون الهندسية والتخطيط العمراني ليضم النظر في كلفة أنواع النفليات المنزلية والتجارية والصناعية والزراعية والخطرة...الخ. من حيث استراتيجية التخطيط للتخلص منها وإدارتها والتعامل معها وابتداع سبل الحلول غير التقليدية والملائمة للبيئة المحلية.

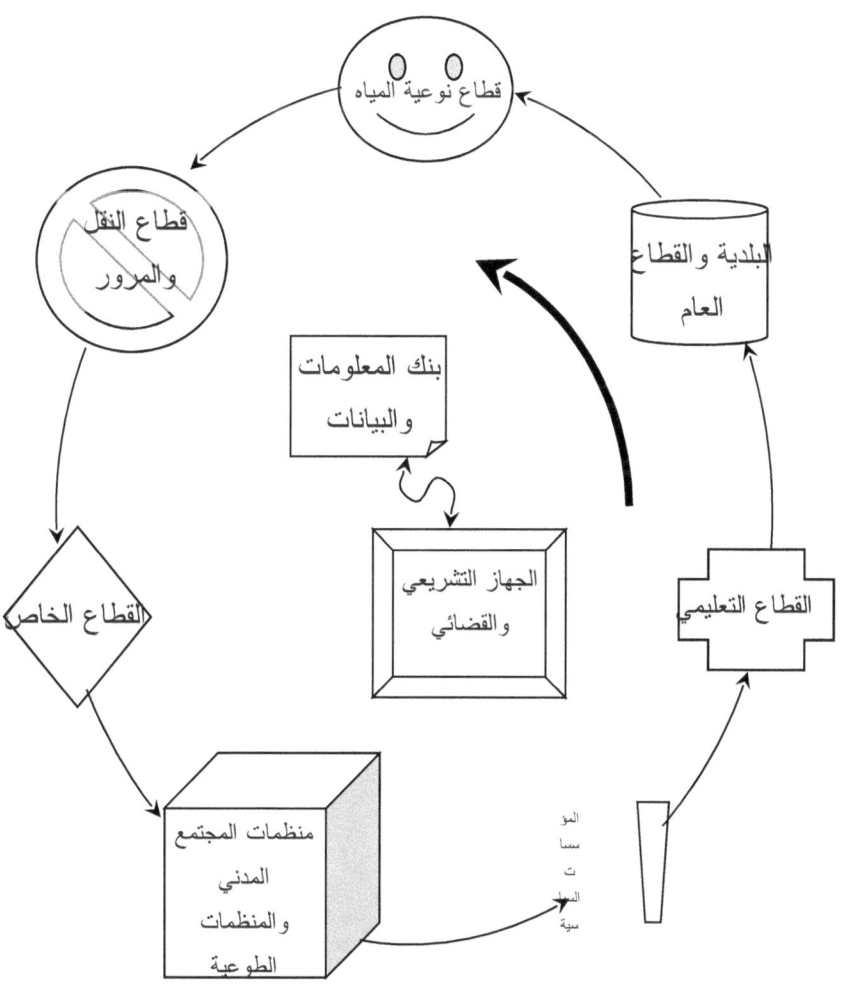

شكل 5 4التعاون بين قطاعات
عمليات النُفاية

5 – 11 تمارين عامة

1. أيهما أصلح لإدارة النُفاية والقمامة القطاع العام أم القطاع الخاص؟ بيّن الأسباب الداعمة لرأيك.

2. ما معنى الإدارة المتكاملة والمستدامة للنُفاية والقمامة؟

3. ما أهمية إدارة النُفاية؟

4. بيّن أهم العناصر المؤثرة في إدارة النُفاية والقمامة.

5. ما أهمية التخطيط الاستراتيجي والوطني والإقليمي للنُفاية والقمامة؟

6. ما فوائد التخطيط الاستراتيجي لإدارة النُفاية والقمامة ؟

7. بيّن كيفية التخطيط للوصول إلى نظام مستدام لإدارة النُفاية.

8. وضح أُطر استقطاب التمويل والدعم للإدارة المتكاملة للنُفاية والقمامة.

9. أذكر بعض الخرجانيات السالبة عند التخلص من النُفاية والقمامة.

10. ما الاحتياطات الواجب أخذها لحماية عمال النُفاية؟

11. وضح كيفية المشاركة الشعبية في قضايا النُفاية في منطقتك.

المصادر والمراجع

1. مرتضى الزبيدي (1994) تاج العروس من جواهر القاموس، دار الفكــر للطباعة والنشر والتوزيع، الطبعة الأولى، بيروت، لبنان.

2. المنجد في اللغة والأعلام (1975) الطبعة السابعة عشرة، دار المشــرق، بيروت، لبنان.

3. Proceedings Sardinia, (2003), Ninth International Waste Management and Landfill Symposium, S. Marghorita di Pula, Cagliari, Italy, 6 – 10 October, (745 scientific papers).

4. لجنة خدمة المجتمع وتنمية البيئة، (1998)، كلية الهندسة، جامعة أسيوط، المخلفات الصلبة "القمامة" ما لها وما عليها، 6 ديسمبر.

5. Henry, J. G. and Heinke, G. W., (1989), Environmental Science and Engineering, Prentice Hall, Englewood Cliffs. N. J.

6. CEHA, (1995), Solid Waste Management in Some Countries of the Eastern Mediterranean Region, WHO, Eastern Mediterranean Regional Office, Regional Centre for Environmental Health Activities, Amman, Jordan, CEHA Document No. , Special studies, ss-4.

7. أحمد فيصل أصفري، (1982)، الهندسة الصحية والبلديات، كلية الهندسة بجامعة حلب، مديريةالكتب والمطبوعات الجامعية، حلب.

8. أحمد عبد الوهاب عبد الجواد، (1992)، النُفاية الخطرة، الدار العربيـــة للنشر والتوزيع، القاهرة.

9. Rodic-wiersma, L., (2005), Introduction to solid waste management and engineering, Refresher course on solid waste management and engineering, organized by UNESCO-IHE Institute for water education, Delft, The Netherlands, 16 – 22 October, Mombasa, Kenya.

10. Mihelcic, J. R. and Zimmerman, J. B., (2014), Environmental Engineering: Fundamentals, Sustainability, DesignJan 13, Wiley; 2 Edi.,

11. Worrell, W. A. and Vesilind, P. A., (2011), Solid waste engineering, CL Engineering; 2 Edi.

12. Kreith, F. and Tchobanoglous, G., (2002), Handbook of Solid Waste Management, McGraw-Hill Education; 2 Edi.

13. Popel, J. H., (1971), Storage, collection and transportation of domestic refuse, Delft University of Technology. Delft.

14. Envirodyne Engineers, and Beveridge and Diamond. P. C., (1989), Municipal solid waste management options Vol. 1, 2, 3 and 4, Illinois Department of Energy and Natural Resources, Office of Solid Waste and Renewable Resources, Spring field, IL, ILENR/RR-89/06.

15. Scheinberg, A., (2001), Financial and economic issues in integrated sustainable waste management, WASTE, Gouda, The Netherlands.

16. عصام محمد عبد الماجد، محمد أحمد حسن الطيب ومحمد عبـــد الســـلام الطاهر الشيخ، (2003)، الهواء، الخرطوم.

17. Salvato, J. A. and Nemerow, N. L. (2003), Environmental Engineering, Wiley; 5 Edi.

18. بشير محمد الحسن وعصام محمد عبد الماجد، (1986)، الصناعة والبيئة: معالجة المخلفات الصناعية، معهد الدراسات البيئية بجامعـــة الخرطـــوم، الخرطوم.

19. Rietema, K., (1957), On the efficiency in separating mixtures of two components, Chemical Engineering Science, 7, 89.

20. http://www.epe.gov/ttn/catc (2015).

21. Black, M. and King, J., (2009) The Atlas of Water: Mapping the World's Most Critical Resource, 2nd Edi.

22. Suess, M. J. ed., (1985), Solid waste management: Selected topics, WHO, Regional Office for Europe, Copenhagen,.

23. Senate, E., Galtier, L., Bekaert, C., Lambolez-Michel, L. and Budka, A., (2003), Odour Management at MSW Landfill Sites: Odour Sources, Odourous Compounds and Control Measures, Proceedings Sardinia, Ninth International Waste Management and Landfill Symposium, S. Marghorita di Pula, Cagliari, Italy, 6 – 10 October.

24. Hoornweg. D., Thomas, L. and Otten, L., (1999), Composting and its Applicability in De veloping Countries, Working Paper Series, 8, Published for the Urban Development Division, The World Bank, Washington, DC..

25. Golueke, C.G., (1972), Composting, Emmaus, Pa: Rodale Press, Inc.

26. Dulac, N., (2001), The organic waste flow in integrated sustainable waste management, WASTE, Gouda, The Netherlands.

27. Schubeler, P., Wehrle, K. and Christen, J., (1996), Conceptual Framework for Municipal Solid Waste Management in Low-Income Countries, Urban Management and Infrastructure, UNDP, UNCHS (Habitat), World Bank, SDC Coolaborative Program on Municipal Solid Waste Management in Low-Income Countries, August 1996, Working Paper No. 9, SKAT (Swiss Centre for Development Cooperation in Technology and Management), Gallen, Switzerland.

28. Johannessen, L. M. and Boyer, G., (1999), Obervations of Solid Waste Landfills in Developing Countries, Africa, Asia and Latin America, Urban Development

Division, Waste Management Anchor Team, The World Bank, Washington, DC..

29. Rood, M. J., (1988), Technological and economic evaluation of municipal solid waste incineration, OTT-2, Sept. 1988, University of Illinois Cente for Solid Waste Management and Research office of Technology Transfer, Chicago, IL.

30. Vesilind, P. A. and Morgan, S. M. (2009), Introduction to Environmental Engineering, CL Engineering; 3 edi.

31. عصام محمد عبد الماجد، (1995)، الهندسة البيئية، دار المستقبل للطباعة والنشر والتوزيع، عمان، الأردن.

32. عصام محمد عبد الماجد، (2002)، التلوث: المخاطر والحلول"، المنظمة العربية للتربية والثقافة والعلوم، القباضة الأصلية، تونس.

33. Green, D. and Perry, R. (2007), Perry's Chemical Engineers' Handbook, McGraw-Hill Education, 8th Edi.

34. Chastterjee, A. K., (1994), Water Supply, Wastewater Disposal and Environmental Pollution Engineering, Khana Publishers, Delhi, 5th Edi..

35. de Nevers, N. (2010), Air Pollution Control Engineering, Waveland Pr Inc; 2 Reissue Edi.

36. Rossano, A. T., (1974), Air Pollution Control-Guide Book for Management, McGraw-Hill Book Co., New York,.

37. Abdel-Magid, I. M., Hago, A. and Rowe, D. R.,(1995), Modeling Methods for Environmental Engineers, CRC Press/ Lewis Publishers, Boca Raton FL.

38. Davis, M. L. and Cornwell, D. A., (1991), Introduction to Environmental Engineering, McGraw-Hill Inter. Edi., Chemical Engng. Series, 2nd Edi., New York.

39. Kindlein, J., Dinkler, D. and Ahrens, H., (2003), Verification and Application of Coupled Models for Transport and Reaction Process in Sanitary Landfills,

Proceedings Sardinia, Ninth International Waste Management and Landfill Symposium, S. Marghorita di Pula, Cagliari, Italy, 6 – 10 October.

40. Anschutz, J., Ijgosse, J., and Scheinberg, A., (2004), Putting integrated sustainable waste management into practice. Using the ISWM assessment methodology, WASTE, Gouda, The Netherlands.

41. Van de Klundert, A. and Anschutz, J., (2001), Integrated sustainable waste management – The concept, WASTE, Gouda, The Netherlands.

42. Walsh, P. and O'Leary, P., (1986), Implementing municipal solid waste to energy systems, University of Wisconsin – Extension for Great Lakes Regional Biogas Energy Program.

43. http://www.europa.eu.int (2015).

44. Abdel-Magid, I. M., (2012), Problem solving in solid waste engineering, published by Dammam University Press, AlKhobar, KSA, October.

45. Abdel-Magid, I. M., and Abdel-Magid, M.I.M, (2015), Problem solving in solid waste engineering http://www.amazon.com/Problem-Solving-Solid-Waste-Engineering/dp/1515378977/ref=sr_1_1? s=books&ie=UTF8&qid=1439307919&sr=1-1

المرفقات

م – 1 النُفاية والقمامة والكُناسة من ذاكرة التاريخ

500 قبل الميلاد نظمت مدينة أثينا مدفن البلدية وسنت على المواطنين التخلص من نفايتهم على بُعد ميل من حوائط المدينة.

1348، 1666 1780، 1799 لوائح نظافة الشوارع وجمع الطين والقمامة ونقلها في باريس.

1888 قانون صحة الحضر لمنع رمي النُفاية في القنوات والأنهار في بريطانيا

1899 قانون الأنهار والموانئ في الولايات المتحدة الأمريكية لتنظيم تفريغ الأنقاض والحطام في المياه الصالحة للملاحة والأراضي المجاورة.

1900 قانون النظافة العامة الياباني.

1901 تشييد أول مرمد في كويوتو في اليابان.

م – 2 المسرد

(معجم الألفاظ الصعبة والمصطلحات الفنية الواردة في متن الكتاب)

حرف الألف:

- الأتون: منشأة مغلقة بمادة مقاومة للصهر وصامدة للحرارة أو حائط مائي، مجهزة بشبكة قضبان حديدية. يحدث في المحرقة الحرق المبدئي، والتجفيف، والاشتعال، ومعظم حرق النُفاية والقمامة.
- أجهزة غسل الغاز الجافة Dry scrubber: جهاز يصيد حُبيبات المواد في غاز داخل مفرش متحرك، أو مادة خشنة، ثم تُزال الحُبيبات من الوسط لإعادة الاستخدام.
- أجهزة غسل الغاز الرطبة Wet scrubber: جهاز يستخدم للرش بالسوائل لإزالة الحُبيبات والغازات التي تفتتت من المداخن، تُصطاد الغازات بقطرات السائل ثم يُجمع السائل ويُزال.
- الاحتراق: عملية اتحاد الأكسجين مع العنصر وتنتج حرارة خفيفة.
- الأحياء المجهرية: أي كائنات حية دقيقة الحجم، تضم البكتريا، والخميرة، والطحالب، والفطريات، والفطور المخاطي، والحيوانات الأوالي تدخل في موازنة النُفاية وتفتتها.
- الاختناق Asphyxia: ضرر أو ضيق التنفس.
- إدارة النُفاية: التحكم المنظم والهادف لعناصر إنتاج النُفاية وحفظها بالموقع، وجمعها ونقلها وترحيلها، ومعالجتها، واستعادة المفيد منها، والتخلص النهائي منها بتنفيذ خطط واضحة المرامي والأهداف، وجلية البرامج العملية.
- إزالة الماء: طرد الماء من النُفاية والقمامة والحمأة بعدة طرق حرارية وميكانيكية.

- الاستخلاص: استعادة المادة لحالة استخدام أفضل أو عمل آخر.

- استعادة الطاقة: عملية استعادة الطاقة من نتاج تحويل النواتج المتحصــل عليها من النُفاية والقمامة مثل الحرارة المنتجة من حرق النُفاية.

- الإسهال: ظاهرة معروفة تتحرك فيها المعي بصورة غير طبيعية وربمــا مستمرة لإخراج مادة برازية شديدة السيولة بسبب أمراض معدية أو غيــر معدية. واستمرار الإسهال مزعج وخطر على الصحة وربما أشــار إلــى عدوى ما، ويعني أيضاً عدم قدرة الجسم على امتصاص المــواد الغذائيــة لمشاكل في الأمعاء. والعلاج يضم شرب كمية كبيرة من الســوائل لمنــع الجفاف ولابد من الفحص الطبي إن استمر الإسهال لأكثر من يومين خاصة عند الأطفال وكبار السن.

- الإصابة بمرض Infection: نمو الأحياء المجهرية في خلايا الجسم.

- إعادة الدوران: فرز مواد معينة من النُفاية ومعالجتها لاســتخدامها مــرة أخرى كمادة مفيدة لإنتاج مشابه للأصل أو مغاير له.

- أكياس الترشيح Bag house (المرشح النسيجي Fabric filtration): تكنولوجيا للتحكم في التلوث الهوائي تقوم بحبس المنفوثات الهوائيــة فــي مرشح موضوع في نهاية عملية الحرق والترميد للنُفاية.

- الانحلال الحراري pyrolysis: طريقة لاحتراق النُفاية القابلة للاحتــراق في غياب الهواء وتكسيرها. تُضاف حرارة عالية للنُفاية في غرفة مغلقــة لتبخر المحتوى الرطوبي، وتكسير المواد إلى غازات هيدروكربونية وبقايا تماثل الكربون.

- الأمينات Amines: مركب كيميائي يحوي نتروجين. والأمينات مشــتقة من الأمونيا

- الإنزيم: جزيئات مركبات أغلبها بروتين تنتجه الخلايا الحية، (والبعــض منها أحماض نووية RNA) والإنزيمات قادرة على حث تغيرات كيميائية

في عناصر أخرى. والإنزيم يعمل كعامل حفاز للبدء في (أو تسريع) تفاعل كيميائي محدد.

- الأنقاض (demolition: هدم أو تقويض): تنتج من هدم المباني، والطرق وغيره. وتضم قطع كبيرة مجزأة من الخرسانة، والأنابيب، والمشعاع، وأعمال المجاري، وأسلاك الكهرباء، وجدران بمونة مهدمة، وتركيبات الإضاءة، والطوب، والزجاج.
- أنقاض البناء : أوساخ منتجة لأثناء عملية التشييد والبناء للمساكن والمؤسسات والمكاتب ... الخ. وتُضم أخشاب، وأجزاء معدنية، وشرائح متنوعة، ومواد كرتونية، ومواد تغليف ... الخ.
- آنية: جهاز يُستخدم مستقبل لحفظ النُفاية والقمامة لحين جمعها من جهات الاختصاص.
- الأورام: أي نمو غير طبيعي لكتلة خلية وقد تكون مسرطنة أو غير مسرطنة.
- أول أكسيد الكربون: غاز سام، لا لون له، وله رائحة معدنية خفيفة وكذلك طعمه. ويُنتج خلال التفتت الحراري والتحلل الميكروبي للنُفاية عند شُح الأكسجين.

حرف الباء:

- البروتوزوا (الحيوانات الأوالي): كائنات طفيلية وحيدة الخلية يمكنها أن تتكاثر بالانقسام في وجود كائن مضيف.
- البروتين: أحد المغذيات مصادر الطاقة (السعرات) للجسم وهي مكونات أساسية في العضلات والجلد والعظام. توفر كل من البروتينات والكربوهيدرات 4 سعرات من الطاقة في الجرام عند الاحتراق.
- بقايا الطعام garbage: بقايا الحيوانات والخضراوات الناتجة من التعامل مع الطعام وحفظه وبيعه وتحضيره وطهيه وطبخه وخدماته.

- البكتريا: من الأحياء المجهرية وحيدة الخلية، وللخلية غلاف صلب، إمــا هوائية أو لاهوائية أو اختيارية، بعضها ممرض، وبعضها مهــم للتفتيت الحيوي وموازنة القمامة. يمكن أن تعيش لمفردها أو كطفيل، وهي مسئولة عن الأمراض المعدية، وسريعة التأثر بالمضادات الحيوية.

- البلاستيك: أي من المواد العضوية المصنعة أو المواد المنتجــة، وغالبــاً تتكون من اللدائن البلاستيكية أو اللدائن المصلدة بالتسخين، وهي ذات وزن جزيئي عالي، ويمكن تشكيلها وصبها، وتُقذف، وتُسحب، وتُرقــق، إلــى أشكال وأفلام وشرائح.

- البوليمر (المركب المضاعف الأصل): مادة مصنعة تُنتج بربط عــدة وحدات صغيرة مع بعضها البعض.

حرف التاء:

- تحويل النُفاية: تحويل النُفاية لأشكال أخرى عــبر الحــرق أو الانحلال الحراري مثل الغاز والسائل ...

- التحلل: تكسير النُفاية العضوية بفعل الأحيــاء المجهريــة، أو العمليــات الكيميائية أو الحرارية. تؤدي الأكسدة الكيميائية إلى تكوين ثاني أكســيد الكربون، والماء، والمواد غير العضوية.

- التخلص: النشاط المتعلق بالمعاملة طويلة الأجل للنُفاية المجمعــة وغيــر المستخدمة لأغراض أخرى، وبقايا نواتج المواد بعــد إتمــام عمليــات الاستخلاص، والتحويل، واستعادة الطاقة وغيرها.

- الترميد: عملية متحكم فيها لحرق نُفاية الجولمــد والســوائل والغــازات وتحويلها إلى غازات وبقايا لا تحوي مواد مشتعلة أو محترقة إلا قليلاً.

- التفتت: عملية تحلل المواد العضوية وتحويلها إلى مركبات بسيطة بفعــل الأحياء المجهرية.

- التفتت Shredding: عملية ميكانيكية تُستخدم لتقليل حجم النُفاية بتحويلها إلى قطع صغيرة.
- تقليل الحجم: عملية تخفيض الحجم أو المساحة للتي تشغلها النُفلية والقمامة.
- التلوث: تلوث التربة، والماء، والغلاف الجوي بسبب التخلص من النُفلية والقمامة والمواد العدوانية والمزعجة والكريهة.

حرف الثاء:

- ثاني أكسيد الكبريت H2S: غاز سام له رائحة البيض الفاسد ينتج من اختزال الكبريتات من النُفاية المحتوية على الكبريت.
- ثاني أكسيد الكربون: غاز لا لون له، ولا رائحة، وغير سام، يكون حمض الكربونيك عند ذوبانه في الماء، ويُنتج بفعل التفتت الحراري، والتحليل الميكروبي للنُفاية والقمامة.

حرف الجيم:

- جراف الطاقة (أيضاً يُدعى جراف اليد hand tractor أو الجراف ذي العجلتين) مركبة صغيرة متحركة يستخدمها المزارعون لسحب مقطورة صغيرة وغيرها من الاستخدامات الزراعية.
- الجزيء: أصغر وحدة في العنصر يمكن أن توجد لوحدها وتحافظ على خواص العنصر.
- الجلوكوز Glucuse: أبسط عناصر السكر تستخدمه عادةكل خلايا الجسم للطاقة. أو هوالسكر البسيط المصدر الرئيس للطاقة ينتجه الجسم في الكبد والعضلات من البروتين والدهون والكربوهيدرات لتستخدمه الخلايا الحية بمساعدة الأنسولين.

- جمع جانب الرصيف Curb side collection: جمع المواد القابلة لإعادة الدوران وإعادة الاستخدام من رصيف المنازل، وإرساله إلى وحدات المعالجات والتهيئة المختلفة.
- جمع النُفاية: عملية أخذ النُفاية والقمامة والكُناسة (الزبالة التي تُكنس) من مواقع إنتاجها وتحميلها في سيارات النُفاية المغلقة، ثم جرها بشاحنات إلى مناطق التخلص النهائي.

حرف الحاء:

- حاوية مرفاع القادوس للشاحنة Skip: حاوية كبيرة من الفولاذ (سعتها 2 إلى 10 م 3) تستخدم لنقل النُفاية وتحمل بوساطة حاوية رافعة بسلاسل رفع تخطي skip lift.

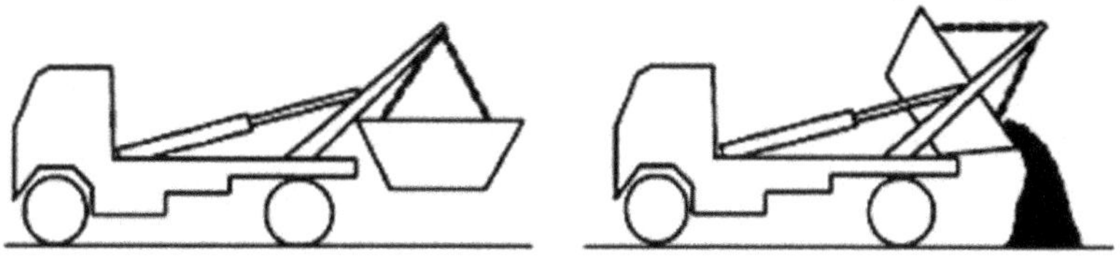

تفريغ النفاية في موقع التخلص النهائي رفع الحاوية فوق الشاحنة

فكرة مرفاع القادوس للشاحنة

- حمى الضنك Dengue fever: مرض فيروسي حاد ينقل بالبعوض (يسمى أيضاً حمى تكسر العظام break bone fever) يحدث فجأة عادة يتبع نمطاً معتدلاً مع صداع وحمى وفتور وارهاق عام وألم فظيع في المفاصل والعضلات وتضخم الغدد والرشح. ووجود الحمى والرشح والصداع (ثلاثية الضنك Dengue triad) أحد خواص حمى الضنك. عادة يحدث للمرضى والمصابين إلتواء وتشوه بسبب شدة ألم المفاصل والعضلات.

- الحمض النووي Deoxyribonucleic acid, DNA: الجزييء الذي يشفر المعلومات الجينية. هو شريط مزدوج من جزيئات القواعد الثنائية ترتبط مع بعضها بروابط ضعيفة بين القواعد الثنائية للنيوكلوتيدات لتكوين حلزون مزدوج.

حرف الخاء:

- الخردة: نُفاية صناعية يمكن إعادة دورانها بربحية.
- الخلية: الوحدة الأساسية والبني الرئيسة العملية في كافة الكائنات الحية. كل خلية تحوي كيماويات وماء مغلفة في غشاء. توجد حوالي 100 ترليون خلية في جسم الإنسان وكل واحدة منها تحمل التركيبة الجينية الوراثية genome لكل الجسم وكل المعلومات الجينية اللازمة لبناء جسم الإنسان. وهذه المعلومات مشفرة داخل نواة الخلية في 6 بليون جزء وحدة من الحمض النووي DNA تدعى القواعد الثنائية. وهذه القواعد الثنائية مغلفة في 23 زوج من الكروموسومات ويوجد كروموسوم واحد في كل زوج من كل والد. وكل من الستة وأربعين (46) كروموسوم البشرية تحوي الحمض النووي الوراثي لآلاف من الجينات الأحادية.

حرف الدال:

- الدحروج ذو الذراع Arm-roll: نظام يستخدم في الشاحنة ليساعدهلفي رفع وتفريغ ووضع حاوية كبيرة تسوية في الحاوية roll-on container تحمل النُفاية والمواد الأخرى (سعتها 6 إلى 30 م 3).

شاحنة الدحروج ذي الذراع

- الدهون: مع البروتينات والكربوهيدرات تشكل مصادر حفظ الطاقة الأهم لجسم الإنسان. تعطي الدهون 9 سعرات لكل جرام احتراق. تناول الدهون غير المشبعة والدهون متعددة عدم التشبع يساعد على تخفيض كوليسترول الدم عند استبدال الدهون المشبعة به في الوجبة الغذائية.

حرف الذال:

- ذِيْفَان toxin: سم تنتجه البكتريا أو أي كائن من الحيوانات الحية.

حرف الراء:

- راتنج مصلد بالحرارة: راتنج مصنع بإضافة حرارة وضغط، وتحدث للراتنج في قالبه تغيرات كيميائية تجعل الراتنج قاسي وصلب والمنتج لا يمكن إذابته.
- الرماد: المادة غير القابلة للاحتراق والمتبقية بعد حرق المحروقات والنُفاية والقمامة.
- رماد القاعدة Bottom ash: النُفاية غير القابلة للاحتراق المجمعة من الغازات أو في مناطق أخرى والمتبقية من حرق المحروقات.
- الرماد المتطاير: جوامد صغيرة من الرماد، السناج والسُخام، منتجة من حرق الفحم، أو الزيت، أو النُفاية. يُجمع الرماد المتطاير بأجهزة مكافحة التلوث الهوائي قبل دخوله إلى الغلاف الجوي عبر مداخن نظام الحرق والترميد. يمكن استخدام بقايا الرماد المتطاير مع مواد المباني (الطوب والخرسانة)، أو في المدافن الصحية. أو مواد تُجمع بأجهزة مكافحة التلوث الهوائي، أو تُنفث في الغلاف الجوي عبر مداخن نظام الحرق والترميد.

حرف الزاي:

- زمن الجر: الزمن المنقضي، أو الزمن التراكمي، أو الزمن المستهلك لنقل النُفاية والقمامة بين موقعين محددين.

حرف السين:

- السبات (الغيبوبة)Coma : الإغماء العميق الممتد لا يمكن معه إيقاظ المريض. تحدث بسبب الحوادث والإصابات أو المرض أو التسمم.
- السماد الطبيعي Compost: خليط النُفاية العضوية المتحللة بفعل الأحياء المجهرية الهوائية إلى حالات وسيطة، ويمكن أن تُستخدم لتحسين التربة.
- سائل المدفن: سائل يحوي النُفاية المتحللة، والأحياء المجهرية، وغيرها من المواد المنصرفة من المدفن الصحي.
- السرطان Cancer: نمو غير طبيعي في أي خلية لأورام في أي جزء من الجسم قابلة للانتشار. وتضم أنواعها أكثر من 100 مرض يُسمى على حسب نوع الخلية أو العضو الذي يبدأ به. والسرطان غير معدي. من الأمراض ذات الصلة بالسرطان: التغيرات في المعي أو عادات المثانة، والقرحة التي لا تلتئم، والنزيف أو الإخراج، أو التضخم في حلمة الثدي lump أو أي جزء من الجسم، وسوء الهضم أو صعوبة البلع، والتغير الواضح في الشامة (الخال) أو الثؤلول wart ، والكحة المتكررة المزعجة، أو بحة الصوت hoarseness. غير أن هذه الأعراض ليست دائما سرطانية، إذ ربما سببتها أحوال ليست بذات الخطورة. بعض أنواع السرطان قد لا تسبب أي ضيق (أو تأتي بضيق قليل) إلى حين الانتشار مما يجب معه مراجعة الطبيب باستمرار.
- السكتة القلبية Cardiac arrest: الوقوف الفجائي لنشاط القلب من ضخ الدم الكافي.
- السيتوبلازم cytoplasm: عنصر الخلية الذي يقع خارج النواة.

حرف الشين:

- شاحنة الحمل الجانبي Side loading truck: أيضاً تُسمى الحامل الجانبي side loader، تُصمم لحمل النُفاية الكثيفة في صندوق مغلق لتمنع

تناثر النُفاية أثناء السير السريع للشاحنة وتغلق فتحات الشاحنة بوساطة أغطية متحركة تنزلق للأعلى والأسفل، ويميل الجسم للتفريغ، ومن الملاحظ صعوبة ملء الشاحنة بكاملها.

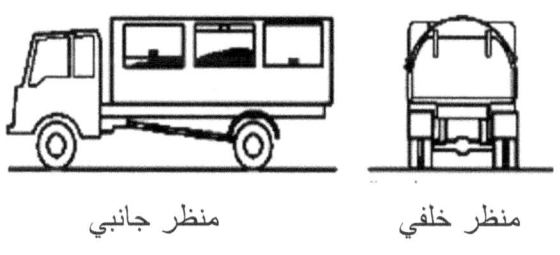

منظر خلفي منظر جانبي

شاحنة الحمل الجانبي

- الشبكية Retina: الغشاء الحساس للضوء والمبطن لداخل كرة العين ويستقبل الصور.
- الشيغلة Shigella: مجموعة من البكتريا تعيش عادة في القناة المعوية (المعي) تسبب الإضطرابات المعوية ابتداء من الإسهال الخفيف إلى الدسنتاريا. وتسبب التهاب المعي في الأطفال، وإسهال الأطفال ولأنواع مختلفة من الدسنتاريا.

حرف العين:

- عوز الأكسجين Anoxia: هو نقص الأكسجين في الأنسجة.

حرف الغين:

- الغثيان nausea: اضطرابات في البطن تحث القئ بعدة أسباب تضم الأمراض مثل الأنفلونزا، أو بسبب الأدوية، أو بسبب الألم أو أمراض داخلية.
- غرفة احتراق: غرفة يُحرق فيها غاز الوقود بصورة شاملة قبل أن تخرج نواتج الحرق منها.

- غاز الوقود Fuel gas: كل الغازات ونواتج الحرق الخارجة من المحرقة، أو جهاز الترميد عبر مدخنة، أو قناة.

حرف الطاء

- الطاعون bubonic plaque (الموت الأسود black death) : مرض معدي تسببه بكتريا الطاعون اليرسيني *Yersinia pestis* والتي تعدي الفئران وغيرها من القوارض. البراغيث هي النواقل الرئيسة للبكتريا من فصيلة للأخرى وتقوم البراغيث بعض القوارض الموبوءة بـ Y. pestis ثم تعض الإنسان وتقل إليه المرض. ويمكن أن ينتقل الطاعون من أكل الحيوانات المريضة (مثل السناجب) ثم ينتقل المرض من إنسان لآخر عبر الجزيئات المنتقلة بالهواء aerosol ويمكن معالجة المرض بالمضادات الحيوية. وقد سمي بالمرض الأسود في القرن الرابع عشر في أوروبا لوصف المرض إذ ينزف للفرد تحت الجلد subcutaneous hemorrage مما يغير لون الجلد للأسود.
- الطحالب Fungi: أحياء مجهرية شبيهة بالنبات وتتغذى على المواد العضوية وبمقدورها إحداث أمراض.
- الطفيلي Parasite: كائن نباتي أو حيواني يعيش على (أو بين أو داخل) حساب كائن حي آخر ويأخذ غذاءه من ذلك الكائن. والأمراض الطفيلية تضم تلك بسبب الحيوانات الأوالي (البروتزوا)، والديدان، ومفصليات الأرجل anthropods.

حرف الفاء

- الفاصل المغناطيسي: جهاز لإزالة الحديد والحديد المطيلي والفولاذ من مواد أخرى باستخدام قوة الجذب المغناطيسية.
- الفرز: ترتيب النُفاية وتصنيفها في مكونات، أو أجزاء، أو أقسام وفئات.

- الفُضَالات Rubbish: النُفاية المأخوذة من المساكن والمنازل والمواقـع التجارية والمؤسسية غير بقايا الطعام والرماد.

- الفيروسات (الحمات): أحياء مجهرية دقيقة أصغر من البكتريا لا يمكنهـا النمو أو التكاثر خارج الخلية الحية. مسئولة عن الأمراض المعديـة ولا تستجيب للعلاج بالمضادات الحيوية. يهجم الفيروس على الخلايا الحيـة ويستخدم جهازها الكيميائي ليظل حياً ويتكاثر بإنتاج الخلية لمثيله، ويمكن أن يتكاثر بتعديلات في الحمض النووي أو طفرات وهذه القابلية لتكـوين الطفرات مسئولة عن مقدرة بعض الفيروسات لتغيير خصائصها نسبياً من مصاب لآخر مما يزيد من صعوبة العلاج. وتـأتي الفيروسـات بعـدة أمراض للإنسان وهي مسئولة أيضاً عن زيادة معدل الإصابة بالأمراض النادرة.

حرف القاف:

- القلابة المفتوحة Open tipper: نوع عادي مـن الشـاحنات يمكـن استخدامه لحمل أحمال متنوعة، ليس له سقف فوق الجسم الحامل للنُفليـة (ذو سقف مفتوح) ويفرغ حمولته بميل الجسم.

شاحنة القلاب المفتوحة

- القيمة الحرارية: الحرارة الناتجة في وحدة الحجم، أو الوزن عند الحـرق الكامل للمواد القابلة للاحتراق.

- الكيتونات Ketones: المنتج لهضم (استقلاب) الشحوم والدهون.

278

حرف الكاف:

- الكربوهيدرات: أحد المركبات المغذية المستخدمة بالجسم كمصدر للطاقة والسعرات (بالإضافة للدهون والبروتينات). توجد الكربوهيدرات في شكل سكر بسيط أو في شكل معقد مثل النشا والألياف. وتأتي الكربوهيدرات المعقدة طبيعياً من النباتات. تناول الكربوهيدرات المعقدة يمكن أن يقلل كوليسترول الدم عندما تقوم باستبدال للدهون المشبعة. عند تناول الكربوهيدرات تتحطم كلها إلى سكر الجلوكوز. تعطي الكربوهيدرات 4 سعرات طاقة لكل جرام.
- الكُناسة Litter: الجزء الظاهر من النُفاية والقمامة المنتجةمن الزبون والملقاة بلا مبالاة خارج منظومة التخلص والجمع. عادة تُمثل حوالي 2 بالمائة من الحجم الكلي للنُفاية والقمامة.
- الكيس Cyst : كيس مغلق أو كبسولة تحوي مائع أو مادة شبه صلبة.

حرف اللام:

- اللاكتوز lactose: سكر ثنائي يوجدفي الحليب ومنتجات الألبان الأخرى.
- لاكتيز lactase: الإنزيم الذي يوجد في الأمعاء الدقيقة ويحطم سكر لاكتوز سكر اللبن (الحليب).
- اللدائن البلاستيكية Thermoplastics: الراتنجات المقساة بتركهاتبرد. والمواد المصنعة من هذه الراتنجات تذوب عند تسخينها.

حرف الميم:

- مادة تغطية: تربة تُستخدم لتغطية النُفاية التي دُمكت في المدفن الصحي.
- متلازمة نقص المناعة المكتسبة Acquired Immunodeficiency Disease, AIDS: مرض تسببه الإصابة بفيروس نقص المناعة البشري Human Immunodeficiency Virus, HIV ويؤثر على الجهاز

المناعي للجسم. الأعراض تضم نقصان أنواع معينة من كريات الدم البيضاء خاصة الخلية المستهدفة. والإصابة بأي عدد من الأمراض المحتملة المستفيدة من ضرر الجهاز المناعي مثل السل، ذات الرئة البكتيرية، والحُمة الحلئية البشرية herpes virus، أو داء المقوسات toxoplasmosis، أو أنواع معينة من السرطان خاصة الغَرَن الكابوزي *Kaposi sarcoma* وعدم قدرة الجسم لزيادة الوزن وفي المراحل المتقدمة لمرض نقص المناعة عقدة الخَرَف Dementia complex وفقدان الذاكرة ويتعرف على المرض بإجراء الفحص على فيروس المرض المصاحب لأعراض أخرى

- المحتوى الرطوبي: الوزن المفقود عند التجفيف النهائي للنُفاية على درجة حرارة ثابتة بين 100 إلى 105 درجة مئوية.
- المحرقة وجهاز الترميد: وحدة مصممة لتخفيف حجم النُفلية والقمامة بالحرق. تتكون من: وحدات التعامل مع النُفلية، والحفظ، والأتون، والتعامل مع البقايا والنواتج والتخلص منها، ومداخن وأجهزة تحكم في التلوث الهوائي.
- المِحزمة Baler: آلة لضغط المواد، وتقليل الحجم لتسهيل التعامل والتحريك.
- محطة تحويلية: موقع أو مكان تُرحل إليه النُفاية والقمامة من مركبات جمع صغيرة، ثم تُنقل منه بوساطة شاحنات ترحيل كبيرة لمناطق التخلص النهائي، وقد تجري فيه بعض عمليات الدمك، أو الضغط، أو الفرز.
- المحفز Stimulant : أي عامل يثير لحظياً أو يزيد من النشاط الوظيفي للعضو functional activity.

- المخلفات الضخمة: مخلفات كبيرة الحجم مثـــل الأثلثـــات، والمركبـــات وأجزائها، والأجهزة التطبيقية، والأشجار وفروعها، والنخيـــل سرخســـية الأوراق، والجدعات (وهي ما يتبقى من الأعضاء بعد قطعها).
- المدفن الصحي: أرض تُدفن فيها النُفاية والقمامة، ويُتخلص منها باستخدام تكنولوجيا الدفن الصحي، أو الطرق الهندسية للتخلص من النُفاية بصـــورة تحمي البيئة، حيث تُطرح النُفاية في طبقات غير سميكة، ثمـتُـدمك لأقـــل حجم عملي ممكن، وتغطى بالتربة بعد نهاية يوم العمل.
- المُدمِج (المُلَبِد) Compactor: جهاز يتحرك بالطاقة الميكانيكية لضـــغط النُفاية وتقليل حجمها.
- المرسِّب الالكتروستاتيكي: نظام لإزالة حُبيبات المادة بتمريرها عبر حقل الكتروستاتيكي، ثم تُجمع الحُبيبات المشحونة في صفيحة أو أنبوب تجميع.
- مرض الأسبستوس asbestosis: يخدش الرئة بسبب استنشـــاق أليـــاف الأسبستوس وعندما تستقر هذه الألياف في الرئة ربما أدت إلى الســـرطان مثل mesothelioma مسار الجمع: المسارات المتبعة عند جمع النُفليـــة من مناطق إنتاجها.
- مرض مستوطن endemic: يوجد في المجتمع طول الوقت غيـــر أنـــه يحدث بتكرار قليل في حالات معينة.
- مرض وبائي epidemic: حدوث وباء فجائي وحدوث إصابات كثيرة في الإقليم في فترة زمنية محدودة.
- مسافة الجر haul distance: المسافة التي تتحركها سيارة جمع النُفاية بعد أخذها وتحميلها من الأواني والحاويات أو من آخر موقع جمع لها في مسارها، وإيصالها إلى محطة تحويلية، أو منطقـــة معالجـــة، أو إعـــادة استخدام، أو المدفن الصحي. كما تعني المسافة التي تتحركها سيارة النُفاية

بعد التفريغ إلى موقع إعادة الحاويات الفارغة، أو بداية مسار وخط ســـير جديد للجمع.

- مصادر النُفاية: عدة مصادر تُنتـــج فيهــا النُفايـــة والقمامـــة الزراعيـــة، والمنزلية، والتجارية، والصناعية، ومن محطات المعالجة.

- المنبثق (الخارج): أي سائل، أو صلب، أو غاز داخل للبيئة نتيجة لنشـــاط إنساني.

- المنشقة المنسونية *Schistosoma mansoni*: نوع من الديدان المفلطحة تتطفل على الإنسان وتسبب أمراض الكبد والقناة المعدية المعوية.

- المنشقة الدموية *Schistosoma haematobium*: نوع من الديـــدان المفلطحة تتطفل على الإنسان وتسبب أمراض الجهاز البولي.

- المنشقة اليابانية *Schistosoma japonicum*: فصيلة مـــن الديـــدان المفلطحة trematodes worms تتطفل على الإنسان وتسبب أمراض الكبد والقناة المعدية المعوية.

- المواد العضوية: كربون نقي أو مركبات متواجدة في النُفاية والقمامة.

- المواد العضوية: المواد الكيميائية المتكونة من الكربون المتحد مع عناصر كيميائية أخرى والمنتج طبيعياً بعمليات تجري داخل النبـــات والحيـــوان. وتمثل معظم المواد العضوية مصدر غذاء للأحياء المجهرية، ومعظمهـــا قابل للاحتراق.

- المواد المحترقة: المواد العضوية القابلة للاحتراق.

- المواد المقاومة للصهر: مادة تبطين المحرقـــة والمرمـــد تقـــاوم التآكـــل والتحات والتشظية وآثار تكوين الخبث وإزالته بفعل الحـــرارة، وحركـــة مواد النُفاية داخل المحرقة.

- الموارد المستخلصة: مواد ما فتئت لها خواص فيزيائية أو كيميائية مفيدة بعد أن خدمت غرضاً معيناً ومن ثم يمكن إعادة تدويرها واستخدامها لنفس الغرض أو لأغراض أخرى مغايرة.
- المياه الجوفية: مياه تحت سطح الأرض موجودة بين التربة المشبعة والصخور، وتمد الآبار والعيون والينابيع بالمياه.
- الميثان: المكون الرئيس للغاز الطبيعي ولا رائحة له ولا لون، وهو غاز مشتعل، وخانق يمكن أن ينفجر تحت ظروف معينة، وينتج من التفتت اللاهوائي للنُفاية والقمامة.

حرف النون:

- نظم الجمع: الأجهزة والمعدات المستخدمة في جمع النُفلية والقملمة، وتُصنف حسب: طريقة التشغيل، أو الأجهزة المستخدمة، أو أنواع القمامة والنُفاية المجمعة.
- النُفاية البلدية: النُفاية المنزلية والتجارية المشتركة في منطقة بلدية معينة. وجمع هذه النُفاية والتخلص منها من مسئولية الحكومة الولائية.
- النُفاية التجارية: الأوساخ المنتجة من البيع بالجملة وللبيع بالتجزئة، أو المناطق الخدمية، والمكاتب، والأسواق، والمسارح، والفنادق، ومخازن البضائع والمستودعات.
- النُفاية الخطرة: أوساخ بطبيعتها تشكّل خطورة عند التعامل معها، أو التخلص منها وتضم المواد المشعة، والكيماويات السامة، والنُفاية الحيوية، والمشتعلة، والمتفجرات من منتجات العمليات الصناعية أو مؤسسات إنتاجها.
- النُفاية الزراعية: المخلفات المنتجة من زراعة النباتات وتربية الحيوانات شاملة جذوع النباتات المُسمَّدة، وأكمام الثمار، وأوراق الأشجار.

- النُفاية الصناعية: أوساخ متخلص منها من العمليات الصناعية أو الإنتاجية والتي ليس لها جدوى اقتصادية لإعادة استخدامها.
- نُفاية المساكن: النُفاية المنتجة في الدور السكنية والشقق وتضم الأوراق، والكرتون، والمشروبات غير الماء، وعلب الطعام، والبلاستيك، وبقليا الطعام، والأواني الزجاجية، ونُفاية الحديقة.
- النُفاية والقمامة: أي مجموعة متباينة من الجوامد، وبعض السوائل في الأواني والسلال أُلقيت، أو تُخلص منها على أساس أنها اُستُهلكت، أو غير ذات منفعة، أو زائدة عن الحاجة.
- نقل: عملية نقل النُفاية من سيارة الجمع إلى شاحنة نقل كبيرة.

حرف الهاء:

- الهضم: التحويل الحيوي للنُفاية العضوية المعالجة إلى غاز الميثان وثاني أكسيد الكربون في ظروف لا هوائية.
- الهيموجلوبين: صبغة الدم البروتينية الحاملة للأكسجين وحاوي للحديد (صبغة لخلايا كريات الدم الحمراء). المدى الطبيعي للهيموجلوبين يعتمد على عمر الإنسان ونوعه حيث يتراوح بين 17 و 22 جرام في الديسلتر (17–22 gm/dl) لحديثي الولادة و 15 إلى 20 بعد أسبوع من الولادة، و 11 إلى 15 لعمر شهر، و 11 إلى 13 للأطفال، و 14 إلى 18 للرجال البالغين، و 12 إلى 16 للنساء البالغات.

حرف الواو:

- وباء عالمي pandemic: انتشار وباء فجائي في كافة أو أغلب العالم.

1– صناديق جمع مختارة

2 شبكة خطوط الأنابيب

3 الأنبوب النهائي لمركز الجمع

4 مركز الجمع

5 فرز النُفاية والهواء

6 نظام تنقية الهواء

7 منفاخ

8 محطة تحكم

9 مزيل الرائحة

10 حاويات لأجزاء مختلفة من النُفاية

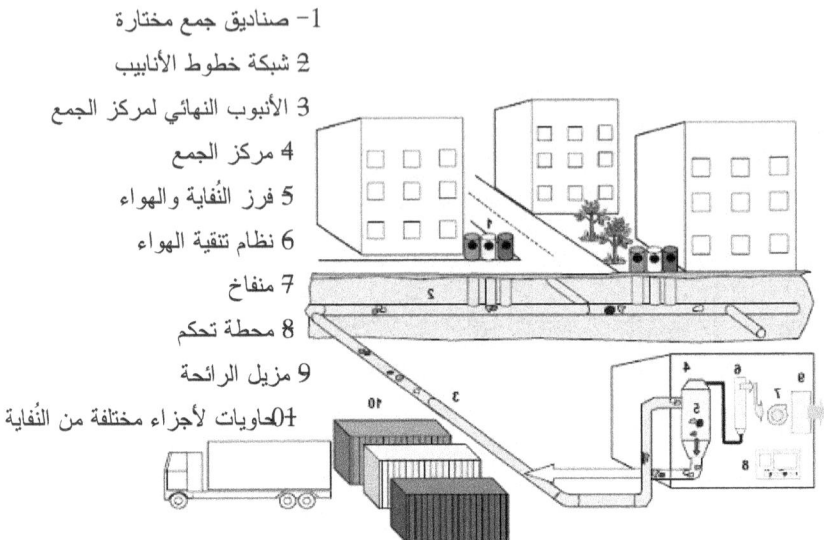

رسم تخطيطي لنظام جمع النُفاية الهوائي الانتقائي

1 صناديق الجمع

2 شبكة خطوط الأنابيب

3 الأنبوب النهائي لمركز الجمع

4 مركز الجمع

5 فرز النُفاية والهواء

6 نظام معالجة الهواء

7 منفاخ

8 محطة تحكم

9 مزيل الرائحة

10 حاوية

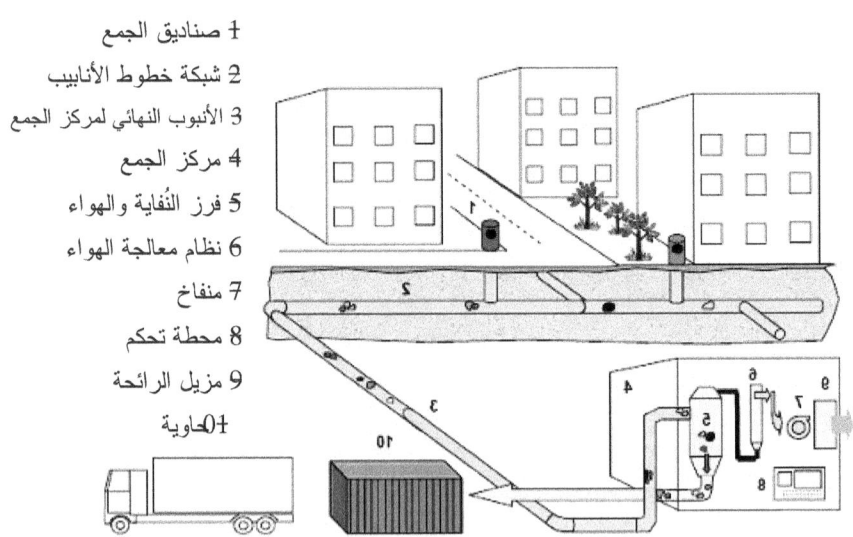

رسم تخطيطي لنظام جمع النُفاية الهوائي

1- صناديق الجمع

2 فتحات في المباني موصلة بأنابيب رأسية

3 صهريج الخزن

4 أنبوب دخول الهواء

5 نقطة الشفط

6 شاحنة بها آليات لتنشيط عملية الجمع

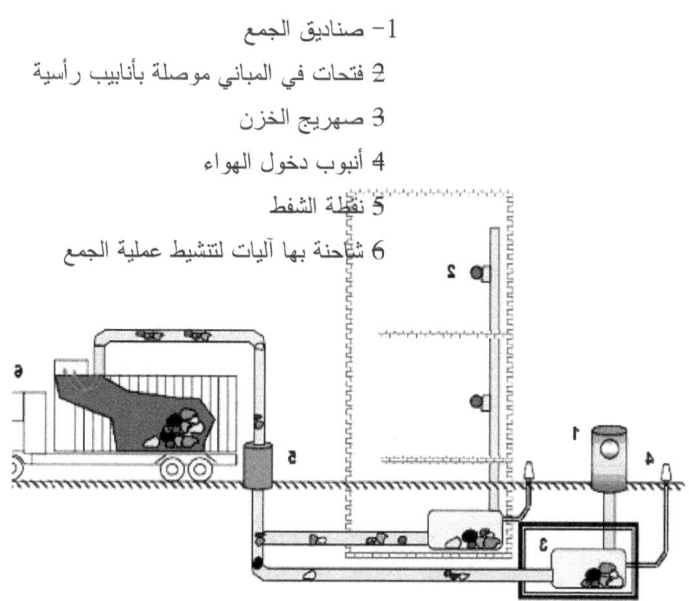

رسم تخطيطي لنظام الشحن المتحرك مع وجود نقاط الجمع على الشوارع والمباني

م – 3 خواص الهواء على الضغط الجوي القياسي (101325 باسكال)

درجة الحرارة، °م	الكثافة، كجم/م^3	الوزن النوعي، نيوتن/م^3	درجة اللزوجة	
			الديناميكية، نيوتن.م^2/ث	الكيناماتيكية، م^2/ث
-50	1.58	15.5	1.57×10^{-5}	1.01×10^{-5}
-40	1.51	14.85	1.54×10^{-5}	1.04×10^{-5}
-20	1.4	13.68	1.61×10^{-5}	1.16×10^{-5}
-10	1.34	13.2	1.67×10^{-5}	1.24×10^{-5}
0	1.29	12.67	1.71×10^{-5}	1.32×10^{-5}
5	1.27	12.45	1.73×10^{-5}	1.36×10^{-5}
10	1.25	12.23	1.76×10^{-5}	1.41×10^{-5}
15	1.23	12.01	1.8×10^{-5}	1.47×10^{-5}
20	1.2	11.81	1.82×10^{-5}	1.51×10^{-5}
25	1.18	11.61	1.85×10^{-5}	1.56×10^{-5}
30	1.17	11.43	1.86×10^{-5}	1.6×10^{-5}
35	1.14	11.09	1.88×10^{-5}	1.63×10^{-5}
40	1.13	11.05	1.91×10^{-5}	1.69×10^{-5}
50	1.11	10.88	1.95×10^{-5}	1.79×10^{-5}
60	1.06	10.4	2×10^{-5}	1.89×10^{-5}
70	1.03	10.09	2.04×10^{-5}	1.99×10^{-5}
80	1	9.81	2.09×10^{-5}	2.09×10^{-5}
90	0.97	9.54	2.13×10^{-5}	2.19×10^{-5}
100	0.95	9.28	2.17×10^{-5}	2.29×10^{-5}
120	0.9	8.82	2.26×10^{-5}	2.51×10^{-5}
140	0.85	8.38	2.34×10^{-5}	2.74×10^{-5}
160	0.81	7.99	2.42×10^{-5}	2.97×10^{-5}
180	0.78	7.65	2.5×10^{-5}	3.2×10^{-5}
200	0.75	7.32	2.51×10^{-5}	3.4×10^{-5}
220	0.72	7.02	2.61×10^{-5}	3.7×10^{-5}
240	0.69	6.75	2.7×10^{-5}	4×10^{-5}
260	0.66	6.5	2.72×10^{-5}	4.2×10^{-5}
280	0.64	6.26	2.82×10^{-5}	4.5×10^{-5}
300	0.62	6.04	2.98×10^{-5}	4.84×10^{-5}
400	0.52	5.14	3.32×10^{-5}	6.34×10^{-5}
500	0.46	4.48	3.64×10^{-5}	7.97×10^{-5}
600	0.4	3.92	3.9×10^{-5}	9.75×10^{-5}
700	0.36	3.53	4.21×10^{-5}	11.7×10^{-5}

المصدر:

1. عصام محمد عبد الماجد، الهندسة البيئية، دار المستقبل للنشر والتوزيع، 1995
2. عصام محمد عبد الماجد، محمد أحمد حسن الطيب ومحمد عبد السلام الطاهر الشيخ، الهواء، الخرطوم، 2003.
3. Henry, J.G. & Heinke, G.W., Environmental science & engineering, Prentice Hall, Englewood Cliffs, NJ, 1989
4. Munson, B.R., Young, D.F., & Okiishi, T.H., Fundamentals of fluid mechanics, John Wiely & Sons, New York, 1990
5. Blevins, R.D., Applied fluid dynamics handbook, Van Nostrand Reinhold Co., Berkshire, 1984
6. Blake, L.S. Edi., Civil engineer's reference book Butterworths, London, 1986

المؤلفان في سطور:

الأستاذ الدكتور المهندس المستشار/ عصام محمد عبد الماجد أحمد

- من مواليد مدينة رفاعة بالريف السوداني في 19 يوليو 1952 م.
- تلقى تعليمه الأولي برفاعة، والمتوسط بأبي حراز، والثانوي برفاعة.
- تخرج فى قسم الهندسة المدنية بجامعة الخرطوم (السودان) بمرتبة الشرف الأولى، 1977.
- نال دبلوم الري من جامعة بادوفا (إيطاليا)، 1978.
- حصل على ماجستير الهندسة البيئية من جامعة دلفت (هولندا)، 1979.
- نال الدكتوراه في الهندسة البيئية من جامعة استراثكلايد (بريطانيا)، 1982
- للمؤلف جملة من البحوث والأوراق العلمية المتخصصة والكتب الدراسية والمراجع العلمية والمهنية المتخصصة (باللغتين العربية والإنكليزية) فاز بعضاً منها بالجوائز التقديرية الرفيعة.
- عمل مهندساً بالمؤسسة العامة للري والحفريات بوزارة الري والموارد المائية (مينا)، وأميناً عاماً للمجلس القومي لرعاية الثقافة والفنون بوزارة الثقافة والإعلام (الخرطوم)، وأستاذاً جامعياً في جامعات: الخرطوم (الخرطوم)، والإمارات العربية المتحدة (العين)، والسلطان قابوس (مسقط)، وأم درمان الإسلامية (أم درمان)، والسودان للعلوم والتكنولوجيا (الخرطوم)، وجوبا (الخرطوم)، ومركز البحوث والاستشارات الصناعية وأكاديمية السودان للعلوم (الخرطوم) بوزارة العلوم والتقانة (السودان) وجامعة الملك فيصل وجامعة الدمام (المملكة العربية السعودية). وتنقل في مؤسسات التعليم العالي والبحث العلمي متقلداً مناصباً إدارة الشعبة، و رئاسة القسم، ونائب العميد، والعميد، ووكيل الجامعة، ويعمل حالياً رئيساً لقسم المراجعة بمركز النشر العلمي بجامعة الدمام..

د. محمد عصام محمد عبد الماجد

●اختصاصي الباطنية الدكتور محمد عصام محمــــد عبــد الماجـــد (ALS، BLS، MBBS، MRCP-UK) تخرج في كلية الطب بجامعة الخرطوم بالسودان 2008. أكمــــل للتــدريــب الأساسي مع وزارة الصحة السودانية، ثم عمل كطبيب في قسم الطب الباطني بمستشفى جامعة الرباط بالسودان، ومستشــــفى أملج بوزارة الصحة بالمملكة العربية السعودية.

●اكمل تدريبه العالي لعضوية الكليات الملكية للأطباء في المملكة المتحدة (-MRCP UK).

●درس في دورات التعليم والتعلم القائم على حل المشاكل في قسم الطــب البــاطني بجامعة السودان الدولية بالسودان.

●طبيب مسجل لممارسة المهنة لدى المجلس الطبي السوداني، وهيئة الصحة في أبو ظبي بالأمارات العربية المتحدة (HAAD)، والهيئة الســـعودية للتخصصــــات الصحية (SCHS) بالمملكة العربية السعودية.

●عضو كامل العضوية في جمعية الطب الحرجـفـي المملكــة المتحــدة (SAM)، والجمعية الأوروبية لطب الطوارئ (EuSEM)، والجمعية الأوروبية للجهــــاز التنفسي (ERS).

●وهو أحد المراجعين النظراء مع مجلة العلوم الطبية والتجارب السريرية، والمجلة الإفريقية للعلوم الطبية.

تم الكتاب بحمد الله سبحانه وتعالى وبعونه وصلى الله على سيدتا محمد وآله وصحبه وسلم. سبحانك اللهم وبحمدك لا إله إلا أنت نستغفرك ونتوب إليك